雲端運算應用與實務

（第四版）

黃正傑　編著

 全華圖書股份有限公司　印行

　　雲端運算不僅是承載各項技術、應用與商業模式的平台，更是協助企業、社會數位轉型、邁向未來的基礎。如：疫情對社會經濟嚴重影響，利用雲端運算、智慧手機，口罩地圖 APP 讓購買地點與剩餘數量透明化；利用疫苗登記線上平台，得以安排適配疫苗、地點與人員；透過監視器與雲端影像分析平台，將傳統監視器變成能自動示警的智慧攝影機，提供人群聚集分析、社交距離警示等。雲端運算結合各項數位科技，是人們戰勝疫情的關鍵因素。

　　從技術方面來說，在雲的部分：從虛擬化、多租戶技術，進一步發展容器、微服務、功能即服務，極大化計算資源分享能力。在端的部分：從智慧手機、物聯網、感測器，乃至於 AI 晶片的連結，實現虛實整合基礎。在分析部分：從可視化、預測分析，乃至於數位孿生的模擬，拓展元宇宙的未來樣貌。從商業模式來說，雲端運算成為分享經濟、智慧科技應用的培育場域，創造種種商業應用、創新模式乃至於生態系，達到企業、社會乃至於國家的數位轉型。

　　本書目的在於提供雲端運算的基礎知識，讓讀者能了解雲端運算的概念、創新模式、技術應用與產品實務。進一步，介紹物聯網、巨量資料、智慧科技應用、人工智慧，乃至於元宇宙等概念與發展，作為理解新時代科技應用的起點。最後，透過雲端運算數位轉型成功案例，可以讓讀者更清楚雲端運算、數位科技與企業數位轉型的連結。

　　本書可作為管理學院學生理解雲端運算、新興數位科技實務與應用開始，也可作為資訊學院學生對於雲端運算實務、企業數位轉型的理解。

　　本書共分十六章，包括以下內容：

第一章　企業 IT 環境與發展：簡介企業 IT 基礎環境與產業生態現況。

第二章　雲端運算演進與定義：說明雲端運算的科技、服務模式演進過程，並詳述雲端運算的定義、特徵、服務模式、技術概念等。

第三章　雲端運算對商業的影響：分析雲端運算如何影響企業的資訊資源應用與商業競爭以及資訊產業生態系的影響。也說明台灣雲端運算政策、台灣產業與大陸產業的雲端運算布局。

第十五章　**雲端運算的資安管理與實務**：介紹雲端運算潛在資安威脅、資安管理架構、雲端運算資安管理產品、資安即服務與物聯網資安的趨勢與實務。

第十六章　**雲端運算資料中心的趨勢與實務**：介紹雲端運算資料中心的概念、架構、發展方向與趨勢。

綜合來看，本書第一、二章為企業 IT 背景與雲端運算定義的總覽。第三至八章為雲端服務模式基本概念、應用趨勢與工具操作。第九章至第十章為雲端運算相關技術設計與產品實務。第十一章至第十四章介紹行動運算、巨量資料、人工智慧、物聯網、數位孿生、元宇宙等雲端運算衍生的智慧科技應用案例。第十四章介紹資訊安全管理與實務、第十五章為資料中心管理技術。冀望從應用面、技術面、管理面著手，可提供讀者雲端運算的全貌與實務。總之，本書嘗試作為理解雲端運算應用、技術與實務的藍圖，提供讀者起點，進而可實作雲端服務與產品或研讀更深入的雲端運算、巨量資料、人工智慧、物聯網等相關技術。

本書以筆者經驗並參考眾多文獻而寫成，然而雲端運算的範圍太廣，難免有疏漏錯誤之處，煩請讀者不吝指教。

黃正傑　寫于　新店

2022 年秋

作者介紹

黃正傑

　　台灣大學資訊管理學博士。曾任職台灣惠普、太一信通、資策會產業情報研究所等。目前任職鼎新電腦研發部門，協助雲端運算、大數據、人工智慧、工業互聯網等前沿技術研究與產品發展。於政大、中興、文化、長榮等各大學教授相關課程，並發表數千篇新興科技產業與學術研究報告。

目錄

第五章　IaaS雲端運算服務模式、案例與應用

第六章　PaaS雲端運算服務模式、案例與應用

第七章　SaaS雲端運算服務模式、案例與應用

第八章　雲端運算的施行與規劃

第九章 虛擬化技術與實務

第十章　雲端運算的軟體架構與設計

第十一章　行動運算的技術與實務

第十二章　巨量資料技術與實務

第十三章　人工智慧的應用與案例

第十四章　智慧科技的應用與案例

第十五章　雲端運算的資安管理與實務

第十六章　雲端運算資料中心的趨勢與實務

01

企業IT環境與發展

本章摘要介紹企業資訊科技 (IT, Information Technology) 環境，包括：企業 IT 發展沿革、IT 軟硬體、IT 服務的類型與銷售模式。透過本章，讀者可以了解目前企業資訊科技實施的狀況與問題，作為理解雲端運算的背景。

1-1　企業IT發展沿革

在討論雲端運算的定義與概念之前，我們必須先了解目前資訊科技軟硬體與服務在企業中實施的狀況與問題。如圖 1-1 所示，企業 IT 發展的階段可依 IT 架構粗分為三大階段。

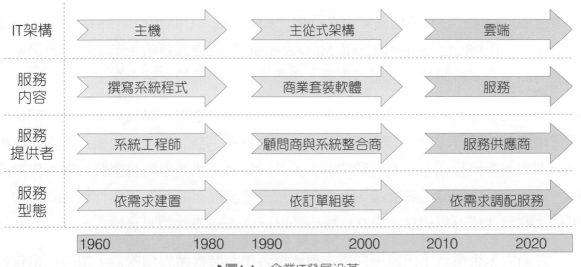

IT架構	主機	主從式架構	雲端
服務內容	撰寫系統程式	商業套裝軟體	服務
服務提供者	系統工程師	顧問商與系統整合商	服務供應商
服務型態	依需求建置	依訂單組裝	依需求調配服務

| 1960 | 1980 | 1990 | 2000 | 2010 | 2020 |

▶圖1-1　企業IT發展沿革

1-1-1 主機時代

在 1960-1970 年代，大型主機系統開始引進政府、航空公司、銀行、保險公司等，協助各單位的營運與商業計算。這些大型主機內含滿足各種企業特殊需求的程式，一齊銷售給企業使用。大型主機公司，如：IBM、HP、DEC 等，除了銷售主機，並提供系統工程師協助修改主機內的特殊應用程式。

1-1-2 主從式架構時代

1976 年，第一部個人電腦商業化後，企業的白領工作人員開始仰賴個人電腦進行行銷、銷售、分析等工作。這些個人電腦上運行的軟體包括：文書處理軟體、試算表、桌面出版工具等。

在個人電腦日益普及後，1990 年代開始了商業套裝軟體 (Package Software) 的應用。商業套裝軟體主要將一些通用的軟體功能與企業流程設計在軟體中，讓企業在購買軟體後，可以根據預設功能、流程進行設定；或是依據企業本身所需的功能、流程進行修改，以方便快速地使用。SAP、Oracle、Baan、PeopleSoft 等企業資源規劃軟體 (ERP, Enterprise Resource Planning) 廠商販售一系列以個人電腦搭配伺服器的主從式架構軟體，讓白領工作人員透過個人電腦與連結網路，可以使用與分享伺服器的資訊資源，以進行工作流程自動化。

至 2000 年左右，各種商業套裝軟體，如：ERP、CRM (Customer Relationship Management)、SCM (Supply Chain Management) 廣泛地販售給企業使用。資訊系統廠商將商業套裝軟體搭配伺服器電腦、作業系統，一併銷售給企業。

企業為了達到各個流程自動化需求：有可能為生產線、財務計算、顧客關係管理、供應鏈協同等需求，分別購買不同的「伺服器 + 套裝軟體」的組合。商用軟體廠商則與商業流程和系統整合顧問夥伴，共同整合企業其他既有套裝軟體與作業流程。這種購買商用套裝軟體後，在企業內依企業流程與既有系統進行整合的作業，可以比喻為「依訂單組裝」(ATO, Assembly to Order) 的軟體服務模式。

在過去，企業為了因應不同需求而購買各種套裝軟體與伺服器，使得企業資料中心安裝了各種套裝軟體與伺服器，造成空間不足，以及昂貴的能源消耗。而這些特殊流程應用的套裝軟體也因為不同的作業利用率 (如：會計軟體月末的忙碌、零

售銷售軟體聖誕季的繁忙），造成在尖峰時刻伺服器資源不足；非尖峰時刻伺服器資源浪費的窘境。圖 1-2 為大型主機環境與主從式環境比較。

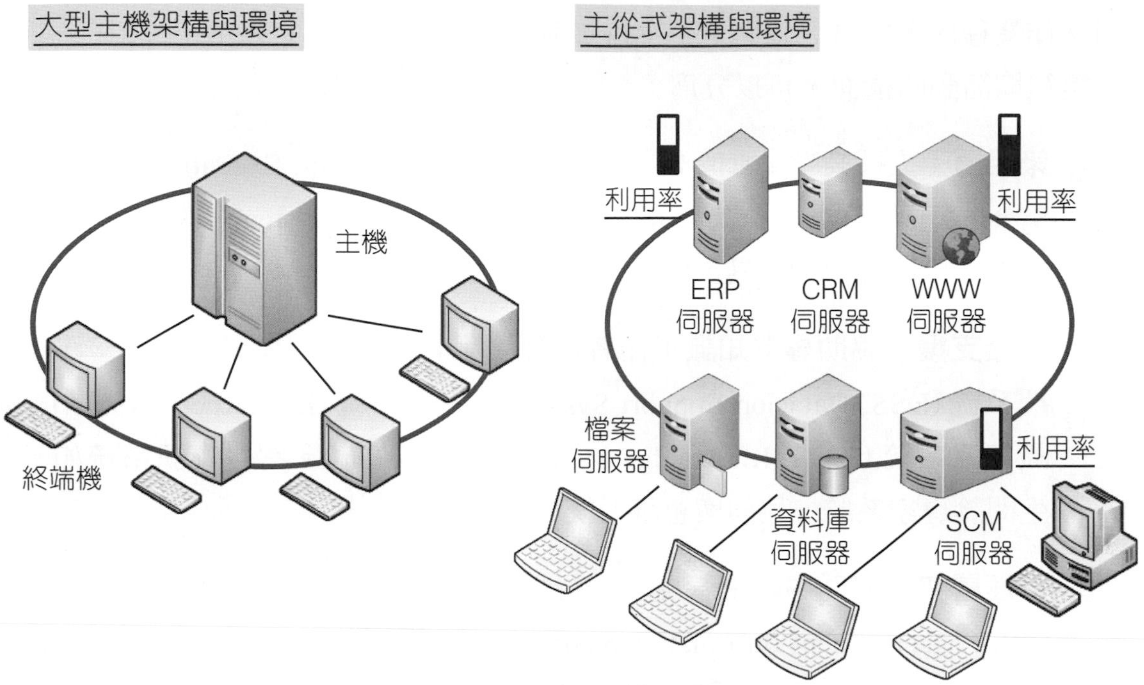

大型主機架構與環境　　　　　　　　主從式架構與環境

利用率　　利用率

主機

ERP　CRM　WWW
伺服器　伺服器　伺服器

終端機

檔案
伺服器　　　　　　　　　　　利用率

資料庫　　SCM
伺服器　　伺服器

▶圖1-2　主機與主從式架構環境

1-1-3　雲端運算時代

　　雲端運算的目的之一，即是透過隨選所需的網路服務來避免資源不足與浪費的狀況。企業不需購買過多的軟硬體，僅透過前端電腦連結到遠端雲端服務業者的資料中心即可。理想上，這些隨選所需服務可以依據企業不同的作業需求、或者個人個別的需求，彈性地調配服務。

1-2　企業IT軟硬體環境

　　那麼，目前企業 IT 環境 (以主從式架構為主)，具有哪些軟、硬體以及服務呢？我們可以從資訊系統類型、商業套裝軟體類型、資訊硬體類型、資訊服務類型，以及資訊系統銷售模式介紹。

1-2-1 資訊系統類型

所謂企業資訊系統 (Enterprise Information System) 指的是一系列的 IT 軟硬體、人員、作業程序等組合，以滿足企業特定活動的需求。如圖 1-3 所示，依照資訊系統支援組織活動的構面，可以分為：

1. **策略層**：支援高階主管的高階主管決策支援系統 (EIS, Executive Information System)、策略資訊系統 (SIS, Strategy Information System)。常見工具與系統如：平衡計分卡工具、商業智慧分析工具。

2. **幕僚支援**：協助專業知識工作者進行決策、知識萃取與管理。如：決策支援系統 (DSS, Decision Support System)、專家系統 (ES, Expert System)、知識管理系統 (KMS, Knowledge Management System)。常見資訊系統如：醫生問診專家系統、協同與會議系統等。

3. **管理層次**：協助中階主管處理例行規劃、支援控制等。如：管理資訊系統 (MIS, Management Information System)、企業資源管理系統 (ERP, Enterprise Resource Planning)、顧客關係管理系統 (CRM, Customer Relationship Management) 等。

4. **作業層次**：協助領班及作業員進行生產線、作業線上交易系統 (TPS, Transactional Processing System)，使作業流程自動化。這些資訊系統包括：採購、倉儲管理、進料系統、現場管理系統 (SFC, Shop Floor Control)、製造執行系統 (MES, Manufacturing Execution System)。例如：MES 系統是指可統合控管原物料、半成品、成品在生產線上的各種進料、製造狀況的即時資訊，提供現場作業人員參考。

5. **辦公室自動化與通訊系統**：協助各階層人員處理文書編輯、繪圖、通訊等基礎作業。

6. **資訊科技基礎設施**：支援上述各種資訊系統的軟硬體，如：作業系統、資料庫、伺服器、儲存設備、網路設備等。

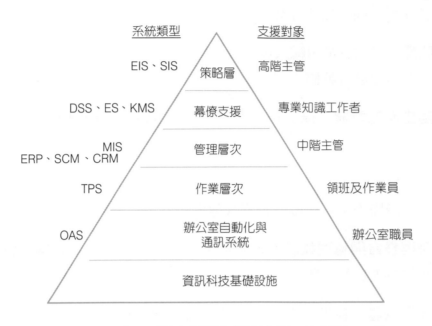

系統類型　　　　　　　　　支援對象

EIS、SIS　　策略層　　　高階主管

DSS、ES、KMS　　幕僚支援　　　專業知識工作者

MIS　　　管理層次　　　中階主管
ERP、SCM、CRM

TPS　　　作業層次　　　領班及作業員

OAS　　　辦公室自動化與　　辦公室職員
　　　　　通訊系統

　　　　　資訊科技基礎設施

▶圖1-3　資訊系統支援架構 (資料來源：林東清(2002))

1-2-2　商業套裝軟體類型

對企業而言，企業可以選擇由自己的資訊人員開發上述資訊系統，或是購買資訊廠商所提供的各種資訊系統。1990 年代，由於企業高度期望作業流程自動化，資訊廠商開始發展各式各樣的商業套裝軟體，以滿足企業各種資訊系統的需求。商業套裝軟體讓企業可以根據預設功能、流程進行設定或客製化，以滿足企業本身所需的流程、功能，快速地達到業務部門的作業流程自動化需求。

時至今日，資訊廠商發展出各種類型的商業套裝軟體以滿足企業需求，常見的有：

1. **企業資源規劃 (ERP, Enterprise Resource Planning)**：整合企業各種主要商業流程，如：銷售、會計、財務、人力資源、存貨與製造，滿足企業營運需求。

2. **客戶關係管理系統 (CRM, Customer Relationship Management)**：滿足企業與顧客關係的維持、行銷、銷售、客戶服務、技術支援等。

3. **供應鏈管理系統 (SCM, Supply Chain Management)**：滿足企業針對上 / 下游廠商進行採購、供應商關係管理、運輸管理、生產計劃、訂單往來等系統。

4. **商業智慧系統 (BI, Business Intelligence)**：協助高階、幕僚、管理人員進行報表分析、商業預測等智慧分析系統。

5. **協同軟體**：提供企業組織人員的協同、溝通、群體決策等。如：電子郵件、會議、企業社群等軟體。

6. **辦公室生產力軟體**：提供企業組織人員文書編輯、繪圖、工作提醒等功能的軟體。

7. **資訊安全軟體**：提供企業進行資訊系統的病毒掃描、入侵偵測、防火牆、程式弱點掃描等，各種協助企業管理資訊安全的軟體。

8. **商業流程整合與管理軟體**：協助企業整合各種軟硬體、企業流程，以及提供程式開發工具的軟體。

9. **系統管理軟體**：協助企業管理與監視各資訊軟硬體(如：各種應用程式、作業系統、伺服器、儲存設備、網路設備等)運行狀況，以即時發現軟硬體問題的軟體。

10. **系統及儲存軟體**：提供企業伺服器、儲存設備等硬體運行與資源管理的軟體。如：作業系統、系統備份與復原、儲存管理等。

我們可以將這些商業軟體依照服務目標，依序分為：應用軟體、軟體發展與佈署、系統基礎架構軟體等三大類，分述如下：

1. **應用軟體**：支援企業組織人員各層次的策略、管理、作業活動。如：協同決策支援、內容管理、工程繪圖輔助、客戶關係管理、供應鏈管理等。

2. **軟體發展與佈署**：支援資訊人員開發、佈署、整合軟體工作。如：資料庫管理系統、程式發展軟體、企業應用整合 (EAI, Enterprise Application Integration)、企業流程自動化 (Workflow Automation)、商業流程管理 (BPM, Business Process Management)。這一層軟體又可稱為中介軟體 (Middleware)。

3. **系統基礎架構軟體**：支援資訊人員監測、管理資訊軟硬體系統，如：監視伺服器、作業系統網路狀況的系統與網路管理軟體；確保資訊系統安全的資訊安全軟體；提供各種軟體運行的作業系統軟體等。

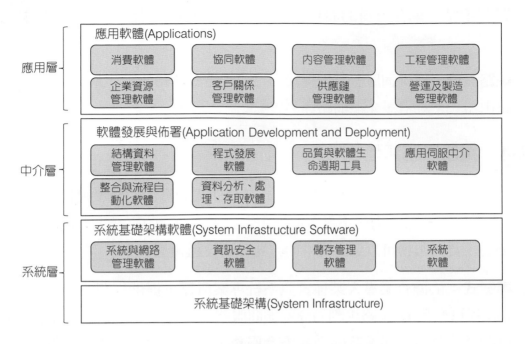

應用層
├ 應用軟體(Applications)
│ ├ 消費軟體
│ ├ 協同軟體
│ ├ 內容管理軟體
│ ├ 工程管理軟體
│ ├ 企業資源管理軟體
│ ├ 客戶關係管理軟體
│ ├ 供應鏈管理軟體
│ └ 營運及製造管理軟體

中介層
├ 軟體發展與佈署(Application Development and Deployment)
│ ├ 結構資料管理軟體
│ ├ 程式發展軟體
│ ├ 品質與軟體生命週期工具
│ ├ 應用伺服中介軟體
│ ├ 整合與流程自動化軟體
│ └ 資料分析、處理、存取軟體

系統層
├ 系統基礎架構軟體(System Infrastructure Software)
│ ├ 系統與網路管理軟體
│ ├ 資訊安全軟體
│ ├ 儲存管理軟體
│ └ 系統軟體
└ 系統基礎架構(System Infrastructure)

▶圖1-4　商業軟體分類架構(參考資料：IDC)

圖 1-4 是商業軟體分類架構圖，這些商業套裝軟體由資訊軟體廠商根據各種企業的共通需求而發展，將各種類型軟體銷售給企業。企業購買該軟體，並配合系統整合廠商、顧問，將這些套裝軟體根據企業需求加以設定與客製，使之能滿足企業活動需求。資訊軟體廠商則以賺取企業購買軟體的授權費 (License Revenue) 以及軟體版本更新、修改的維護費 (Maintenance Revenue) 為主。

●1-2-3　資訊硬體類型

企業內資訊硬體主要可以分為四大類型：

1. **桌上型電腦或筆記型電腦**：提供企業人員運行各種前端軟體，以連結企業資訊系統，執行各項組織活動的客戶端、終端電腦。在主從架構與 WWW 三層架構盛行之後，客戶端電腦可能執行完整企業軟體 (如：文書編輯軟體)、資訊系統部分前端軟體 (如：ERP 前端軟體)，或者利用瀏覽器瀏覽。

2. **伺服器**：執行企業資訊系統的電腦，具有較高效能運算能力。伺服器可依 CPU 架構，分為 x86 架構或 RISC 架構。根據執行的作業系統，亦可分為 Windows 伺服器、UNIX 伺服器、Linux 伺服器等。

3. **儲存設備**：儲存資料的設備，包括：硬碟儲存設備、光碟設備、磁碟設備等。

4. **網路設備**：提供伺服器、儲存設備、前端電腦連結的網路基礎設施，包括：路由器、集線器、光纖網路等。

● 1-2-4 資訊服務類型

企業資訊系統不僅牽涉到軟硬體，還包括資訊人力協助開發、維護資訊系統。企業可能因為資訊專業人力的不足，而委由資訊服務廠商的專業人力提供資訊服務 (IT Services)。資訊服務可以依據提供的方式分為幾種類型：

1. **專案式**：依據企業導入某種資訊系統專案所需，提供相關的資訊服務，包括：提供商業 IT 策略規劃的商業顧問服務、套裝軟體設定的 IT 顧問服務、協助企業整合資訊系統的系統整合服務，以及協助企業開發軟體的開發服務。

2. **委外服務**：相對於專案式資訊服務，委外服務可能來自於企業長期的資訊專業需求，而委託資訊服務廠商專業人力的支援。例如：資訊服務廠商派遣資訊人員在企業中駐點，協助各種資訊系統開發與維護。資訊服務廠商協助企業各種軟硬體的維修。

企業甚至希望資訊服務廠商除了支援人力外，也可支援軟硬體，例如：將資訊系統放在資訊服務廠商或資料中心業者的機房，省卻機房的基礎設施與維護人力的機房代管服務 (Hosting Service)。銀行委託資訊服務廠商建置信用卡開卡、付款、結算作業所需的軟硬體與人力支援系統，銀行不需負擔相關軟硬體開發、維護與支援人力的費用。事實上，雲端運算即是一種委外服務的應用 (請見第二章)。

3. **支援與訓練服務**：協助企業安裝軟硬體系統及維護的支援服務以及提供企業資訊科技的教育訓練服務。

1-3 企業IT軟硬體銷售模式

如前面所介紹，我們可以理解目前企業 IT 軟硬體 (主從架構式) 的銷售模式，如圖 1-5 所示。企業為了滿足企業資訊系統發展需求 (可能為了策略目的、管理目的、作業活動等)，引進各種企業 IT 軟硬體、服務，提供者包括各種資訊軟硬體與服務供應商：

1-3-1 資訊硬體供應商

製造硬體並銷售給企業、資料中心或代理給資訊服務供應商協助銷售。資訊硬體供應商並配合商用軟體供應商一齊搭售軟硬體產品。利潤主要為硬體銷售營收與維護費用。

1-3-2 商用套裝軟體供應商

發展軟體並銷售給企業，或是代理給資訊服務供應商協助銷售。商用套裝軟體供應商並配合資訊硬體供應商一齊搭售軟硬體產品。利潤主要為軟體銷售授權與維護費用。

1-3-3 資訊服務廠商

代理資訊硬體、商用套裝軟體，並搭配各種專案服務 (如：商業顧問服務、IT 顧問服務、系統整合服務)、委外服務 (如：資訊人力委外、資訊軟硬體委外、流程委外)，以及維護與教育訓練服務等。資訊服務的種類多元，各個資訊服務廠商依公司能力而提供各種類型服務與軟硬體相依服務給企業客戶。資訊服務的利潤來源可包括：代理金與抽傭、專案式顧問服務與系統整合費用、長期簽約的委外服務費、維護費用、教育訓練費等。

1-3-4　資料中心業者

資料中心業者提供企業代管服務或協助資訊服務供應商的資訊軟硬體代管服務。

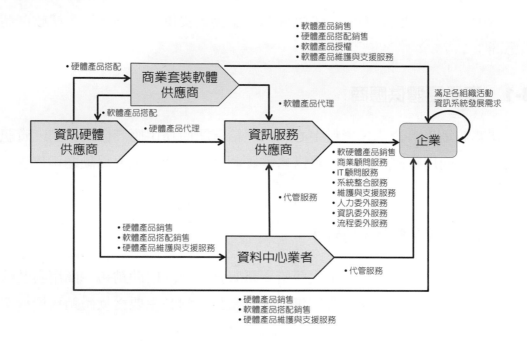

▶圖1-5　企業IT軟硬體銷售模式

本書介紹的雲端運算不僅改變 IT 軟硬體的內涵，也改變銷售模式。

1-4　小結

　　從本章可以理解企業 IT 發展沿革、軟硬體環境以及軟硬體銷售模式。企業為支援各種組織活動而發展資訊系統，並產生對於商業套裝軟體、資訊硬體、資訊服務等各種不同軟硬體與服務的需求。然而，隨著資訊科技的進步，與企業 IT 應用的成熟，企業 IT 發展將從主機時代、主從架構時代，乃至於雲端運算時代演進。其中，IT 架構、IT 軟硬體、IT 服務模式與銷售模式也將有所不同。

習 題

● 問答題

1. 請說明企業 IT 發展三階段的 IT 架構與服務模式。
2. 請說明資訊系統的支援架構。
3. 請說明商業套裝軟體的三種類型。
4. 請說明資訊硬體的四種類型。
5. 請說明資訊服務的三種類型。
6. 請簡單說明目前企業 IT 軟硬體銷售模式。

02

雲端運算的演進與定義

本章介紹雲端運算的發展歷史、演進以及定義。透過本章，讀者可以了解雲端運算的定義、特徵、服務模式與技術概念。

● 2-1　雲端運算的演進

科技與商業兩者之間存在著有趣且複雜的關係。有時候，新科技的引進會帶來新的商業概念與模式的創新。例如：網際網路原是來自於美國軍方的 ARPANET 技術，引入商業領域後，而有新的發展。商業流程則主導著科技的發展，產業界藉由修改科技來適應商業流程。例如：根據企業的生產流程與成本計算模式，建立了企業資源規劃系統 (ERP, Enterprise Resource Planning)。科技與商業的創新相互的交織，在某個不預期的時間點突然廣受矚目，成為一種新潮流的商業技術。

雲端運算的風起雲湧，可說是來自於「分散式網路科技」與「網路服務模式」激盪而產生的新商業技術。2006 年 8 月 9 日，Google 執行長埃里克·施密特 (Eric Schmidt) 在搜尋引擎大會 (SES San Jose 2006) 首次提出「雲端運算」(Cloud Computing) 的概念。隨後，在 2007 年，Google 與 IBM 陸續在校園廣泛的推廣雲端運算計畫，並免費提供大學相關的技術與軟硬體，促使學校能一起加入新分散式計算科技的研發。至此，雲端運算仍只是新一代分散式計算科技的代名詞。然而，2008 年，美國發生次級房貸風暴，並引發全球性金融風暴，這才引起商業界對於雲端運算商業模式的注意。2009 年開始，雲端運算儼然成為下一代網路商業技術的新潮流，也被視為解救產業界脫離金融風暴的救星。

從圖 2-1 了解，雲端運算的發展來自於「網路服務模式」及「分散式網路科技」創新的兩個源頭。雲端運算的網路服務模式來自於 Hosting 服務、ASP (Application Service Provider) 概念、公用運算 (Utility Computing) 及 Web 服務商業化蛻變的各種服務模式。分散式網路科技則來自於計算機科學分散式電腦計算、網格運算 (Grid Computing)、P2P 檔案傳輸技術，以及虛擬化技術 (Virtualization Technology)、多租戶技術 (Multi-Tenancy)、綠色 IT，與行動運算等的實現。

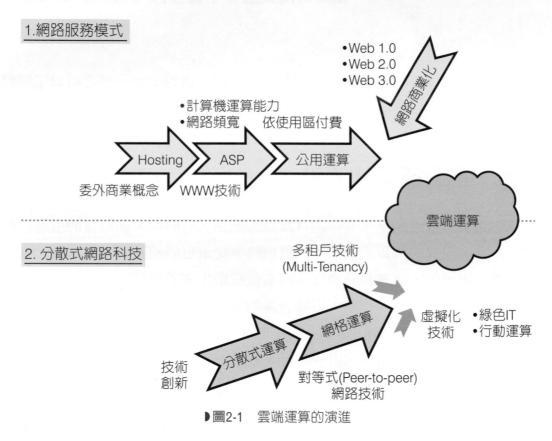

▶圖2-1　雲端運算的演進

表 2-1 列出雲端運算發展的重要歷史事件。從表中可以發現商用軟硬體廠商 (Sun Microsystem、Microsoft、IBM、Salesforce.com) 與網路服務廠商 (Amazon、Google) 等在雲端運算發展過程中，對創新科技與商業網路服務模式扮演著重要角色。

以下將簡單的介紹網路服務模式與分散式科技的發展，以協助讀者理解雲端運算的內涵。

表2-1　雲端運算發展的重要歷史事件 (參考資料：維基百科、各公司)

時間	事件說明	代表意義
1983年	Sun Microsystem提出「網路即電腦」概念	提出一種分散式電腦服務的商業技術願景
1999年	Salesforce.com創立	軟體即服務(SaaS, Software as a Service)網路服務模式發展開始
2006年1月	Microsoft 發表「Software+Service」策略	傳統企業軟體廠商感受雲端服務的威脅與設定新願景
2006年3月	Amazon 推出EC2服務	基礎架構即服務(IaaS, Infrastructure as a Service)網路服務模式發展
2006年9月	Amazon 推出Fulfillment Web Service (FWS)服務	流程即服務(BPaaS, Business Process as a Service)網路服務模式發展
2007年8月	Google 執行長提出「雲端運算」概念	雲端運算名詞的確認與廣受矚目
2007年9月	Salesforce.com發布Force.com	平台即服務(PaaS, Platform as a Service)網路服務模式發展
2007年10月	Google、IBM於美國校園推廣	雲端運算概念與技術大量推廣於校園
2008年4月	Google App Engine發布	平台即服務(PaaS)網路服務模式的大力推廣
2010年7月	美國國家航空暨太空總署和Rackspace、AMD、Intel、Dell等宣布「OpenStack」開放原始碼計畫	開放式雲端運算技術的推展
2011年5月	Apple推出iCloud給予客戶儲存音樂、電子郵件、電子書等資料	雲端運算受消費市場的矚目

2-1-1　網路服務模式的發展

　　網路服務模式可以分為企業端與消費端的服務模式。這兩者的發展均影響著現在與未來各種雲端運算商業服務模式的發展。

一、企業端服務模式

　　表 2-2 顯示重要的企業端網路服務模式，包括：主機代管 (Hosting)、應用服務供應商 (ASP, Application Service Provider)、公用運算 (Utility Computing)，以及雲端運算 (Cloud Computing)。

　　主機代管至今仍是廣為企業使用的一種網路服務模式。企業將電腦或主機託管在網路服務業者 (如：中華電信、遠傳電信) 的機房，而減低必須自建機房、每月

付高額機房水電費、網路頻寬費以及維護人力成本等。電腦或主機的所有權及其上運行的軟體為企業所有，企業仍必須負擔電腦軟硬體的折舊、更新與維護成本。最常見的例子如：許多小型的網路咖啡店為提供線上遊戲給玩家，但又不願負擔自建機房的成本 (如：冷氣、水、電、備援設備與防毒軟硬體等)，即租用電信業者的代管服務。網路咖啡店僅需每個月付固定的租金費給代管服務業者即可。

ASP (應用服務供應商) 的概念則更進一步思考企業是否需花費購買軟體的費用，改向服務業者租用即可。例如：E-mail、WWW 網站、進銷存系統等較不需依據企業流程客製化的套裝軟體，企業可以不用購買，直接向 ASP 服務業者租用即可。如此一來，企業不需考慮軟體的授權費、升級、維護等成本，也不需考慮機房的軟硬體成本。現在許多中小企業即租用 E-mail、WWW 網站軟體服務，每月負擔軟體租金費用。

公用運算 (Utility Computing) 則是企業 IT 軟硬體供應商，如：HP、IBM 與 Sun Microsystem 在 2000 年前後提出的概念。供應商認為軟硬體資源可以如同水、電的方式，依使用量來付費 (Pay-by-Use)。這些公司提出的公用運算創造了新的概念，但重點仍在銷售各個供應商不同軟硬體的技術架構，欠缺商業模式的具體實行方式，因而無法創造新的商業技術。

雲端運算的服務模式綜合了 ASP 與公用運算的概念，更細緻化到能讓使用者共享軟體服務 (SaaS, Software as a Service)、軟體平台 (PaaS, Platform as a Service) 或 CPU、記憶體、儲存設備與網路等基礎架構資源 (IaaS, Infrastructure as a Service)，並能衡量資源的使用量，依使用量計價，降低運算資源的成本。例如：企業利用 ASP 模式租用會計系統，每月負擔固定租金。但會計系統使用時間可能只有每年的年中與年末時使用量較大，其餘月份使用量較少，每月依固定租金並不划算。若採用雲端運算的服務模式，企業在年中與年末使用量較多時才付高的費用，平時則較少。這種概念如同我們在使用電力時，每一個收費時段內，具有基本的度數，當暑假用電量較高時，則依超過的度數加收費用。這讓使用者能在刀口上利用各種運算資源。依照共享的軟硬體資源，又分類為 SaaS、PaaS、IaaS 等各種服務模式，以下各節將更詳細介紹其概念與應用案例。

綜合來看，企業端網路服務模式的概念，重視如何與其他企業共同分擔軟硬體的成本，而進一步能依使用量付費，將運算資源運用在刀口上。

表2-2　企業端網路服務模式比較

服務模式	說明	服務方式	計價方式
Hosting	企業電腦、網站代管服務	● 資源歸屬：電腦與軟體為企業客戶擁有 ● 資源運算地點：代管服務提供者資料中心 ● 資源共享方式：集中共享網路、電力以及機房設備基礎設施	每個月或年固定收費
ASP	應用服務供應商	● 資源歸屬：電腦與軟體為服務提供者擁有 ● 資源運算地點：服務提供者資料中心 ● 資源共享方式：共享機房基礎設施與主機	每月或每年固定收費
Utility Computing	公用運算	● 資源歸屬：公用運算服務提供者 (多為IT服務商，如：HP、IBM、Sun Microsystem) ● 資源運算地點：公用運算服務提供者資料中心 ● 資源共享方式：並無確切說明。有可能是企業各部門軟硬體共享，集中於服務提供者資料中心	如同水電依據使用量計費
Cloud Computing	雲端運算	● 資源歸屬：軟硬體設備均為服務提供者擁有 ● 資源運算地點：服務提供者資料中心 ● 資源共享方式：可能共享軟體 (SaaS)、共享平台 (PaaS)，或共享基礎軟硬體 (IaaS)及機房基礎設施	根據資源使用量計費使用者可以彈性地選擇各種計價模式與服務等級

二、消費端服務模式

從消費者觀點來看，更關心如何在網路上獲得各種服務，以及如何與其他網友進行互動。表 2-3 整理了 Web 1.0、Web 2.0 以及 Web 3.0 三種消費端網路服務模式。

Web 1.0 是指在 1990 年代開始的全球資訊網 (WWW, World Wide Web) 技術與概念發展後，各種服務提供者或企業利用 WWW 網站提供產品資訊、電子商務與搜尋服務等，讓使用者瀏覽以及享用服務。這種服務模式來自於服務提供者提供「服務」給予消費者；而消費者則透過電腦或筆記型電腦上網使用。利潤模式則來自於電子商務網站的交易抽成費用、網路服務的購買以及廣告費用。

　　Web 2.0 則是在 2004 年，由全球最大的電腦出版商歐萊禮公司 (O'Reilly Media) 提出。他們認為，社交網站與 Wikipedia 等支援線上合作及使用者相互交換訊息的網站，是代表著新一波的網路服務革命，稱之為 Web 2.0。在歐萊禮的概念中，Web 2.0 有 4 項特色：參與取代接收、分享取代控制、資源分散取代資源集中，以及免費取代收費。例如：社交網站 Facebook 透過免費的文章、圖片交換與免費遊戲而聚集許多網友，並利用聚集全球數億的網友及網友資料，賺取廠商廣告刊登的費用。

　　隨著智慧手機、平板電腦與連網電視的發展後，有人進一步認為，新網路服務模式已產生。此時，新網路服務強調的是提供使用者跨裝置的享用服務、接受資訊、社群互動與服務交易。服務提供商將隨著使用者使用的不同裝置，或當使用者所在不同的情境時 (如：在街上行走、在家中休閒生活，或上班商務環境)，給予適當的服務與資訊等。例如：全球最大連鎖超市沃爾瑪 (Walmart)，結合智慧手機與 App、Facebook 以及其販售的產品資訊，提供消費者在上門購物時，可以立即依天氣狀況、過去購買紀錄與 Facebook 朋友購買紀錄來建議消費者購買相關的產品。有些人認為，新 Web 3.0 模式是利用區塊鏈等去中心化、分散式取代雲端運算的集中資源式，還是能向這種新興的服務模式注入雲端運算，而使得網路服務的應用更加多采多姿。

表2-3　消費端網路服務模式比較

模式	服務方式	利潤模式
Web 1.0	全球資訊網 (WWW) 利用超連結的方式，將不同的媒體(聲音、影像、文字)以非線性的方式相連，讓使用者更方便地取得各式豐富資訊，如：新聞網站、Yahoo!奇摩入口網站	交易抽成費用、網路服務的購買，以及廣告刊登營收
Web 2.0	社交網站，如：MySpace、Flicker、YouTube，讓使用者間可以互相分享各項資訊	廣告刊登營收、網路服務購買
Web 3.0 [1] (Cloud Computing)	①使用者不僅僅透過個人電腦或筆記型電腦上網，進一步利用智慧手機、連網電視等不同載具上網。透過不同載具上網可以獲得不同的資訊、服務、App軟體與社群互動	情境為主的廣告刊登、服務購買、服務交易
Web 3.0 [2] (web 3)	②去中心化、分散式資源運算與共享	社群共享利潤

●2-1-2　分散式網路科技的發展

早從 1970 年代，即開始發展分散式計算 (Distributed Computing)。當時主要利用平行計算 (Parallel Computing) 的技術，發展如何串聯各種大型電腦主機的計算資源，以解決繁瑣的運算問題。例如：複雜的天氣預測可能需要大型電腦主機運算一週，對災害的防治與預防並不具時效性。若能聚集多個大型電腦共同運算，則可能兩、三天內就能計算出結果，快速地提供天氣預報參考，減低災害的損失。當時，電腦為大型機構才能購買的昂貴機器，如：研究機構以及政府等單位。

至 1990 年代網際網路發展、個人電腦運算能力提升後，科學家思考如何運用眾多個人電腦的運算能力連結網際網路，來共同解決特殊問題。例如：SETI@Home 尋找外星人計畫，便藉由使用者的連網電腦安裝螢幕保護程式，當使用者不使用電腦時，則自動參與協同計算。或者在科學上利用眾多大、中、小型的電腦共同運算氣候預測與 DNA 配對等複雜的問題，這即是網格運算 (Grid Computing) 的主要目的。在資料分享上，對等式 (peer-to-peer) 網路技術則提供電腦間可以相互分享與傳遞資料。對等式網路技術後來因為被利用在網友間傳遞非法授權的影片、圖片以及軟體分享而惡名昭彰。網格運算或對等式網路技術即透過網際網路的標準協定，來協同各種電腦的運算資源。

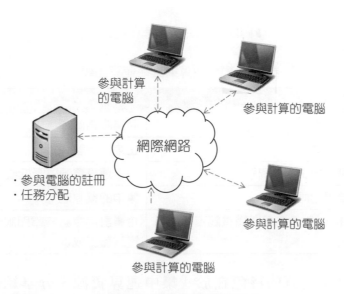

▶圖2-2　網格運算運作模式

　　雲端運算的技術則承襲上述網格運算，以及對等式網路的分散式網路科技。利用前述的商業服務模式，而成為一種新興的商業技術。在這種商業服務模式下，由服務提供者提供集中的運算環境，使用者透過網際網路分享運算資源。這與網格運算或對等式網路技術由分散在遠端的電腦共享運算資源並不相同。如圖 2-2、2-3 分別顯示網格運算與雲端運算兩種不同的運算模式。表 2-4 比較兩者的主要差異。

▶圖2-3　雲端運算運作模式

表2-4　網格運算與雲端運算比較

特點	網格運算	雲端運算
應用領域	科學研究專案	商業服務營運
使用對象	科學研究人員	企業、一般大眾
解決問題	協同運算以解決複雜問題	分享運算資源以降低成本
運算模式	分散的資源協同	集中的資源池
案例	SETI@Home集合各個連網電腦資源，尋找外星人	企業訂用會計軟體即服務，減少購買與維護軟體的成本

　　誠如前述，雲端運算的特色在於「集中運算資源、分享給眾多使用者」，雲端運算的兩大重要技術則協助處理這樣的需求：虛擬化技術 (Virtualization Technology)、多租戶架構 (Multi-Tenancy Architecture)。

一、虛擬化技術概念

虛擬化 (Virtualization) 相對於真實 (Real)，即是在伺服器、作業系統、儲存設備與網路服務等實體資源之上，創造一個虛擬、邏輯的環境。利用虛擬化技術可讓上一層的軟硬體與使用者在虛擬環境中利用這些實體資源，而不需理解軟硬體的複雜性。

早在 1960 年代，IBM 即利用虛擬化技術讓大型主機虛擬化成一個模擬系統，供使用者撰寫相關程式，不需考慮各種主機硬體指令的複雜性與差異性。1990 年代，Sun Microsystem 發展 Java Virtual Machine (JVM) 運行在 Windows 與 UNIX 等作業系統上。程式設計師只需利用 Java 語言撰寫一次程式，即可藉由 JVM 在不同的作業系統上執行，省卻程式設計師必須了解不同作業系統與實體機器的複雜特性，而簡單化程式的開發。2000 年代，VMware 公司則發展 x86 作業系統虛擬機器，讓一般小 x86 桌上型電腦可以同時執行 Windows 與 Linux。許多電腦玩家即在同一台桌上型電腦上可以玩不同類型的作業系統。

後續章節將更詳細地介紹各種虛擬化技術的實現方式。在本章只需了解虛擬化在雲端運算中兩種典型應用方式：

(1) 向內擴展 (Scale-In)。

(2) 向外擴展 (Scale-Out)。

向內擴展的應用方式即是如前述所提及的：一台伺服器內運行不同的作業系統，讓上層軟體可以充分利用某個硬體的資源。雲端服務供應商為充分利用已添購的伺服器，讓該伺服器上運行許多虛擬機 (Virtual Machine)，可以執行不同的軟體，以充分地利用該伺服器的資源 (如圖 2-4)。線上遊戲業者亦可以將伺服器資源出租給其他業者，以避免白天較少網友玩線上遊戲而浪費伺服器的資源 (如：CPU、記憶體、網路頻寬)。

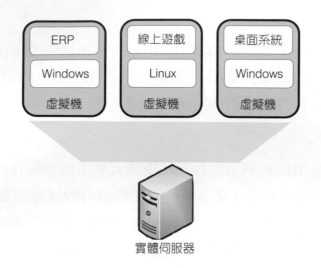

▶圖2-4 向內擴展式虛擬技術應用

　　向外擴展的應用方式則更進一步地結合各種小型伺服器資源，讓上一層軟體或使用者可以充分地利用各種伺服器資源。雲端服務供應商利用虛擬化技術，將數台伺服器虛擬化成一個「伺服器資源池」，如此一來，即可讓眾多的使用者可以分享數台實體伺服器的資源。例如：Google 為滿足大量網友查詢 Google 搜尋的需求，結合上千台小型 x86 伺服器，滿足全球網友的查詢需求。虛擬化技術可以根據各個實體伺服器的負荷狀況，分配到哪一個空閒的實體伺服器上進行查詢 (如圖 2-5)。

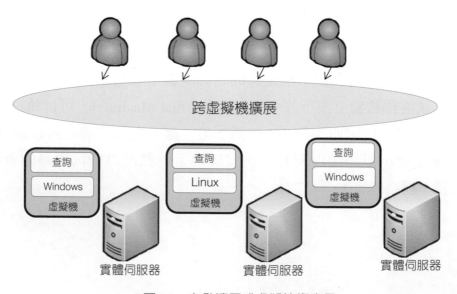

▶圖2-5 向外擴展式虛擬技術應用

二、多租戶架構概念

多租戶架構 (Multi-Tenancy Architectire) 主要的目的是讓分享硬體資源的軟體與使用者 (稱為租戶，Tenant) 可以各自隔離，並且不受干擾地使用資源。這如同我們在分租房間時，希望牆壁隔音效果可以加強，且有獨立的浴室與獨立的門戶等，以避免生活被其他租戶干擾。

多租戶架構希望讓租戶可以隔離資料與記憶體的使用、隔離執行績效、資訊安全以及商業邏輯等，讓每個租戶感覺在使用共享的資源時，如同「沒有其他用戶在使用」(Transparent) 一般。同時，多租戶架構也希望當租戶想要擴增可使用的資源時，可以快速地擴增，亦不會影響其他租戶。

當然，多租戶架構要實現愈多種的隔離，技術將會愈複雜，成本也愈高。多租戶架構的技術亦在發展階段，而雲端運算供應商或雲端運算技術廠商也會根據技術的複雜性與成本考量，提供不同程度的隔離，稱之為不同的「多租戶架構成熟度」。詳細的多租戶架構與技術實現方式將在後續介紹，在本章讀者只需了解概念以及隔離的意義。

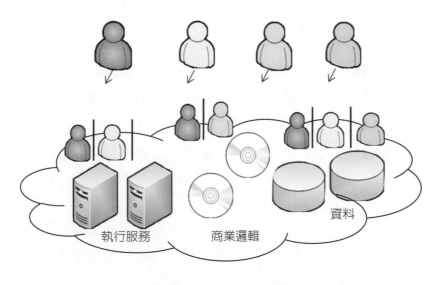

▶圖2-6　多租戶架構概念

表2-5 虛擬化技術與多租戶架構特色

技術	虛擬化技術	多租戶架構
意義	創造虛擬環境,讓軟體、使用者容易使用各種軟硬體資源。	讓租戶可以分享各種軟硬體資源而相互隔離。
類型	向內擴展虛擬化:伺服器虛擬化、桌面虛擬化等。 向外擴展虛擬化:虛擬伺服器資源池、虛擬儲存資源池、虛擬網路資源池等。	執行隔離:確保租戶執行軟體服務的效率不相互影響。 資料隔離:確保租戶間各自資料不會相互洩漏、資料存取效率不相互影響。 商業邏輯隔離:確保租戶共享軟體服務,卻有各自的商業邏輯,不相互影響。

三、其他相關技術

其他雲端運算相關技術還包括:行動運算、綠色 IT 等。行動運算來自於行動網路技術與行動設備的技術發展,而讓使用者更無所不在地存取雲端運算的資源。行動網路技術的發展包括:GSM、2G、3G 等行動技術發展,使得行動的頻寬擴大。行動設備的技術發展則包括:早期的一般非智慧型手機 (feature phone)、個人數位助理 (PDA, Personal Digital Assistant),以及目前的智慧手機 (Smartphone)、平板電腦 (Tablet)。智慧手機設備運算功能的強大,以及搭配 3G 的寬頻網路,讓使用者可以下載與執行 App,快速連結雲端服務,也刺激新的行動雲端運算商業模式與技術的持續發展。

綠色 IT 則是科技界一直追求的目標。例如:節省筆記型電腦與智慧手機的耗電量,以及減少軟體運算時過度的浪費運算資源等。前述利用虛擬化充分使用運算資源亦是一種綠色 IT 技術。對雲端運算特別有影響的技術來自於雲端資料中心的節能技術,包括:節能伺服器、節能風扇和虛擬化技術等等。詳細的技術細節將在後續章節中介紹。

2-2 雲端運算的定義

如同前一段落所描述：雲端運算的發展來自於各種商業服務模式，以及各種分散式網路技術的結合，雲端運算的應用與科技亦仍持續發展與變化中。因此，每個機構、學者對雲端運算的定義也不同，也造成了許多誤解與濫用。表 2-6 整理幾個較著名與具公信力的機構對雲端運算的定義。

表2-6 各個機構對雲端運算的定義 (參考資料：各機構)

機構	雲端運算定義
NIST	雲端運算是一種無所不在、便利、隨選所需 (on-demand) 的網路資源存取模式。使用者可以存取可配置的共享電腦運算資源池 (如：網路、伺服器、儲存設備、應用程式與服務)，並在最少的管理成本或服務供應商的互動下，快速地完成服務佈署與發佈
柏克萊大學	雲端運算是一個容易使用、存取的大型虛擬資源池 (如：硬體、開發平台或服務)。這些資源可以根據負荷進行動態地調整，亦可達到資源利用的最佳化。這些資源池通常可以依使用量的方式計價，並由資訊基礎建設提供者達到各種服務契約等級 (SLAs, Service Level Agreements)
Gartner	一種運算型態，可以提供大量地擴展(及彈性)的資訊科技能力。以服務的方式 (as a service)、透過網際網路科技提供給外部顧客
IDC	一個高度擴展、抽象的資訊基礎建設資源池，能夠讓顧客的應用程式執行，並依資源消耗量計費
Wikipedia	是一種基於網際網路的運算方式。透過這種方式，共享的軟硬體資源和訊息可以按需提供給電腦和其他裝置

作者認為，柏克萊的定義較能同時兼顧雲端運算服務模式與技術的特色，其原文如下：

Clouds are a **large pool** of easily usable and accessible **virtualized resources** (such as hardware, development platforms and/or services). These resources can be **dynamically re-configured** to adjust to a variable load (scale), allowing also for an optimum resource utilization.

This pool of resources is typically exploited by a **pay-per-use** model in which guarantees are offered by the Infrastructure Provider by means of customized **SLAs**.

從上述的定義，我們可以看到幾個重點 (如本文以粗體底線標註)：

1. 計算資源以集中的方式共享 (large pool)。

2. 透過虛擬技術讓使用者可以共享各種資源，而不需瞭解實體資源的細節 (virtualized resources)。

3. 資源可以彈性地依使用者調配 (dynamically re-configured)。

4. 服務提供的方式爲使用量計價的付費模式 (pay-by-use)。

5. 使用者與服務提供者簽訂一定的服務契約 (SLA, Service Level Agreement)。

綜合雲端運算發展沿革與各機構的定義，本書給雲端運算一個更清晰的定義：

> 雲端運算是一種網路服務的商業模式，其關鍵在於企業或消費者隨選所需，使用服務商所提供的運算資源 (如：服務、應用程式、網路連線與電腦計算或儲存空間等)。服務契約方式如同水電般以使用量計價，且使用者可以彈性地調整所需資源的多寡。
>
> 利用上述商業模式所提供的服務，稱爲雲端服務。實現雲端運算服務的軟硬體技術，稱之爲雲端運算技術。

從本書的定義來看，雲端運算的本質是一種商業模式，透過各種技術來實現。要瞭解與善用雲端運算，不能僅理解雲端運算的技術，更應探討雲端運算所衍生的各種服務模式與商業機制。

關於雲端運算的特性，美國國家科技標準機構 (NIST, National Institute of Standards and Technology) 提出雲端運算具有五個重要特徵、三種服務模式以及四類佈署方法，以下分別介紹。

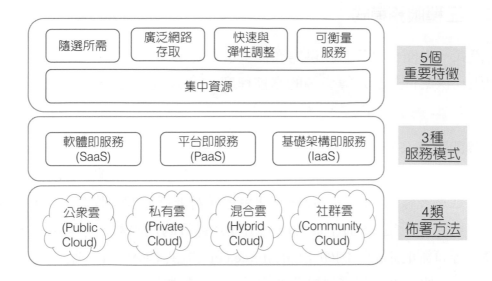

▶圖2-7　雲端運算的特性 (參考資料：NIST(2011))

2-2-1　五個重要特徵

NIST 定義了雲端運算的五個重要特徵：

1. **隨選所需** (On-demand self-service)：根據使用者所需的服務隨選所需運算資源，如：伺服器運算時間與儲存資料量等。使用者不需與供應商溝通，直接利用網路介面即可自行調整 (self-service)。

2. **廣泛網路存取** (Broad network access)：雲端運算服務可以透過標準的介面(如：網際網路標準)以各種不同的設備存取(如：智慧手機、平板電腦等)。

3. **資源集中** (Resource pooling)：可將各種虛擬或實體的運算資源集中，提供眾多使用者使用。使用者不需瞭解資源所在位置與細節等。這些資源包括：儲存空間、處理能力、記憶體以及網路頻寬等。

4. **快速、彈性地調整服務** (Rapid elasticity)：運算資源可以根據需要進行彈性地延展和配置，以滿足客戶隨時變動的需求。例如：高鐵訂票系統可以根據長假的大量訂票需求，彈性地向其雲端運算服務供應商要求增加資源。

5. **可衡量與計價的服務** (Measured service)：運算資源的使用狀況可以被記錄與衡量，服務供應商可以據此與使用者進行計價。

2-2-2　三種服務模式

服務模式一方面代表著服務供應商提供給顧客的「服務內容」；一方面也代表著顧客與服務供應商對於運算資源的掌控程度。NIST 定義以下三種基本的雲端運算服務模式：

1. **軟體即服務** (SaaS, Software as a Service)：提供顧客使用服務供應商運行在雲端運算基礎架構上的應用程式。使用者可以利用瀏覽器或其他程式介面，透過多樣的終端設備存取。使用者僅需進行適度的軟體設定 (如：介面設定與功能設定)，而不需考慮應用程式運行的伺服器、作業系統、網路、儲存等資源的細節。例如：Salesforce.com 提供 CRM SaaS 服務 (稱為 Sales Cloud)，使用者可以透過網路使用該 CRM 軟體服務，不需考慮雲端架構的細節或資源的所在。

2. **平台即服務** (PaaS, Platform as a Service)：提供顧客開發與整合軟體所需的開發語言、函式庫、整合服務以及工具等平台環境。使用者可以利用 PaaS 進行軟體開發、佈署、整合和中介，而不需考慮所需的伺服器、作業系統、網路以及儲存等資源細節。例如：Google App Engine 平台提供使用者在其平台上開發與編譯程式，使用者不需購買與安裝開發環境函式庫和開發工具，只需透過網際網路連結即可。

3. **基礎架構即服務** (IaaS, Infrastructure as a Service)：提供顧客使用處理程序、儲存、網路或其他基礎的運算資源。使用者可以直接利用這些基礎運算資源或執行應用程式，而不需考慮雲端運算基礎架構的設置。例如：Amazon EC2 提供彈性的計算資源，某企業臨時需要大量的動態資料查詢、分析時，可以利用 Amazon EC2 的計算服務，企業不需添購軟硬體設備。

圖 2-8 顯示三種服務模式的服務使用者與服務供應商的分層服務。如圖顯示，服務使用者若要享受愈上層的軟體服務，則愈不需考慮下層運算資源處理、軟體設計與服務設計等。反之，若企業想要控制愈多的資源和設計方式，則必須自行處理更多運算資源與技術細節。

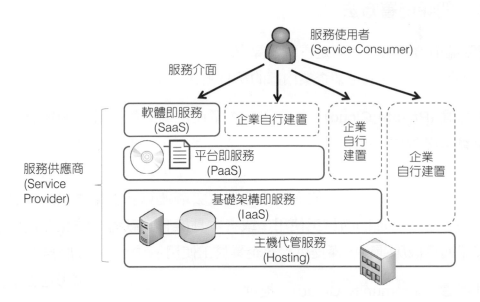

▶圖2-8　雲端運算服務的分層

　　事實上，上述三種僅是雲端運算的基本服務模式分類。愈來愈多的雲端服務供應商發揮各種創意，發展各種創新雲端服務與模式，才是雲端運算充滿商機的地方。這種各式各樣的雲端服務稱為「Everything as a Service」(XaaS)，亦即只要有創意，任何事物都可將其轉變爲服務，透過雲端運算的概念與技術，提供給客戶。後面的章節將更進一步地介紹各種有創意雲端服務的案例。

表2-7　雲端服務模式的延伸

基本類型	意義	延伸範例
SaaS	提供軟體給予顧客租用或客製	Office as a Service、Security as a Service、ERP as a Service、CRM as a Service、E-mail as a Service、Search as a Service、Inventory Management as a Service、Billing as a Service、Gaming as a Service
PaaS	提供平台給予顧客進行應用程式的開發、佈署、整合、中介	Development PaaS、Testing PaaS、Deployment PaaS、Composition PaaS、Integration PaaS、Management PaaS
IaaS	提供運算資源基礎架構給予顧客使用	Compute as a Service、Storage as a Service、Desktop as a Service、Disaster Recovery as a Service

●2-2-3 四類佈署方法

所謂雲端佈署方式，指的是雲端運算資源的分享程度。例如：開放大眾皆可存取，以及特定產業社群或是某企業內部的私有服務。NIST 定義以下四類佈署方法：

1. **私有雲 (Private Cloud)**：提供單一企業使用的雲端運算資源與服務。雲端運算基礎架構、軟體服務可以由該企業擁有、管理、營運或委託第三方業者代管。雲端運算的基礎架構以及軟體服務可以在企業內部或外部運行。例如：企業可以在自己的資料中心建置雲端運算基礎架構以及軟體服務，提供給全球各部門的員工使用。或者本身擁有該軟體，委託在電信業者的雲端運算機房運行，僅提供給該企業員工使用。

2. **社群雲 (Community Cloud)**：提供一群企業使用的雲端運算資源與服務。雲端運算基礎架構、軟體服務可以由該群企業的其中幾個成員擁有、管理、營運或委託第三方業者代管。雲端運算的基礎架構、軟體服務可以在企業內部或外部運行。例如：一群製造業為節省 IT 的成本，建立社群雲，讓該群企業員工可以共享運算資源與服務。雲端運算基礎架構及軟體可以放置在某一特定企業機房中，或委託在電信業者的雲端運算機房運行。

3. **公眾雲 (Public Cloud)**：有些中文翻譯為「公有雲」，是開放給大眾使用的雲端運算資源與服務。雲端運算基礎架構、軟體服務可以由商業公司、學校機構、政府機構擁有、管理、營運或委託第三方業者代管。例如：政府提供食品安全雲服務，給大眾查詢食品履歷。該服務的相關雲端運算基礎架構以及軟體服務，可以放在電信業者的機房代管；但軟體與雲端運算基礎架構均為政府擁有。Google 雲端運算服務亦開放給大眾使用，但其軟體、雲端運算基礎架構均為 Google 自己擁有、管理與營運。

4. **混合雲 (Hybrid Cloud)**：混合上述任兩種雲端運算佈署的模式。不同佈署模式間可能利用標準或專屬的技術串聯。例如：某企業採用 Salesforce.com 的客戶關係管理雲端服務 (Sales Cloud)，讓銷售人員可以在拜訪客戶時，立即記下拜訪紀錄與客戶資料；但關於客戶訂單則仍然放置在企業內的私有雲，以避免資料的外洩。此時，該企業即採取混合雲的佈署方式。

　　綜合 NIST 的四種佈署方式，主要以雲服務或資源存取的開放或私有程度作為分類。但雲端運算資源擁有者、資源管理者或服務營運者則可能來自於企業（或政府機構）本身、企業社群成員，或第三方雲端服務業者等等各種組合方式，這種複雜的關係也進一步使得雲端服務更多樣化，並產生服務創新的空間。讀者在理解雲端運算佈署方式時，必須從資源存取、資源擁有、資源管理、服務運行地點的方式思考（如圖 2-9）。

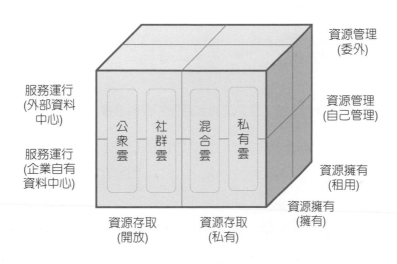

▶圖2-9　雲端運算的佈署方式

　　若分析服務模式與佈署方式的選擇，其實也可說是企業對運算資源控制權的一種選擇。如圖 2-10，列出私有雲／自有機房、私有雲／代管機房、公眾雲 IaaS、公眾雲 PaaS、公眾雲 SaaS 等各種模式中，企業、服務供應商對於機房設施、資訊硬體、虛擬架構、軟體平台以及應用軟體等資源控制的分工。企業可以根據本身對技術細節掌控需求、資訊人員技術掌握能力與資訊安全的考量等各種因素，選擇不同的服務模式和佈署方式。

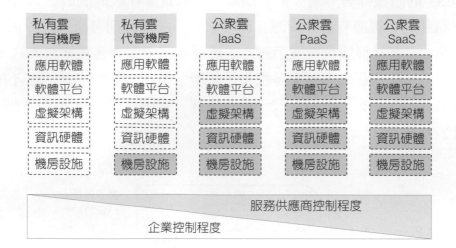

▶圖2-10　雲端運算資源控制權與選擇

2-3　小結

　　從本章可以理解，雲端運算是一種結合網路服務模式與分散式網路科技的商業技術。雲端運算的技術包含：虛擬化技術、多租戶架構、行動運算、綠色 IT 等。然而，若沒有服務模式的創新，仍然無法造就雲端運算的商機。

　　雲端運算的基本服務模式，包括：軟體即服務 (SaaS)、平台即服務 (PaaS)、基礎架構即服務 (IaaS)，來自於企業對於運算資源成本降低以及運算資源控制上的考量。企業可以考量資源的存取權限、資源的擁有、資源的管理，以及服務的運行等各方面，委由第三方業者提供或自己控制。

　　隨著雲端運算服務供應商的各種新服務模式的發展，以及 Web 3.0 的消費端網路服務模式的融入，將產生更多的服務創新空間。

習 題

● 問答題

1. 請說明 ASP 服務模式的內涵,並指出可能的企業應用案例。

2. 請說明 Hosting 服務模式的內涵,並指出可能的企業應用案例。

3. 請比較 Web 1.0、Web 2.0、Web 3.0,並指出生活應用的案例。

4. 請說明網格運算基本內涵,並比較其與雲端運算運作模式的差異。

5. 請說明虛擬化技術的概念與類型。

6. 請說明多租戶架構的概念與類型。

7. 請說明雲端運算的定義與五個特徵。

8. 請說明雲端運算三種服務模式與四類佈署方法。

● 討論題

1. A公司是一家 50 人左右、10 家分店的小型飲料連鎖店,想採用 SaaS 服務。您建議要採用何種佈署方法?並說明理由。

2. B 公司是一家 1,000 人規模的電子製造業,已經導入 ERP 及其他 MIS 系統。資訊部門想評估利用雲端運算來降低 IT 成本。您建議哪些服務模式及佈署方法適合 B 公司?並說明理由。

雲端運算對商業的影響

本章從兩個方向介紹雲端運算對商業的影響力。首先,介紹雲端運算如何影響企業的資訊資源應用與商業競爭。其次,介紹雲端運算對資訊產業的影響,包括:產生新的商業生態系、對台灣產業的影響與商機,以及歐美、台灣、大陸廠商的布局。閱讀本章,讀者可以了解雲端運算對於企業與資訊產業的重要性,進而探索潛在的商業機會。

3-1 雲端運算對企業的影響

3-1-1 雲端運算驅動力

驅使雲端運算興起的原因很多,包括經濟、科技、法規等各種原因。我們可以從 PEST (Political, Economic, Social, Technology) 產業分析架構分析雲端運算興起的驅動因素 (依影響因素重要性排序):

1. **經濟因素 (Economic)** : 2008 年的金融危機,直接促使企業開始思考利用雲端運算降低資訊科技投資成本的可行性。

   此外,新興國家 (如:中國大陸、印度等) 的經濟發展,帶來原料與能源等價格的上漲,使得企業亦思索減少營運成本的各種可能性,如:減少 IT 採購以降低 IT 資產維護及能源消耗成本。

2. **科技因素 (Technology)**：虛擬化技術、網路技術、儲存備份技術等發展，也促使發展雲端運算資料中心的可行性技術。此外，智慧手機、平板電腦等各種新興的終端載具興起，也讓使用者更容易地存取雲端運算服務。而各種有線以及無線寬頻技術的發展，也加快存取遠端雲端運算資料中心運算資源的速度。

3. **社會因素 (Social)**：全球各地天然災害影響，如：受到 2008 年中國大陸汶川大地震、2005 年與 2012 年美國颶風、2011 年日本東北地震等影響，均使得企業更加重視災難備援的重要性。以 2011 年日本東北大地震為例，地震當時造成電話與手機的通訊嚴重斷線，改由仰賴網際網路作為平安訊息傳遞、物資發送與求救信號的平台，更加促進各行業思考雲端服務作為緊急備援的可能性。

消費者對於網際網路的充分運用、社群網站的使用、各種消費 IT 與電信的使用等，也使得企業人士思考消費領域的網路服務是否可能移植到企業領域使用。

此外，能源大量的耗用以及對環境的影響也漸漸受到各國政府、民眾、社會團體所注意。環境永續發展成為財務以外，企業常被檢視的指標。例如：投資人不僅檢視企業的財務面績效，亦開始重視環境面績效。工廠周遭的居民會仔細地檢視企業對環境的影響。這些均使得企業思考如何能減低能源的消耗，如：資料中心伺服器、水、電的能源等。

4. **政治因素 (Political)**：在技術的發展下，各國政府也陸續開放電信頻譜以及各種無線寬頻的連線通道或解除各種管制，提供電信服務業的良性競爭。另一方面，對隱私權的保護則日益嚴格，不僅保護消費者，也提高了雲端服務業者與電信業者的風險。但對於雲端服務如何保障服務契約以及服務的標準等，各國仍因受政治角力因素而緩慢發展中。此外，許多國家基於國家安全，亦限制政府資料和民眾資料放置其他國家資料中心，如：美國與加拿大政府，也對雲端運算的擴展有所限制。

綜合分析，雲端運算受到各種因素影響，朝正面方向持續發展中；但諸如隱私權、服務契約、標準方面等仍有待克服。

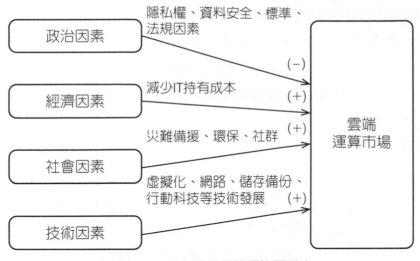

▶圖3-1　PEST分析雲端運算驅動力

●3-1-2　雲端運算影響力

　　雲端運算對於企業的影響包括：IT 營運成本降低、彈性運用 IT 服務資源與加速企業的創新等。本段落首先分析雲端運算的經濟法則，並進一步歸納出雲端運算對於企業的影響。

一、雲端運算的經濟法則

　　雲端運算既然是一種商業技術，對於企業與產業的經濟影響，也一直備受關注。學者 Joe Weinman (2008) 分析雲端運算產生的 10 項經濟法則，值得參考：

1. 雲端運算公用服務模式將使得 IT 使用成本降低。
2. 隨選所需的雲端運算服務，將使得企業能減少預測錯誤所額外購買 IT 服務與 IT 軟硬體的成本。
3. 雲端運算可以將資訊資源妥善分配給各產業尖峰時間使用 (如：運動賽事的超級周末假期、運輸業的年假期間、零售業的聖誕假期等)，將提高整體資訊資源的利用率。
4. 各個產業與企業整體需求變動性較單一個體小。雲端運算整合需求將使得資訊資源使用量更容易預測，進而避免資源浪費。

5. 資源的平均單位成本將透過規模經濟將固定成本分攤給共享資源的企業。例如：雲端服務業者購買伺服器、網路、儲存設備、基地台、水、電等所發生的固定成本，將可透過銷售給大規模的企業與消費的使用者來分攤。

6. 數大就是美。雲端運算服務廠商透過雲端服務規模的擴大，可以有效提升惡意資安攻擊的防護能力。

7. 時間即是力量。企業利用雲端運算能縮短決策時間，快速地反應市場。

8. 離散分布與網路延遲成平方反比。網路服務最怕單點的網路頻寬需求，造成網路服務執行與傳輸的延遲。雲端運算服務可以透過分散各地的網路節點與電腦降低網路服務的延遲。

9. 不要將雞蛋放在同一個籃子。企業可以將 IT 資料與服務委由雲端服務業者處理，作為災難發生時的備援。

10. 物體靜者恆靜定律。企業可以選擇最適合的雲端運算資料中心作為資料儲存、計算執行的地方。

綜合上述，筆者認為雲端運算經濟可以歸納出以下三個經濟效益：

1. **規模經濟**：與其他企業或不同產業共同分擔成本、共享資源，以獲得規模經濟的效益。如圖 3-2 顯示，雲端運算較過去的主機與主從式架構更能透過規模經濟以降低成本。雲端服務業者也可以透過大量採購軟硬體設備，增加議價能力而降低單位軟硬體設備成本。

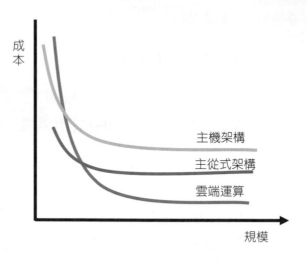

▶圖3-2　雲端運算的規模經濟

2. **IT 資產彈性投資**：企業利用雲端運算服務取代購買 IT 軟硬體的成本，能夠較彈性地依需求擴增與減少 IT 服務，以充分享受 IT 帶來的投資回報率 (ROI, Return on Investment)。如圖 3-3 顯示雲端運算服務較傳統的 IT 軟硬體的投資，更能快速地獲得回報 (payback)、ROI 投資回報率亦較高。

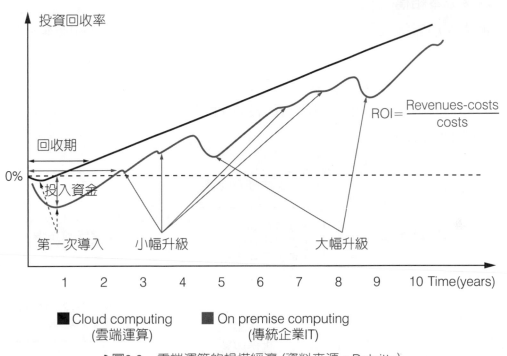

▶圖3-3　雲端運算的規模經濟 (資料來源：Deloitte)

3. **長尾法則**：就雲端運算服務業者與電信業者而言，雲端運算亦是一種長尾法則 (Long Tail Law) 的應用。雲端運算服務業者與電信業者透過較低價格、標準化的 IT 服務方式來吸引大量的企業使用者和消費者共同分擔資料中心 IT 資產的成本，並創造營收。這與過去以高單價 IT 軟硬體、為企業量身訂做軟體流程的商業模式有所不同。

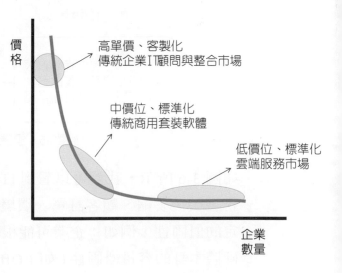

▶圖3-4　雲端運算的長尾法則

二、雲端運算對企業的影響

綜合分析雲端運算的驅動力與經濟法則，本書歸納五大影響（如圖 3-5）。分述如下：

1. 轉移成本結構

企業利用雲端運算服務，首先，可節省的即是 IT 軟硬體的成本。企業可以減少購買 IT 軟硬體的固定成本，轉變為使用雲端運算服務才付費的變動成本。當減少 IT 軟硬體等基礎建設投資後，也可減少維護的人力、水、電等成本。此外，企業更可以節省因投資 IT 軟硬體資源過多所造成資源浪費的閒置 IT 成本。

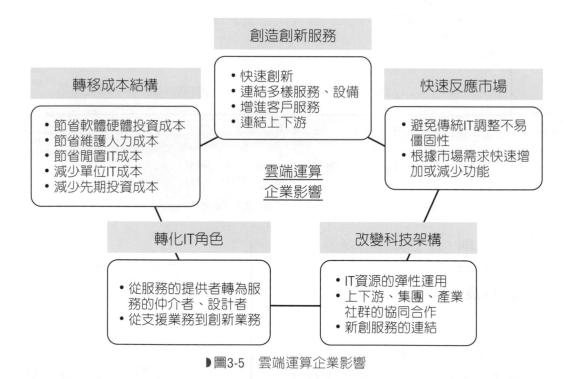

▶圖3-5　雲端運算企業影響

如圖 3-6 所示，我們可以看到 IT 需求是多變的，可能來自於非預期的業務發展、萎縮、顧客訂單、環境影響等。然而，IT 軟硬體的投資卻有一定的僵固性，例如：企業可能根據歷史法則推估未來的 IT 需求，或者軟硬體本身的容量僵固性（如：Office 推出一定功能的版本、伺服器固定的硬體規格）。因此，IT 軟硬體的供給與需求常常在資源浪費與服務品質低落的惡性循環中。

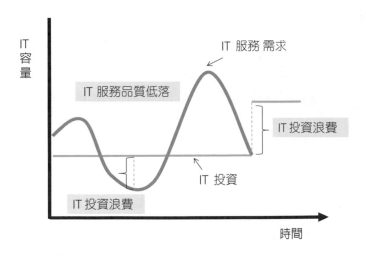

▶圖3-6　雲端運算企業IT投資與需求關係

企業可以利用雲端運算以減少 IT 軟硬體投資僵固性帶來的 IT 服務品質低落或資源浪費。企業可以辨別在哪些作業流程具有高度 IT 服務需求變動性，利用雲端運算來減少傳統 IT 軟硬體投資的僵固性。圖 3-7 列出四種常見的企業 IT 需求變化類型：

(1) **週期性需求**：使用者的行為、企業業務與產業週期具有一定的規則。例如：玩家通常在晚間才有時間玩線上遊戲、美國零售業聖誕節假期前夕業務量特別大、交通運輸業在長假之前的大量業務等。這類的需求是可預期的，能夠搭配雲端運算服務以解決IT軟硬體供給不足。例如：高鐵訂票系統在三大節日前夕開放線上預訂，這時，就可租用雲端運算服務。

(2) **成長性需求**：這可能來自於業務大量成長的網路服務公司、新市場拓展公司，而造成業務不斷成長，IT 軟硬體採購永遠趕不上業務成長。這種企業亦可以透過雲端運算服務，依使用量來付費，以避免 IT 軟硬體採購永遠趕不上的狀況。

(3) **非預期的突發需求**：使用者使用IT軟硬體的行為可能是隨機且無法預期的。例如：公司的 Email 伺服器的存取、公司對外網站、網路商店的使用等。透過雲端運算服務或者虛擬化伺服器資源池，可以避免非預期的突發需求，造成IT服務品質低落。

(4) **可預期的需求變化**：這可能來自於企業的某些促銷、拓展活動，造成業務的激增，而引發 IT 需求。例如：舉辦世界盃足球而造成網路線上播放服務需求、過季促銷造成網路商店的存取需求。企業可以透過事前規劃的雲端運算服務來減少 IT 軟硬體需求與供給的大幅落差。

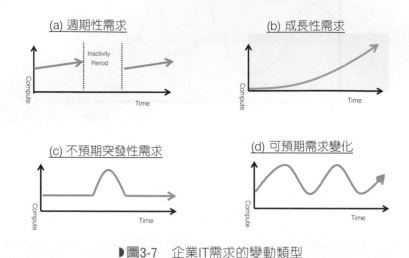

▶圖3-7　企業IT需求的變動類型

2. 快速反應市場

當企業減少 IT 軟硬體資產投資的僵固性、IT 維護與營運成本以及 IT 服務需求與供給不協調的問題後，企業可以利用雲端運算服務來快速地反映市場業務的需求。例如：零售連鎖店要拓展大陸市場，面對的是規模數十倍於台灣且需求更不可預期的市場。利用傳統的 IT 軟硬體投資概念，很難預測業務的需求及投資的金額。利用雲端運算服務，則可以讓該企業視擴點狀況，彈性訂購 IT 資訊資源、訂閱銷售點軟體服務，以快速反應市場需求。

3. 創造創新服務

當企業減少 IT 軟硬體資產投資的僵固性、IT 維護與營運成本之後，可以將 IT 投資在更具價值的創新服務，將使企業能加速業務的轉型。此外，雲端運算服務本身即具有連結各種服務的能力；當企業熟悉雲端運算服務採用後，亦可快速地連結各種創新服務。

PWC 顧問公司認為雲端運算可協助企業三大創新方向：

(1) **快速創新**：擺脫傳統 IT 軟硬體資產僵固性，企業更彈性地利用各種 IT 資源，創造新的業務。例如：3M 利用微軟 Azure 平台，讓設計師可以

利用知識模擬各種設計雛形對消費者的影響與接受度，加快創新產品的研發與更接近市場需求。例如：Netflix 是提供線上電影的數位播放網站，利用 Amazon Web Services 節省IT軟硬體的投資，以因應客戶快速的成長需求，並將公司焦點放在如何搜尋電影的創新。Netflix 副總裁認為：「我們將創新焦點放在尋找電影，而非管理大型的資料中心」。

(2) **增進客戶關係**：利用雲端運算服務可以增進了解顧客與市場間的行為模式，並與顧客進行互動。例如：Adtran 網路通訊設備商利用 Salesforce. com Sales Clouds，讓銷售人員可以快速存取客戶銷售行銷資料、蒐集市場資訊等，並與顧客直接互動；Walmart 則透過智慧手機 App 結合各零售點天氣服務、特殊節慶事件、顧客社群朋友購買紀錄等，讓顧客走進零售店中，立即能透過智慧手機，接受個人化購物建議。

(3) **增進上下游與夥伴間連結**：雲端運算服務的連結、資料分享特性，可以協助企業與上下游和夥伴間更緊密地連結。例如：美國製造業聯合政府共同設置工程模擬與分析平台，協同歐洲、日本上下游製造業，在雲端平台上進行模擬與分析、產品設計。

License2Share 則是一個石油業的雲端服務平台。License2Share 平台提供各國石油相關法規與變動、石油汙染事件、全球石油價格變動、石油探勘狀況與投資夥伴風險評估等訊息，讓相關業者與投資機構快速掌握訊息，降低石油投資與生產、銷售等風險。這個平台提供了石油業競爭者、投資夥伴、環保觀察團體的協同合作空間。

4. **改變科技架構**

當企業利用雲端運算服務，包括：私有雲、公眾雲、產業社群雲等，使其企業內部的 IT 基礎架構降低成本、快速反應市場與創新服務之後，企業的科技架構將從傳統內部商業套裝軟體、IT 軟硬體整合的架構，轉換為與外界雲端運算服務整合的架構。如圖 3-8 所示，企業科技架構將轉變為所謂「混合雲」(hybrid cloud) 架構。

當企業混合雲架構逐漸成熟後，企業 IT 部門重視焦點將從過去重視企業內部作業流程改善，轉向重視如何與外界顧客、夥伴以及產業聯盟的作業協同、服務創新。Deloitee 顧問公司稱這種新的科技架構為：「由外向裡看的科技架構」(outside-in architecture)。

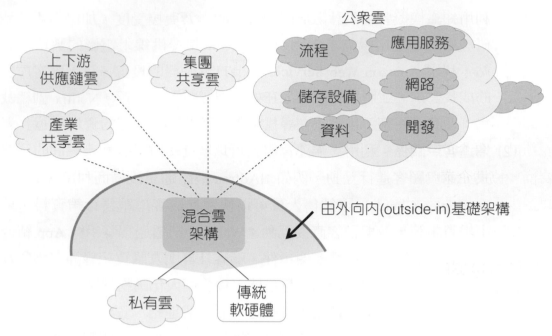

▶圖3-8 雲端運算改變企業科技架構

5. **轉化 IT 角色**

當企業愈來愈仰賴外部的雲端運算服務，並重視如何創造業務的價值而非內部流程自動化後，企業 IT 部門的角色也會有所轉變。如圖 3-9 所示，IT 部門將減少軟硬體維護與應用程式開發，轉換為著重如何協助業務部門創造新價值、如何設計與發展新的 IT 服務，以及與各種雲端運算服務廠商、夥伴進行合作。IT 部門的角色將由支援、資源提供者，轉變為策略、服務發展與聯盟。

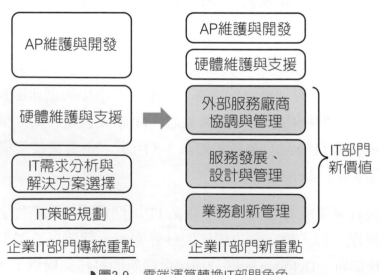

▶圖3-9 雲端運算轉換IT部門角色

3-2　雲端運算對產業的影響

3-2-1　雲端運算產業生態系

　　雲端運算不僅對企業產生影響，更衝擊到既有的企業 IT 軟硬體生態系。如第一章所述，現今的企業 IT 軟硬體導入以軟硬體解決方案為中心，帶入顧問與系統整合商，協助企業內部進行安裝、導入與整合各種軟硬體。雲端運算的產業生態系將以雲端服務供應商與雲端資料中心營運商 (如：電信業者) 為中心，提供企業使用雲端服務 (如圖 3-10)。

　　從圖 3-10 雲端運算的生態系統來分析，商業雲端運算的參與者可能包含以下幾種角色：

1. **消費者或企業**：雲端運算服務的使用者可能包含消費及企業使用者。在企業中的使用者也包含事業單位的員工、資訊開發人員、資訊系統維護人員等。

2. **雲端服務供應商**：提供使用者 SaaS、PaaS、IaaS 等各種雲端服務。例如：Salesforce.com、Google 即為典型的雲端服務供應商。

3. **雲端資料中心營運商**：提供各種雲端運算資源運行與服務轉換。這些營運商如同過去的資料中心營運商一樣 (如：電信業者)，提供電腦機房冷氣、軟硬體設備，並進一步能將資訊資源轉換成雲端服務。這些營運商亦可能直接提供各種雲端服務給使用者，同時扮演著雲端服務供應商的角色。例如：中華電信可直接提供 IaaS、SaaS 服務給企業，亦提供基礎設施讓其他 SaaS、PaaS 業者運行服務。

4. **雲端基礎建設軟體供應商**：提供諸如虛擬化軟體或雲端資料中心相關系統軟體、資訊安全、管理軟體等，將資訊資源轉換成服務的軟體供應商。例如：VMware、Citrix、Microsoft 提供虛擬化軟體，即屬於雲端基礎建設軟體供應商。

5. **雲端基礎建設硬體供應商**：提供如網路、儲存設備、伺服器、基礎設施等雲端資料中心所需的硬體供應商。例如：Dell、HP、IBM、廣達等廠商提供雲端資料中心所需的伺服器；台達電提供資料中心所需的電源供應器等。

6. **應用軟體供應商**：提供雲端服務應用軟體，例如：Email、協同軟體等，安裝在雲端資料中心，並與雲端服務供應商合作，提供雲端服務給使用者。這些雲端服務應用軟體供應商亦可能自行與雲端資料中心營運商合作，將傳統應用軟體轉為雲端服務，提供給使用者。

7. **系統整合與顧問服務商**：協助雲端資料中心營運商、雲端服務供應商等進行內部系統整合、軟體轉換服務、服務營運等各種整合與顧問服務。

　　上述雲端基礎建設軟體供應商、雲端基礎建設硬體供應商、應用軟體供應商、系統整合與顧問服務等廠商，提供科技與服務給雲端資料中心營運商、雲端服務供應商，可統稱為「雲端運算技術供應商」(Cloud-enabled IT Provider)。

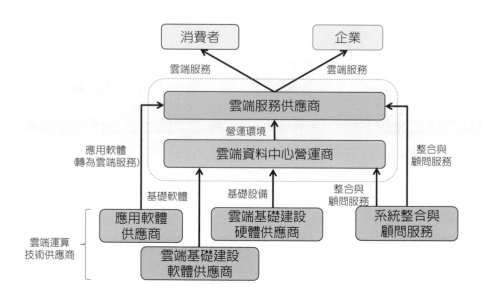

▶圖3-10　雲端運算生態系

　　值得一提的是，企業並不見得會把所有軟硬體與資料均委託雲端運算資料中心營運商營運，而可能由企業本身私有的資料中心營運（即為「私有雲」）。因此，雲端運算技術供應商亦可能直接面對企業客戶，提供企業私有資料中心虛擬化、伺服器等技術與軟硬體設備（如圖 3-11）。

綜合以上，我們可以瞭解雲端運算帶來兩個方向的商機：

1. **雲端服務** (Cloud Services)：提供雲端服務給使用者以獲取利潤，服務的對象可能包括企業端或消費端使用者。

2. **雲端運算科技** (Cloud-enabled IT)：提供雲端運算軟硬體科技或系統整合與顧問服務給雲端資料中心營運商、雲端服務供應商，或企業私有雲資料中心。

   如圖 3-11 所示，雲端運算將形成雲端服務市場與雲端運算科技市場。雲端運算科技市場將重視如何讓雲端資料中心營運順暢、可靠、安全而且有效率。雲端服務市場則重視多樣的定價、商業模式與具有創意的雲端服務。

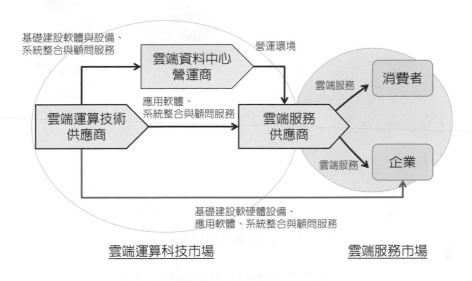

▶圖3-11　雲端運算市場

●3-2-2　雲端運算對台灣產業的影響

一、台灣產業影響分析

在了解雲端運算對於台灣產業的影響之前，可以先從雲端運算未來情境進行設想。圖 3-12 顯示雲端運算可能的未來情境。如圖左下角所示，現今企業以購買軟硬體設備為主。企業主要購買的硬體包括：個人電腦、筆記型電腦、Intel x86 伺服器、大型主機，或廠商專屬規格伺服器 (如：HP -UX Unix 伺服器、IBM AIX Unix

伺服器）。如圖右上角所示，在雲端運算成熟後，企業將減少購買伺服器、增加購買智慧型終端設備。資料中心則會加大業務量，並購買較多的伺服器、軟體等。目前虛擬化軟體趨勢以大量小型 x86 伺服器來取代單一大型主機或專屬伺服器。雲端服務則會如雨後春筍般地提供多樣且具創意的服務。

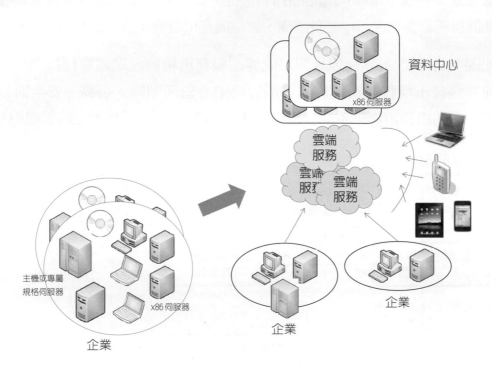

▶圖3-12 雲端運算未來情境設想

依此情境分析，台灣各個產業將受到不同程度的影響：

1. **伺服器產業**：台灣伺服器廠商主要以 x86 CPU 伺服器的代工製造為主，整個產量大約占全球伺服器的 30%-40% 左右。因此，若資料中心改採大量的 x86 伺服器來取代中大型主機與專屬伺服器，將會有助於台灣伺服器產業發展。但企業也可能因此減少伺服器的購買，必須衡量兩者的得失。

   雲端運算成熟後，不論雲端資料中心或企業私有雲的建置，均會朝向軟體與伺服器的整合與應用，以快速配置各種資訊資源。台灣伺服器業者也必須更緊密地整合各種軟硬體。

   此外，企業減少購買伺服器，而資料中心增購伺服器後，台灣伺服器業者必須從過去替品牌代工伺服器（大型企業常購買國外品牌大廠的伺服器，如：

HP、IBM、Dell 的 x86 伺服器)的角色,轉而向各國資料中心業者銷售伺服器。伺服器業者必須更重視與全球資料中心業者的合作及自我品牌建立。

2. **終端設備產業**:雲端運算也驅使更多企業、消費者使用智慧型終端。台灣業者如:宏碁電腦、華碩、廣達與宏達電等,均在全球具有一定市場地位。在雲端運算影響下,使用者更渴望設備與雲端服務的結合,如:iPhone 設備與 Apple App Store 的結合。台灣終端設備業者也必須思考如何將軟體、服務以及設備進行整合,行銷全球。

3. **資料中心業者**:雲端運算將使得資料中心業者扮演更重要的角色。台灣的資料中心業者,如:中華電信、遠傳電信、台灣大哥大、宏碁 eDC,在雲端運算的發展下,也積極的發展雲端運算技術與服務。但台灣資料中心的隱憂在於台灣市場的胃納量,以及跨國的資料儲存限制性。資料中心業者在投資大量雲端運算軟硬體設備的同時,也更需思考如何拓展台灣以外的市場,以增加雲端服務租用利潤。

4. **資訊軟體與服務業者**:台灣資訊軟體與服務業業者,除了少數幾家能夠拓展到台灣以外的市場,如:趨勢科技 (防毒軟體)、訊連 (影音播放軟體)、鼎新電腦 (ERP 軟體),許多資訊軟體與服務業者均受限於台灣市場。雲端運算發展後,雲端運算服務的跨地域性存取將有助於發展國際市場。台灣資訊軟體與服務業者應趁此機會,積極發展各種特色與更具創意的雲端運算服務,並與各種雲端服務廠商連結,以拓展新市場。台灣資訊軟體與服務業的優勢在於系統整合能力、豐富產業經驗與高水準的軟體人才;劣勢則在於企業規模小、底層技術的專精 (如:虛擬化軟體)以及可靠性與擴充性大型系統的開發。台灣資訊軟體與服務業者可積極思考相互合作以及著重創新軟體服務發展、與各智慧設備、服務間的整合,將可掌握雲端運算的機會。

二、台灣政府雲端運算政策

有鑑於雲端運算對於台灣產業的衝擊與機會，台灣政府在 2010 年，提出「雲端運算應用與產業發展方案」，規劃 5 年投入 220 億元台幣經費。一方面希望提升國內相關研發能量，另一方面由政府帶頭示範，開發各類雲端服務，進而帶動資訊服務業之商機。這是台灣政府在數位台灣 (e-Taiwan)、行動台灣 (M-Taiwan) 與智慧台灣 (i-Taiwan) 之後，最重要的資訊產業推動計畫。

「雲端運算產業發展方案」的願景是能「邁向科技強國－藉雲端運算升級台灣成為資訊應用及技術先進國家」。這包括產業發展與資訊應用的兩個方向：(1) 基於世界第一的資訊硬體產業，轉型升級雲端運算產業，讓台灣成為有自主能力，能夠提供雲端系統、應用軟體與服務營運的技術先進國家。(2) 普及應用雲端運算，發展台灣成為政府、企業與個人高度使用雲端服務的應用先進國家。

「雲端運算產業發展方案」的推動策略則有三項：

1. **供給 (Supply)**：發展全方位、高度整合 C^4 雲端運算產業鏈。如圖 3-13 所示，C^4 雲端運算產業鏈包括 4 個 C：

   (1) 發展雲端系統與經營資料中心 (Cloud)：能夠掌握資料中心的標準，發展開放式與標準化的雲端資料中心，讓台灣資料中心設備業者與資料中心能具有國際競爭力。

   (2) 發展雲端應用軟體 (Commerce)：推動國土安全、智慧校園、智慧醫療、數位內容與行動生活等生活應用，並推動雲端運算生活場域。

   (3) 持續推動寬頻建設 (Connectivity)：延伸應用台灣已建設之 WiMAX 及光纖等有線及無線大寬頻網路基礎建設，並推動雲端服務，加速電信業者投資行動高速連網服務。

   (4) 創新研發雲端裝置產品 (Client)：創新研發雲端裝置產品，並整合雲端服務與雲端裝置平台。

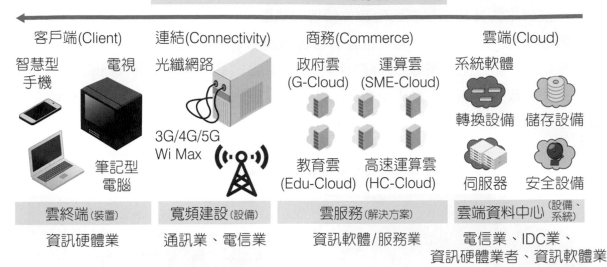

發展全方位、高度整合的C⁴雲端運算產業鏈

客戶端(Client)　　連結(Connectivity)　　商務(Commerce)　　　雲端(Cloud)

智慧型手機　電視　　光纖網路　　政府雲(G-Cloud)　運算雲(SME-Cloud)　系統軟體

筆記型電腦　　3G/4G/5G Wi Max　教育雲(Edu-Cloud)　高速運算雲(HC-Cloud)　轉換設備　儲存設備　伺服器　安全設備

雲終端(裝置)	寬頻建設(設備)	雲服務(解決方案)	雲端資料中心(設備、系統)
資訊硬體業	通訊業、電信業	資訊軟體/服務業	電信業、IDC業、資訊硬體業者、資訊軟體業

▶圖3-13　台灣雲端運算 C⁴ 策略 (資料來源：經濟部)

政策工具上包括推動學研、法人 (如：工研院、資策會) 建立大型雲端運算系統與研發相關技術。運用業界科專計畫優先支持具投入產業轉型意願業者，發展雲端運算加值產品與服務，使資訊軟體業與硬體業者能「由元件轉至系統」、「由製造轉服務」、「由硬體擴增爲軟硬整合」、「由工程製造擴大爲創意創新」。

2. **需求 (Demand)**：推動政府雲端應用—G-Cloud。推動各種政府雲，如：交通雲、防救災雲、教育雲、醫療雲與食品履歷追溯雲等，以深化應用，並能協同服務、軟體、設備廠商等進行整體解決方案的國際外銷。

3. **治理 (Governance)**：全方位協調、統合各政府機構，並進行產業發展與管理各種執行方案。行政院成立「雲端運算產業發展指導小組」，全方位協調、統合與管理執行雲端運算方案；另外，透過「雲端運算產業推動辦公室」，協助國內業者有機會參與政府計畫。此外，台灣產業界也爲了及時掌握雲端運算商機，由中華電信、臺灣區電機電子公會、中華民國資訊軟體協會等公協會，結合工研院與資策會，成立「臺灣雲端運算產業聯盟」(後改爲「臺灣雲端運算產業協會」)，共同打造雲端運算商機。

此外，為掌握與因應數位經濟帶來之社會影響，並重視國內中小微型企業因應新興科技帶來的社經衝擊與面臨數位轉型的議題，自 2021 年開始，發展「雲世代產業數位轉型」政策戰略計畫，推動對象包括製造業、資訊服務業、零售服務業、農漁產銷業、小微型企業等，並建立「臺灣雲市集」網站，以雲端世代為驅動主力，結合民間與政府動能，帶動中小微型企業上雲進行數位轉型，開拓新商模、創造新價值、再創新榮景。

▶圖3-14　台灣雲市集 (參考資料：經濟部台灣雲市集官方網站)

另外，因應雲端運算對於政府、社會、經濟的影響重大，2016 年行政院提出「數位國家‧創新經濟發展方案（2017-2025 年）」（簡稱 DIGI+），除延續之前國家資通訊發展方案，並在硬體與軟體建設並重原則下，打造優質數位國家創新生態，以擴大數位經濟規模，達成發展平等活躍的網路社會，推進高值創新經濟並建構富裕數位國家之願景。

歸納台灣政府的雲端運算推動重點有四項：

1. **法人科專**：要求政府所屬相關法人，發展雲端資料中心相關技術。如：工研院發展大型資料中心虛擬化軟體、資策會發展中小型企業、特定領域虛擬化軟體。

2. **輔導中小企業**：鼓勵中小企業快速導入各種雲端服務。如：雲世代產業數位轉型、台灣雲市集。

3. **業界科專**：鼓勵業界投入開發政府雲端應用、發展新興產業研發應用、研發雲端運算技術加值等。

4. **數位國家**：推動法制環境、數位人才、產學研發、創新應用、數位公平、智慧城鄉等應用，不但便利民眾生活、成熟服務應用，並能達到社會公平、經濟發展等。

3-3　雲端運算的廠商布局

3-3-1　歐美廠商布局

不論雲端運算服務或是雲端運算技術，均由歐美大廠率先發展；這些大廠不斷地發展服務與技術以鞏固其雲端運算的領導地位。表 3-1 列出 Amazon、Google、Salesforce.com 等數家雲端服務或雲端技術供應商的布局方向。

從表 3-1 也可以發現這些領導廠商除了在本身的雲端服務完整性與雲端技術先進性持續發展外，連結各個夥伴以建立其產業生態系亦是未來發展重點方向。此外，許多雲端服務廠商也整合雲端服務、軟體與終端設備的連結，以提供使用者完善的使用經驗。在平台或應用上，延伸支持大數據服務開發、語音助理、圖像辨識、物聯網、AR/VR、人工智慧開發平台等方向發展。

在歐美先進的雲端運算技術、產業連結關係、創投資金豐沛、創意人才眾多等影響下，也發展各種雲端服務。如圖 3-15 列出各種雲端服務廠商（註：Infrastructure Services 指的是 IaaS 服務、Platform Services 指的是 PaaS 服務、Software Services 指的是 SaaS 服務、Cloud Software 指的是資料中心軟體）。

表3-1　歐美大廠布局方向

代表性廠商	產業	布局方向
Amazon(AWS)	網路服務業	• 完備SaaS、PaaS、IaaS公眾雲服務 • 發展Kindle電子書閱讀器、Amazon Echo語音助理，延伸使用者存取服務經驗 • 推出Outposts軟硬體整合的小型機架，以推廣邊緣資料中心、私有雲架構 • 推出IoT Core、IoT Greengrass等物聯網服務
Google	網路服務業	• 深化SaaS、PaaS、IaaS服務技術，提供其他雲服務的連結 • 發展Android手機作業系統、Google手機、Google Nest語音助理或智慧居家產品，延伸智慧終端的影響力與服務存取使用者 • 強化Google搜尋技術並結合Google Analytic、Google TensorFlow人工智慧框架
Salesforce.com	資訊服務-商用軟體	• 不僅侷限於銷售雲與客戶雲，增加各項SaaS雲服務內容 • 擴展各行業的顧客關係管理、銷售服務，如：醫療、能源等 • 發展Salesforce Einstein人工智慧技術輔助各項SaaS智慧雲服務；擴展資料分析與視覺化技術 • 延伸PaaS平台能力作為各個SaaS夥伴應用發展
Microsoft	資訊服務-商用軟體	• 發展虛擬化軟體提供企業及大型資料中心 • 發展PaaS Azure服務，以整合企業內私有雲與公眾雲的混合雲中介服務 • 推展辦公室、ERP SaaS雲服務於各行業中 • 積極發展語音助理、電腦視覺等各項人工智慧服務 • 發展結合AR、VR技術服務與穿戴式設備 • 擴展Xbox、minecraft等線上遊戲
SAP	資訊服務-商用軟體	• 發展ERP SaaS公眾雲服務，並將大數據分析、人工智慧嵌入各項服務中 • 發展SAP App Store 的PaaS公眾雲服務 • 發展智慧製造、智慧流通等各項雲端與地端結合應用服務 • 發展結合AR、VR等穿戴式技術的應用服務 • 發展流程自動化RPA應用服務

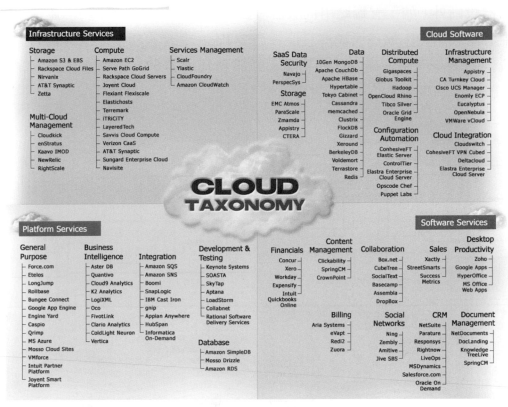

▶圖3-15　多樣化的雲端服務廠商 (資料來源：OpenCrowd)

●3-3-2　台灣廠商布局

　　除了台灣政府積極地推動雲端運算的發展，台灣資訊軟硬體廠商亦積極的布局雲端運算市場。如圖 3-16 所示，電信業者積極地轉型雲端資料中心的營運，其中以中華電信最為積極，除了領軍成立「臺灣雲端運算產業聯盟」外，並積極發展各種雲端運算基礎建設 (如：雲端服務營運中心、測試中心、研發中心、體驗中心、創作平台與雲市集)、IaaS 公眾雲服務 (如：hicloud Computing as a Service)、SaaS 公眾雲 (如：CRM) 服務。中華電信並投入新台幣 135 億，在板橋建立 1 萬 5 千坪的綠色雲端運算資料中心，可運行各種雲端服務。中華電信不僅嘗試建立雲端運算的基礎建設，並積極建構雲端運算產業生態系，如：創作平台、中華雲市集等招募夥伴發展雲端服務。

　　台灣資訊硬體產業也積極布局雲端運算，包括：伺服器業者 (如：廣達、英業達)、終端業者 (如：華碩、宏碁)、資料中心硬體設備的磁碟陣列業者 (如：普安、喬鼎)、電源供應業者 (如：台達電) 等。伺服器業者除發展適合雲端運算

的伺服器設備外 (如：雲端應用伺服器、雲端機櫃、貨櫃型電腦)，並積極與全球
資料中心洽談銷售。廣達、鴻海發展製造雲 PaaS 平台，期望能踏入新的雲服務領
域，並帶動本身伺服器硬體的銷售與雲端服務營運經驗。研華亦發展物聯網雲平
台，串聯物聯網設備。

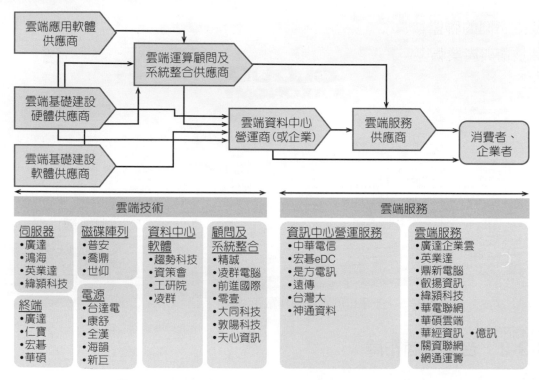

▶圖3-16　台灣雲端運算產業鏈 (資料來源：資策會MIC)

　　終端業者則積極地結合筆記型電腦、平板電腦、智慧型手機設備與雲端服務搭
載出售，如：ASUS Cloud 提供購買華碩電腦的使用者，免費的儲存即服務 (Storage
as a Service)。

　　資訊軟體與服務業者則偏重於雲端運算系統整合服務與雲端服務的發展。如：
緯穎科技影音推播雲、運籌網通的供應鏈管理雲、趨勢科技雲端防毒服務、鼎新電
腦雲端 ERP、叡揚資訊愛報告雲服務等。凌群電腦則基於原本發展的資料庫系統，
發展雲端運算資料中心資料庫軟體，希冀銷售給雲端運算資料中心業者。精誠、零
壹、前進國際、天心資訊等業者則代理國外雲端運算私有雲或公眾雲服務，協助企
業導入私有雲或公眾雲服務。

●3-3-3　中國大陸廠商布局

　　中國大陸政府也將雲端運算視為重要戰略性產業。中國大陸政府於 2011 年十二五計畫 (第十二個五年規劃) 中，明定「雲計算」(中國大陸稱雲端運算為「雲計算」) 是重要的新一代信息技術產業。中國大陸產官學研單位亦於 2009、2010 年成立不同的聯盟，包括：中國電子學會雲計算專家委員會 (標準建立)、中國雲計算技術與產業聯盟 (市場推動)、中關村雲計算產業聯盟 (產業發展) 等。隨著雲端運算逐漸深入產業中，中國大陸政府亦推動工業互聯網 (註：工業物聯網 + 雲)、企業上雲上平台、工業 APP 及各產業雲服務等。

　　如圖 3-17 所示，中國大陸產業亦積極布局雲端計算的發展。中國大陸的電信產業三巨頭：中國移動、中國電信、中國聯通積極布局最受矚目。中國移動的「大雲計畫」以發展分散式文件系統、分散式大量資料庫、分散式運算框架、彈性計算系統、資料挖掘、搜尋引擎等資料中心軟體為主。中國電信「星雲計畫」則提出定位雲、金融雲、政務雲、資源雲、能力雲等以實現商務 SaaS 應用、移動互聯網應用。中國電信還自行發展雲端運算概念的「e 雲手機」。中國聯通則以其擅長的資料中心業務為主，鎖定中小企業、政府和企業資訊化外包、中小金融證券公司和移動互聯網以提供雲端運算服務。

　　相較於台灣，中國大陸具有大型本土網路服務業者，如：阿里巴巴 (企業端電子商務)、淘寶網 (消費端電子商務)、百度搜尋、新浪網 (入口網站、微博)、騰訊 (即時通訊息) 等，亦積極布局雲端運算。阿里巴巴認為除了雲服務與手機端的客戶應用外，智能銷售「管道」也很重要。阿里巴巴自行發展瀏覽器、手機作業系統、智慧手機，以作為阿里巴巴、淘寶網服務的網路服務銷售管道。

　　百度搜尋則提出「框計算」，以提供用戶網際網路的一站式服務。用戶只要在「框」中輸入服務需求，系統會利用語意分析、行為分析等進行需求解析，進一步分配適合的服務、資源以回應搜尋需求。

　　新浪網則仿照 Amazon 服務建構各種 SAE PaaS 雲端服務，開放各種 API，讓各種服務接入。新浪網還提供雲豆虛擬貨幣，作為網友購買各種服務的交易與贈品的代幣。

中國大陸亦具有大型的資訊軟體與服務業者，如：東軟、用友、金蝶等。這些業者除了著重建構各產業不同的雲端服務、解決方案與系統整合外，亦重視雲端服務市集、PaaS雲服務平台與產業生態系的建立。例如：用友發展雲平台，讓應用開發商、第三方公有雲、消費者共同創造雲端服務，並把社交應用、行動應用、框應用放入平台中。金蝶友商網則提供中小企業各種企業管理和電子商務線上雲服務。其他包括：金算盤、八百客、百會、灰姑娘等等均提供中小企業SaaS服務。

中國大陸資訊硬體商相對於台灣廠商的全球代工地位，較專注於本土市場經營，包括：浪潮、曙光、寶德亦發展相關雲端運算伺服器、貨櫃型電腦。寶德集團還推出遊戲雲服務，作為試煉其雲端運算資料中心設備的運行，並逐步擴大其設備市場。

中國大陸廠商亦積極於資料中心基礎建設軟體的發展，如：虛擬化軟體、資料中心管理軟體、雲端運算資訊安全軟體等。如圖3-17所示，瑞星、奇虎360、華賽、天雲科技、友友、普華基礎軟件、中標軟件是其中活躍的廠商。

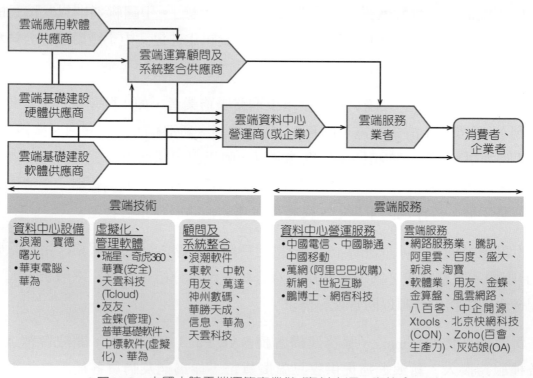

▶圖3-17　中國大陸雲端運算產業鏈 (資料來源：資策會MIC)

● 3-4　小結

　　雲端運算的興起來自於經濟、科技、社會與政治因素等的影響，受到廣泛矚目與持續發展。雲端運算改變了企業運用資訊資源的經濟法則，而對企業產生轉移成本結構、快速反應市場、創造創新服務、改變科技架構、轉化 IT 角色等重要影響。

　　雲端運算也改變資訊產業生態系與資訊服務運作方式，對資訊產業產生重大影響。台灣資訊產業面臨雲端運算的發展，是衝擊也是機會。台灣廠商應思考本身利基以發展相關產品與服務，與歐美廠商、大陸廠商合作與競爭。

習題

● 問答題

1. 雲端運算的驅動因素有哪些？請說明其正面與負面影響。

2. 請說明雲端運算的規模經濟、IT 資產投資彈性與長尾法則。

3. 請簡述雲端運算對企業的五大影響。

4. 請說明四種常見的企業 IT 資源需求變化類型。

5. 請說明 outside-in 基礎架構與傳統企業 IT 基礎架構有何不同？

6. 請說明雲端運算如何影響 IT 部門的角色扮演。

7. 請簡述雲端運算產業生態系。

8. 請說明雲端運算帶來的雲端服務與科技的商機，並比較其市場的不同。

9. 請說明雲端運算對台灣資訊產業的影響與機會。

● 討論題

1. 請分析以下 IT 服務需求，屬於哪一種需求變化類型。
   A. 線上遊戲。
   B. 鐵路訂票。
   C. 新創公司成立。
   D. 地震造成網路斷線。
   E. 促銷活動。
   F. 大陸市場發展。

2. 請挑選一家資訊軟體與服務或硬體廠商，分析其雲端運算產品與服務的發展與策略。

雲端運算的趨勢與挑戰

本章介紹雲端運算產品與服務的市場、企業採用現況與應用趨勢，以及雲端運算的挑戰與議題。透過本章，讀者可以了解市場與應用趨勢，進而討論雲端運算的挑戰，與未來須克服的議題。

4-1 雲端運算市場趨勢

如同前一章介紹，雲端運算可以分為雲端服務市場與雲端運算科技市場。雲端服務市場主要由雲端服務供應商提供消費者或企業雲端服務，以公眾雲服務為主；雲端運算科技市場則由雲端運算技術供應商與資料中心營運商提供產品以及服務，主要支持公眾雲或企業私有雲的資料中心運行。以下依雲端服務市場與雲端運算科技市場，分別簡述其市場發展趨勢。

4-1-1 雲端服務市場趨勢

一般將公眾雲端服務市場分為 SaaS、PaaS、IaaS 服務。但面對日益新增的各種雲端服務，各個市調機構又加入新的服務市場進行分析。如圖 4-1 的 Gartner 市調機構為例，新增了 BPaaS、Cloud Management and Security 兩個公眾雲服務市場。其中，SaaS 市場份額最大約 4 成，且持續成長；IaaS、PaaS 市場其次。

就整體的公眾雲服務市場來看，Gartner 認為，BPaaS 在 2015 年佔約 32% 市場份額，SaaS 為 32%、IaaS 為 18%；2022 年 BPaaS 將降低到 18.5%、而 IaaS 將成長到 23.1%，SaaS 為 43.4%。以下分析這幾個公眾雲服務市場的趨勢。

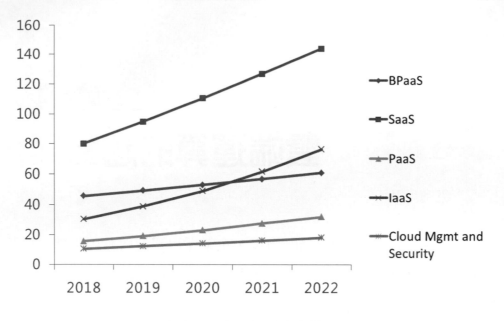

▶圖4-1　公眾雲服務市場 (參考資料：Gartner)

一、SaaS市場

SaaS 是最早期且最成熟的公眾雲服務。SaaS 主要提供企業或消費者各種公眾雲的應用軟體服務，如：內容／溝通與協同、客戶關係管理、數位內容、企業資源規劃、辦公室生產力，以及供應鏈管理等。以目前 SaaS 服務的市場來看，愈來愈多服務廠商提供更多樣的服務，以滿足客戶一站購足的需求。此外，SaaS 服務亦結合社群、資料、各種設備，滿足企業需求。

在收費模式方面，SaaS 服務多半仍以月租費或者是年租費的方式來收費，目前有逐漸往依使用量計費的趨勢發展。

二、BPaaS市場

BPaaS (Business Process as a Service) 為提供流程即服務的雲端服務，不僅提供單一方面的軟體功能，更協助企業或消費者處理某些特殊流程。例如：PayPal 提供付款、清算的服務；Amazon FWS (Fulfillment Web Service) 提供企業電子商務處理的貨物送交的整個過程服務。

BPaaS 服務包括：雲端付款、客戶管理、供應管理、財務金融、人力資源等服務。這些服務比 SaaS 服務的流程來得複雜，且通常需要服務供應商的人為介入。例如：提供客戶管理服務的廠商不僅提供線上的客戶關係管理軟體服務，並記錄客戶資料與分析客戶行為，還包括：客戶客訴問題電話的處理，以及主動客戶電話拜訪等。然而，隨著人工智慧、智慧科技帶來的自動化發展，愈來愈不需要人為介入，使得愈來愈多的 BPaaS 服務轉移至 SaaS 服務上。

三、Cloud Management and Security服務市場

Cloud Management and Security 提供企業雲端運算管理及資訊安全管理的服務。例如：Monitis 提供遠端監控網路、伺服器、網站、應用程式 (E-mail、資料庫、VoIP、線上應用軟體、交易) 等各種監控服務；CommonIT 提供虛擬瀏覽器的功能，避免惡意人士透過瀏覽器連結共享虛擬機器，而影響其他共享的使用者。

隨著企業採用愈來愈多的雲端服務，將更需要雲端服務廠商協助管理、監視各種服務的可靠性與安全性。

四、PaaS市場

PaaS 服務的範圍亦隨著服務的發展而日趨多樣。除了傳統的 PaaS 服務提供程式人員線上開發軟體的平台 (aPaaS)、雲端服務整合的仲介平台 (iPaaS)、資料庫管理平台 (mPaaS) 與資料分析平台之外，將進一步提供各種特殊產業的仲介平台。另一個市場調查機構 IDC，即把前述的 BPaaS 及 Cloud Management and Security 服務視為一種 PaaS，並強調 PaaS 的成長性將為各種服務之首。產業別 PaaS 平台則有：NYSE 的金融市場社群平台、AT&T 的醫療照護平台、Johnson Control 的智慧能源 Panoptix App 市集。

例如：AT&T 是電信服務與資料中心營運商，為推廣更多的企業使用其電信服務與資料中心，AT&T 建立 "AT&T Health Community Online" 的 PaaS 服務。在這個平台上，提供診斷資訊的交換、醫院社群網站與應用軟體的照護協同、資訊分析等功能。醫療診所將可透過此平台降低 IT 軟硬體投資成本，並能達到提供病人更完善的醫療資訊與分析服務，以及與其他醫療院所交換訊息。

五、IaaS市場

　　IaaS 服務包括：計算即服務、儲存即服務等。Gartner 認為，IaaS 市場將快速成長，2014-2020 年複合成長率將高達 32.0%。IaaS 公眾雲服務除了直接提供給企業或消費者使用，更可以提供其他 SaaS、PaaS 服務廠商作為底層的基礎服務，讓這些服務廠商更快速地提供各種服務給客戶。因此，IaaS 服務快速地成長，逐漸成為受矚目的服務。

●4-1-2 雲端運算科技市場趨勢

　　雲端運算科技市場可以再細分為基礎建設硬體、虛擬化軟體、系統管理軟體、資訊安全軟體、雲端運算顧問與整合服務等市場。以下分述各個市場的趨勢。

一、雲端運算基礎建設硬體

　　雲端運算基礎建設硬體市場包括：將伺服器與儲存硬體等硬體銷售給公眾雲或企業私有雲端資料中心。基礎建設硬體市場可以區分為兩種銷售模式：一種是標準的伺服器，負責儲存設備的整體銷售，常在企業私有雲市場銷售，主要由大型品牌伺服器及儲存設備商所掌握 (如： HP、Dell)，故稱為「品牌市場」。另一種則是由資料中心服務業者要求客製化的各種 CPU、主機板、記憶體、電源供應器等，然後請硬體業者就其需求組裝與客製，稱為「白牌市場」。例如：廣達為 Amazon 資料中心客製化雲端運算伺服器。以企業私有雲的採購漸增及伺服器、儲存硬體、網路整合需求下，自建硬體的白牌市場會漸漸地減少。

　　除了傳統伺服器外，貨櫃型資料中心 (Container Data Center)、應用伺服器 (Appliance) 亦是受矚目的新興產品。貨櫃型資料中心採用系統模組化的建置方式，將伺服器、儲存設備、網路和冷卻系統有效地連結並安置在貨櫃空間 (如圖 4-2)。只要接上電力、網路線，即可快速運作，亦可快速的卸載不用的伺服器或貨櫃。應用伺服器則結合各種軟體，以提供快速的解決方案。例如：電子商務網站應用伺服器 (E-commerce Server Appliance)，結合伺服器硬體與電子商務軟體的快速解決方案 (turn-key solutions)，該設備一旦插上電源後，即可運行電子商務網站所需的基本功能。貨櫃型資料中心通常提供大型雲端運算資料中心業者使用；應用伺服器則提供中小型企業的解決方案，主要用意均提供資料中心快速、彈性地啟動各種雲端服務。

　　就整體雲端運算基礎設備的**趨勢**來看，將朝向各種品牌設備的資源整合、自動化管理，以及整體績效的改進爲主要**趨勢**，這需要各種品牌設備間的合作，也形成一種聯盟體系的競爭。

▶圖4-2　貨櫃型資料中心 (資料來源：APEUS)

二、虛擬化軟體

　　虛擬化軟體讓伺服器、桌上型電腦、儲存設備、網路設備可以分享資源給各個使用者，是雲端運算的核心軟體技術。詳細的虛擬化軟體技術將在第 9 章介紹。

　　虛擬化軟體搭載的作業系統可能包括：大型主機作業系統、UNIX 作業系統、Linux 作業系統、微軟作業系統等。由於目前虛擬化軟體趨勢均以搭載在小型 x86 伺服器爲主；因此，主要搭載的作業系統爲 Linux 和微軟作業系統，各約佔 3 成、6 成。

　　虛擬化軟體的趨勢是朝各種廠牌的伺服器、儲存設備、網路資源等的整合與管理，以自動地調整與應用各種運算資源。這種自動化與整合功能通常搭配虛擬化管理軟體，屬於下個段落所介紹的系統管理軟體之一。

三、系統管理軟體

　　雲端運算系統管理軟體包括：工作負荷及資源分配自動化、變更與配置管理、績效管理、事件管理、問題管理等。雲端運算管理系統提供公眾雲或私有雲資料中心更有效地自動化管理各種虛擬化的伺服器、儲存、網路等各種資源，並能有效地依不同設備上的工作負荷而自動分配。此外，更能進行設備的更新、移轉、備份及

績效的監督，與錯誤事件的管理等。企業私有雲市場的雲端運算系統管理銷售會比公眾雲為多，主要是提供公眾雲的雲端資料中心業者常採用自己客製化的軟體來整合各種虛擬化資源；大型企業則傾向購買具品牌的系統管理套裝軟體。

四、資訊安全產品

雲端運算的精神在於運算資源的分享。因此，如何確保資源分享卻不會受到其他使用者有意或無意的竊取機密，成為雲端運算的重要議題。

如雲端運算的資訊安全軟硬體產品以私有雲市場較多；但企業愈來愈重視存放在公眾雲的資訊安全，也迫使雲端服務業者、資料中心業者必須投資更多資訊安全產品，使得產品需求成長率較高。企業私有雲的資訊安全較重視與國際標準的接軌，如：醫療產業、電子商務、金融產業必須遵從不同的法規標準。公有雲的資訊安全則重視大規模資訊安全佈署效率，以及資安產品的快速佈署與升級。

五、雲端運算顧問與整合服務

雲端運算顧問與整合服務主要協助企業、資料中心或雲端服務供應商進行策略的規劃、建置、整合以及教育訓練和資訊安全風險等軟硬體服務，提供各種雲端服務給使用者。由於雲端服務持續的發展，預計這樣的需求將會日趨成長，當雲端服務發展愈蓬勃，雲端服務的應用程式也會愈多，企業將會有更多整合大型專案的機會。

IT 服務市場的大型顧問與整合服務公司，如：Accenture、HP、HCL、PWC、Deloitte 等，均積極投入雲端運算顧問與整合服務。

4-2　雲端運算的應用趨勢

前一段已介紹市場與產品、服務的趨勢；本段則將進一步介紹企業採用雲端運算與相關應用的趨勢。

4-2-1　企業雲端運算採用趨勢

一、整體企業雲端運算的採用趨勢

企業對雲端服務的採用趨勢，可以參考圖 4-3 所示。企業以 SaaS 採用最多，其次為 IaaS 服務、PaaS 服務、顧問與整合服務。2022 年，SaaS 占有 38.6% 的公眾雲市場。

而企業採用的部門除了資訊部門外，主要以銷售與行銷、人力資源、財務與會計較多，如圖 4-4 所示。公眾雲服務採用功能則以客戶關係管理、電子商務、協同功能等較多，如圖 4-5 所示。

根據 IDC 的預估，2020 年以後，企業在應用軟體投資上約有 35% 來自於雲端服務；這主要來自於過去企業 IT 自行客製化軟體，轉而利用雲端服務 (如圖 4-6)。

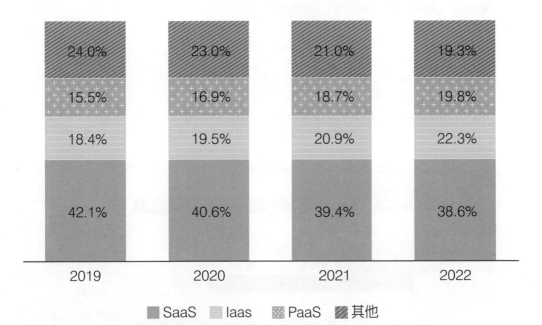

▶圖4-3　企業雲端服務採用率 (參考資料：WWW.T4.ai，2022)

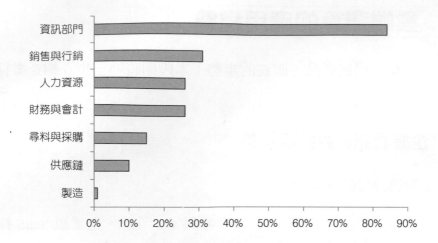

▶圖4-4 企業雲端運算採用部門 (參考資料：KPMG)

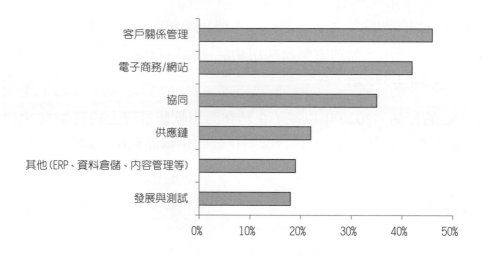

▶圖4-5 企業公眾雲端服務採用功能 (參考資料：McKinsey)

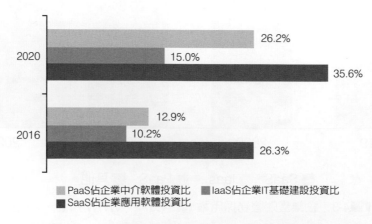

▶圖4-6 企業雲端IT投資比率預估 (參考資料：IDC)

二、大中小型企業雲端運算採用趨勢

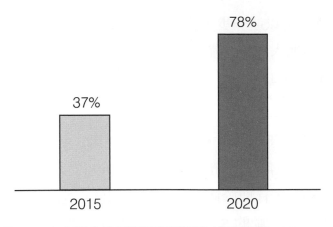

▶圖4-7　中小型企業雲端服務採用率 (參考資料：Microsoft)

　　從中小型企業雲端服務採用趨勢分析，有近 8 成企業採用雲端服務 (如圖 4-7)。大型企業亦會採用雲端服務，核心功能的軟體，如： ERP，仍然傾向使用在企業內安裝與運行傳統軟體；而跨國分公司、客戶、供應鏈夥伴等相關連結與協同功能，則可能由雲端服務供應商提供服務。如圖 4-8 顯示，大型企業可能會形成一種混合雲，呈現多層次的企業軟體與服務整合應用情境。

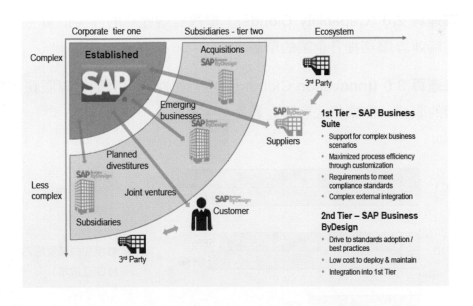

▶圖4-8　大型企業雲端服務應用情境 (參考資料：SAP)

三、創新應用趨勢

　　根據前面的敘述，可以進一步了解企業對於雲端運算的採用狀況與未來應用趨勢。從圖 4-9「企業經理人對於雲端運算的效益認知」可以發現，企業對雲端運算的應用逐漸從「降低成本」轉爲「增加商業反應力」。這顯示企業在對雲端運算的應用逐漸成熟後，將日漸了解雲端運算對企業的商業價值。

　　此外，雲端運算帶來新的應用，包括：行動應用、社群媒體應用、巨量資料分析等應用機會。如圖 4-10 所示，市場分析機構 IDC 認爲，雲端運算將帶來第三代的 IT 平台 (3rd Platform)，有別於過去主機時代和個人電腦時代。這正是第三章所述的雲端運算加上社群、行動的 SoLoMoCo 的創新模式。

　　結合行動應用、社群媒體應用、巨量資料分析以及雲端運算服務與技術，筆者認爲，雲端運算不僅能協助企業提升商業價值、更能創造新的商業模式。如圖 4-11，雲端運算應用將有三個成熟階段：

1. **雲端運算** 1.0 (Capacity Clouds)：重視雲端運算的 IT 能力，以及如何利用雲端運算技術降低 IT 成本、提高效率。

2. **雲端運算** 2.0 (Capability Clouds)：重視雲端運算的商業價值，以及如何利用雲端運算服務提升企業的價值。

3. **雲端運算** 3.0 (Innovation Clouds)：重視如何利用雲端運算服務與技術，創造新的服務、商業模式與建立新產業生態系。

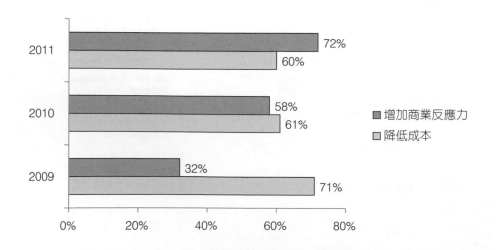

▶圖4-9　企業雲端運算採用效益轉變 (參考資料：Deloitte)

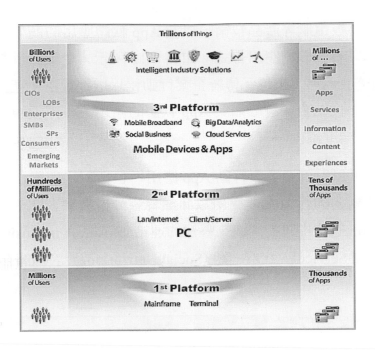

▶圖4-10 第三代IT平台的創新 (資料來源：IDC)

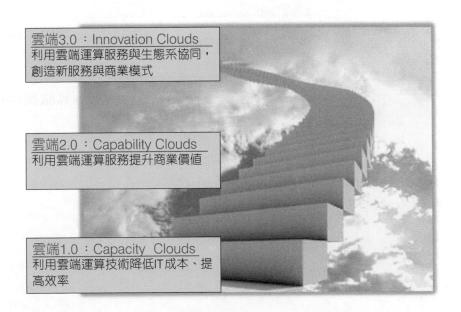

▶圖4-11 雲端運算的應用三階段

4-2-2　企業行動化應用趨勢

　　智慧手機、平板電腦等產品技術，以及 App 軟體應用的商業模式發展後，將使企業對行動運算有不同的應用方式。如圖 4-12 所示，企業對行動應用的期望以「滿足客戶的期望」為首，超越了傳統企業行動化以增進員工生產力為主要目的。這顯示企業對新一代結合智慧終端與 App 軟體的應用，不僅重視促進企業流程的效率，更重視對企業的價值。

　　因此，我們可以看到企業對行動 App 應用，包括對內與對外的多樣性應用。如圖 4-13，企業對內的行動 App 應用以商業智慧分析與顧客關係管理等較多；企業對外的行動 App 應用則包括：商業夥伴的連結 (Business to Business)、適地性服務 (Location Based Service)、社群網路 (Social Networking) 等 (如圖 4-14)。

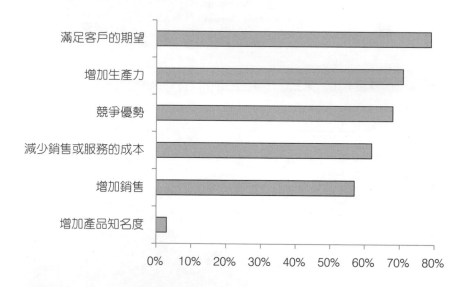

▶圖4-12　企業對行動應用期望 (參考資料：Deloitte)

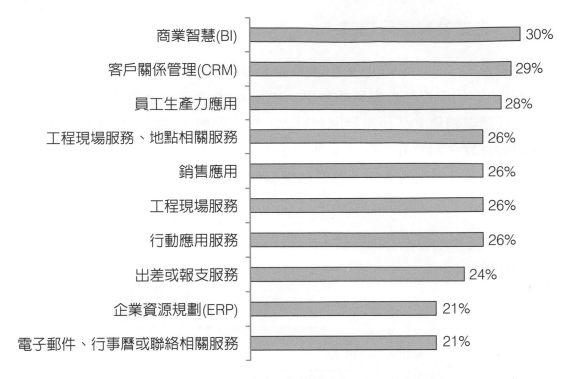

▶圖4-13 企業對內行動App應用方向 (參考資料：Enterprise Mobile Magazine)

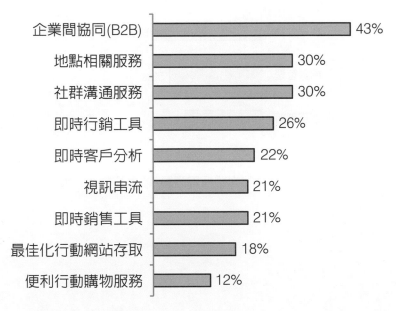

▶圖4-14 企業對外行動App應用方向 (參考資料：Enterprise Mobile Magazine)

4-2-3 企業社群應用趨勢

隨著愈來愈多消費者使用社群媒體 (如：Facebook、新浪微博、Twitter 等)，企業也開始重視社群媒體的應用。如圖 4-15 所示，企業社群媒體的應用主要在於「行銷與銷售」、「事業發展與研究」等。例如：美國運通即利用卡友連結其朋友間的喜好，購買類似的產品而給予折扣，以激勵卡友消費。Walmart 透過 App，結合每個零售點的天氣、特殊節慶事件、顧客的朋友購買紀錄等，建議顧客購買商品。

企業還在持續地發掘社群媒體的新應用方式，表 4-1 是幾項企業社群媒體創新應用方向與個案。

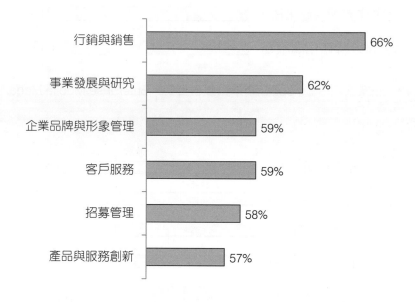

▶圖4-15　企業社群媒體採用意願 (參考資料：KPMG)

表4-1　企業社群媒體創新應用方向 (參考資料：MIC)

企業功能	創新應用方向	舉例
行銷	與顧客對話、激勵顧客對產品的熱情	美國運通利用卡友連結其朋友的喜好，而使用美國運通卡消費相關產品
市場研究	觀察顧客活動，洞察顧客潛在觀點	Nike 利用跑步社群、跑鞋設計營，以了解顧客潛在需求
客服	與顧客共同發現可能潛在問題	AT&T 利用社群媒體與客戶互動，探索問題
產品發展	從顧客、社會趨勢建立產品概念。利用實驗測試新概念	福特汽車讓駕駛人開車時可以聆聽朋友正在聽的音樂
銷售	透過開放的市集銷售	Etsy 提供手工藝買賣市集
零售	在零售點與顧客溝通、幫助顧客辨識合適、折扣或朋友購買的產品	Walmart 利用天氣、事件以及透過App，建議顧客在不同零售點購買不同的產品
投資	大量的小額投資	KickStarter 提供創意專案的創業投資

4-2-4　企業巨量資料應用趨勢

巨量資料技術 (Big Data) 是一種資料處理技術與方法，主要目的在於快速地 (Velocity) 擷取、分析大量的 (Volume) 且多樣的 (Variety) 的資料。這些大量的資料來自於企業處理大量流程的資料數位化、個人使用各種載具、社群媒體工具等所記錄的大量資料。如：Facebook 每個月創造了 300 億個影像、部落格、新聞內容分享的資料。這些資料包含傳統的企業交易資料、監視器的影像、聲音、社群媒體活動紀錄等各種多樣性的資料。企業也必須針對不同速度需求而處理資料，如：批次、事件啟動、即時影像處理、即時事件判斷、即時資料查詢等。

企業透過巨量資料技術與方法，可以進一步地進行各種應用與分析。如圖 4-16 所示，企業可以利用巨量資料分析客戶需求、潛在市場、供應鏈管理、新產品策略等。Walmart 即透過巨量資料技術來統整每個零售點天氣、特殊節慶事件、顧客購買紀錄、顧客社群媒體活動紀錄，與顧客朋友購買紀錄等各種大量、多樣性的資料，以分析並建議顧客購買的商品。更結合智慧手機、行動 App，以捕捉顧客進到某個分店的事件，而即時啟動分析與訊息回應。

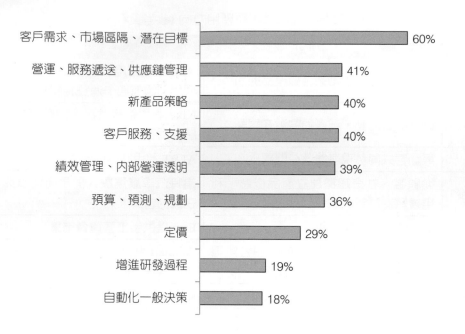

▶圖4-16　企業巨量資料應用方向 (參考資料：McKinsey)

　　行業別巨量資料分析應用差異頗大，如表 4-2 整理各種行業別巨量資料分析應用方向。

表4-2　不同行業巨量資料應用方向

行業	應用方向
醫療業	病歷資料分析、醫藥臨床結果、試驗結果分析、新藥銷售預測、診斷資料分析、用藥成本分析、消費用藥習慣分析、運動紀錄分析
製造業	產品圖形資料庫、專利資料庫、協同設計資料、需求預測與供應規劃、感測資料分析
金融業	金融內稽、風險分析、顧客消費習慣、個人化金融產品與服務分析
零售業	客戶購物習慣、購物交叉分析、店內行為分析、庫存最佳化、運輸最佳化、社群資訊分析
電信業	客戶電話紀錄、詐騙行為分析、電信服務客戶分析與促銷、網路分析與最佳化
公共領域	監控資料、稅務資料、地理資訊、氣候分析、經濟分析

　　當影像、聲音及各種感測訊息、部落格或社群媒體文字訊息不斷地累積，形成大量的巨量資料，造成第三次人工智慧的發展。人工智慧基於機器學習、深度學習等新興技術及巨量資料的分析，提高了機器對於語言理解、影像辨識、知識推論等的正確率，更能模擬人類的認知能力。進一步，人工智慧結合物聯網、自動化設備，讓機器不只自動化，還能「智動化」。例如：能夠理解顧客問題並回應的智慧客服系統、能夠辨識產品瑕疵的智慧視覺檢測系統、能規劃最佳路徑與避障的智慧搬運車、能夠模仿工人操作的機器手臂等。甚至，有些人工智慧系統還能進行創作，如：繪畫、寫詩乃至於創作電影。科幻電影的智慧化企業與社會已經不遠了！如表 4-3 舉例常見的企業人工智慧應用方向。

表4-3　企業人工智慧應用方向

類型	應用方向
電腦視覺	虛擬化妝、虛擬套量、視覺搜索、顧客服務機器人、顧客臉部辨認、顧客行為/情緒分析、產品模擬設計、電腦視覺檢測、視覺引導機器手臂、智慧搬運車
自然語言	輿情分析、智慧客服、智慧語音助理、履歷分析、情緒分析、法規符合分析、電子病歷分析、疫情流行分析、語言治療、授信分析、風險分析、語意搜索、知識問答

🔵 4-2-5　企業物聯網應用趨勢

　　物聯網 (IoT, Internet of Thing) 一詞最早由 Kevin Ashton 在 1999 年於寶僑任職產品經理時提出：「利用嵌入感測器的生活物件，彼此連結與溝通，使得生活更加地便利」。Kevin Ashton 運用在零售商品架上的口紅產品主動發送通知，以告知倉管人員或產品經理即時補貨。隨著通訊技術、感測器、智慧晶片及雲端運算的發展，物聯網的成長與商機受到矚目，企業界也逐步利用物聯網技術以協助提升營運效率或發展創新產品服務。

　　2013 年，德國政府提出工業 4.0 的先進製造業發展願景，認為製造業的下一階段將從工業革命自動化生產時代，轉向為虛實整合 (Cyber- Physical) 的製造系統。所謂的「實」代表製造業的自動化生產設備、「虛」則代表網際網路連結雲端服務。透過自動化生產設備物聯網化及雲端上的應用服務整合，並與上下游夥伴與顧客串聯，協助製造業從大量生產邁向個人化、少量多樣的方向邁進。

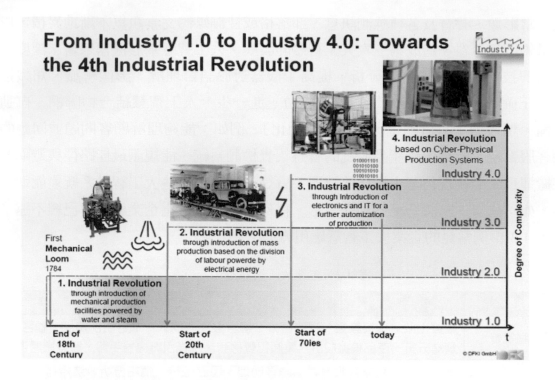

▶圖4-17　工業1.0-4.0演進 (參考資料：DRFI)

　　這之中牽涉到物聯網、雲端服務、巨量資料、行動運算技術應用以及資訊科技 (Information Technology) 與營運自動化科技 (Operational Technology) 的整合，使得工業 4.0 成為推動製造業資訊科技投資與應用的新驅動力。在工業 4.0 的概念受到矚目後，隨後零售 4.0、金融 4.0 等概念陸續被提出，皆為結合物聯網、巨量資料、雲端運算、行動運算等的技術應用願景，許多產業界亦稱之為智慧製造、智慧零售、智慧家庭等各領域應用，我們可泛稱為「智慧科技」的應用機會。表 4-4 列出不同產業領域的物聯網應用方向。

表4-4　不同領域物聯網應用方向

領域	應用方向
智慧家庭	居家安全、居家照護、家庭娛樂、家庭自動化控制
智慧工廠	生產設備監控、生產自動化、預測維修服務、工廠環境監控
智慧醫療	智慧照護、智慧用藥管理、穿戴式健康監控、運動監控
智慧零售	顧客即時促銷、顧客行為監控、倉管物流自動化
智慧車聯網	智慧行車安全、智慧行車導航、智慧車載娛樂

　　台灣政府以「生產力 4.0」來泛稱各種產業智慧化發展並推動產業升級。中國大陸則稱為「互聯網 +」，代表互聯網（網際網路）深入每一個產業並與之連結。

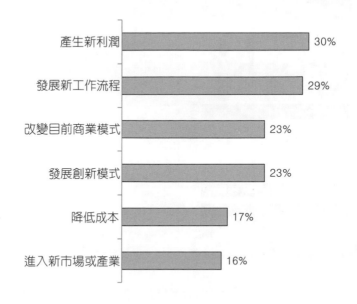

產生新利潤　　30%

發展新工作流程　　29%

改變目前商業模式　　23%

發展創新模式　　23%

降低成本　　17%

進入新市場或產業　　16%

▶ 圖4-18　企業物聯網應用效益 (參考資料：EIU)

　　對企業來說，物聯網能協助企業改善流程、降低營運成本、發展創新產品服務，甚至發展新營收與生態系。如圖 4-18 調查顯示，企業認為物聯網效益為協助企業產生新利潤的比例並不小於工作流程改善。例如：智慧車載系統利用監控駕駛行為、車輛運行狀況，發展車行保險、車載娛樂系統等新服務與營收。GE（奇異）公司為自動化設備大廠，即將其設備物聯網化，蒐集客戶各項設備資料進入其 Predix 雲端服務平台，提供其客戶進行資產監視、診斷、設備生命週期管理、設備預測維護等服務，據估計服務營收高達 60 億美元，成為其販售自動化設備外的新營收來源。這些新興服務均仰賴雲端服務的運行及巨量資料的分析，可說是雲端運算應用的深化。

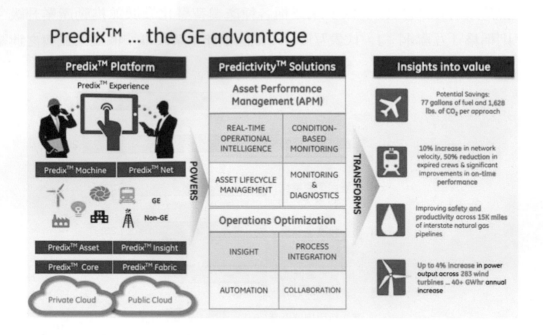

▶圖4-19　奇異公司物聯網應用效益 (參考資料：GE)

4-2-6　從智慧科技到數位轉型

當物聯網結合行動運算、巨量資料以及具認知能力的人工智慧、虛實整合數位孿生、元宇宙後，形成了一種「智慧科技」。雲端運算成為啟動「智慧科技」的基礎。

利用雲端運算、智慧科技也進一步讓企業進行「數位轉型」(Digital Transformation)。

世界經濟論壇定義，數位轉型主要概念在於「運用數位科技改變整個企業運作，乃至於整個產業」。Gartner 顧問公司認為，數位轉型主要在於「利用數位科技推出數位化產品／服務，或追求新的商業模式」。IDC 顧問公司認為，數位轉型主要在於「企業利用數位競爭力，以創新的商業模式、產品服務，並適應不斷變化的客戶和市場，最終達到企業營運和組織營運績效」。

綜合來說，企業利用智慧科技以達到強化經營效率、提升顧客體驗、創造新產品服務，乃至於改變整個產業生態系與市場規則。例如：Airbnb 發展民宿出租共享平台，媒合民宿、空閒房屋，市值已經接近創立百年的萬豪酒店集團；Netflix 發

展線上影片串流平台，威脅 Walt Disney、HBO 等傳統電視節目製作、影片公司。隨著科技日益成熟，將有愈來愈多企業利用雲端運算、智慧科技進行數位轉型，後續章節將會持續地介紹不同領域、運用不同科技的數位轉型案例。

4-3 雲端運算挑戰與議題

　　儘管雲端運算能為企業帶來諸多好處，但還是有隱憂與挑戰的存在。圖 4-20 顯示，企業對於資訊安全與 IT 的控制、整合性、可靠度等均有疑慮。

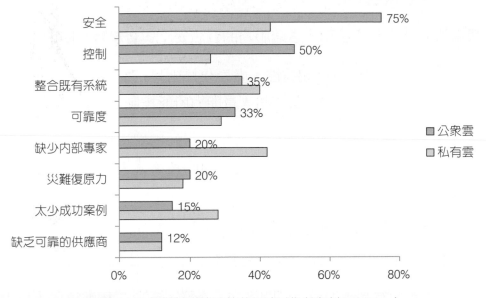

▶圖4-20　企業對雲端運算的疑慮 (參考資料：Forbes)

　　企業對於雲端運算的資訊安全仍存有許多疑慮，例如：存放在雲端服務供應商的資料是否可能洩漏、個人資料保護、資料遺失等問題，以及使用者透過網路存取遠端雲端資料中心的服務的授權認證、資料網路傳輸的竊聽問題；應用程式在共享的虛擬機器中，遭受惡意地探查資訊問題；智慧終端遺失時造成的資料洩漏與身分授權問題、智慧終端的病毒侵襲問題等。這使得對資訊安全較敏感的大型企業，在公眾雲端服務採用上有疑慮，特別是將企業的核心應用放在雲端服務上更裹足不前。

此外，雲端運算服務的可靠度仍備受考驗。例如：Salesforce.com 曾被駭客侵入、Amazon 營運曾停擺兩天、Google Gmail 也曾遭受駭客攻擊而營運不正常。這些紀錄均使得企業在考慮公眾雲服務時，有所保留。

綜合各種分析，雲端運算仍面臨的挑戰有：

1. **雲端服務的效率**：公眾雲端服務透過網路存取、分享資源、虛擬化技術，將可能降低存取與執行效率。

2. **雲端服務的可用性**：雲端資料中心是否能防止惡意病毒攻擊、是否具災難復原與備份機制。

3. **雲端服務的安全與隱私**：雲端服務的資訊安全與資料隱私問題。

4. **虛擬化技術效率與科技複雜性**：虛擬化技術是否能使效率更高？雲端運算科技的複雜性是否超過企業資訊人員能力所能控制？

5. **雲端運算的標準與專屬性問題**：各家廠商的雲端運算技術各有其特殊性，可能讓企業使用後很難轉移至其他廠商的技術。未來產業界是否能建立雲端運算的產業標準？

6. **複雜服務合約管理問題**：如何與雲端服務供應商、資料中心營運商建立清楚的服務合約與求償規範？是否有具有公權力的法規介入？

上述種種問題均有賴雲端運算相關廠商、企業、政府、標準機構等協力解決。

4-4　小結

雲端運算市場趨勢可以從服務與科技兩個面向了解。雲端服務市場將朝向多樣的 SaaS、BPaaS、PaaS、IaaS 服務發展，更深化在服務與安全的管理。雲端科技市場則朝向各種軟硬體技術的整合，並朝向更自動化的管理。

企業的雲端運算應用逐漸成熟後，將從利用雲端運算降低成本，轉變為如何增加商業價值。更進一步結合行動化應用、社群應用、巨量資料、物聯網等應用，以發展創新的雲端服務應用、智慧科技，進一步邁向改變成整個企業運作、乃至於整個產業的數位轉型路徑。

習 題

● 問答題

1. 請說明雲端服務市場的服務類別，並指出其趨勢。
2. 請說明雲端科技市場的產品與服務類別，並指出其趨勢。
3. 請比較大型與中小型企業雲端運算的應用方向。
4. 請說明雲端運算應用的三個成熟階段。
5. 請說明企業社群媒體在行銷與研究發展領域的應用方向。
6. 請說明醫療業、零售業巨量資料的應用方向。

● 討論題

1. A 公司是一家具有多個店面、百貨通路的服飾業者，想採用雲端創新服務。您有何創新服務應用建議？請說明理由。
2. 請上網搜尋「數位轉型」，有哪些公司的應用案例？

IaaS雲端運算服務模式、案例與應用

本章進一步說明 IaaS 服務模式的概念、特性、應用方向與類型，並分析 Amazon AWS 雲端服務案例的發展歷史、價值主張、服務內容、營收模式與成功關鍵等商業模式。最後介紹 Amazon AWS EC2 操作方式，讀者可體會 IaaS 服務運用方式。透過本章，讀者可以清楚地理解雲端運算的 IaaS 服務內涵與商業模式。

5-1　IaaS概念與應用

一、意義

　　基礎架構即服務模式（IaaS, Infrastructure as a Service）可以簡單地定義為：「提供顧客使用處理程序、儲存空間、網路或其他基礎運算資源的雲端服務模式」。亦即提供企業資訊基礎建設中的伺服器、儲存設備、網路、作業系統等功能，讓使用者透過連網，即享受這類型的基礎運算資源。例如：(1) 鐵路局訂票系統，每逢連假就會因為過多的訂票需求，造成無法連線、無法訂票，甚至當機的狀況。鐵路公司可以臨時向雲端服務供應商租用 IaaS，補足計算能力（伺服器）、網路設備的不足，以應付連假的訂票需求。(2) 奧運會可以租用 IaaS 雲端服務，以應付維持數周的奧運會賽事大量資料計算需求。一旦奧運會結束，則不需租用，省卻過去購買伺服器的成本浪費，達到綠色奧運會的精神。(3) 疫苗注射登記系統可以租用 IaaS 雲端服務，以應付新一梯次的疫苗登記，避免同時太多人進去登記，造成網路回應慢或當機的狀況。

二、特性

IaaS 特性可以分為以下幾點：

1. **集中式運算資源**：集中分散在各處的計算、儲存、網路等基礎資源。

2. **動態資源調整**：可讓使用者動態地調整所需運算資源的使用量。

3. **彈性定價**：可以依使用量定價。

4. **多使用者分享資源**：可讓多個使用者分享相同硬體運算資源。

三、限制

IaaS 有幾個主要的限制：

1. **敏感性資料存放**：若利用 IaaS 儲存資料，也需考量資料是否有可能洩漏，或違反有些國家、政府規範不能將敏感性資料放在第三方地區的 IaaS 服務上。

2. **運算績效**：若需要高效率的運算績效，使用 IaaS 不見得能滿足標準。例如：天氣預測、科學運算還是得仰賴高速電腦中心的運算能力。不過，隨著技術的進步，愈來愈多的 IaaS 服務供應商開始提供高速運算的 IaaS 服務，如：Amazon HPC（High Performance Computing）高效能運算服務。

3. **無法滿足特殊硬體需求**：由於一般 IaaS 服務供應商僅提供較常使用的規格，若企業需要特殊規格的伺服器、網路等硬體資源，則無法滿足企業的需求。例如：一般 IaaS 服務僅提供 Linux、Windows 作業系統的伺服器運算資源。

四、應用方向

如同前述 IaaS 的特性與限制，IaaS 應用可以歸納幾個方向：

1. **運算資源需求變化性高**：例如：火車訂票系統。

2. **短暫運算資源需求**：例如：奧運會賽事的使用。

3. **新創組織運算資源需求**：例如：新創成立的網路公司，資金不足，無法預測運算資源使用量。因此，可以依照使用量來增加 IaaS 服務的訂購。

4. **組織快速成長需求**：快速成長的新創公司，購買伺服器的速度可能趕不上業務成長的需求，運用 IaaS 服務較為彈性。

5. **組織運算資源成本控制**：組織非常在意基礎運算資源的投資，可以利用 IaaS 來減輕購買軟硬體成本的壓力。

相較於 SaaS 與 PaaS，IaaS 是最能彈性地使用資源、依使用量付費的服務模式。主要是因為 IaaS 提供相對單純、一致的基礎運算資源，如：計算資源、網路資源、儲存資源等。根據客戶的需要，有些 IaaS 服務供應商（如：Asigra、CA、Venyu 等）也提供備份即服務（Backup as a Service）、復原即服務（Recovery as a Service）等項目。

IaaS 所服務的客戶除了終端企業客戶與一般消費者外，亦提供給其他雲端服務業者。例如：雲端服務供應商（如：Facebook）可利用第三方的 IaaS 服務來維持 SaaS 服務營運，以減少基礎設施的巨額投資。因此，IaaS 在雲端運算服務扮演至為關鍵的基礎設施服務角色。從歷史來看，美國 IaaS 服務供應商可靠的技術服務與合作關係，加速了美國 SaaS、PaaS 以及其他各種網路服務業的發展。

五、佈署方式

許多 IaaS 應用為公眾雲的佈署方式，例如：Amazon Web Services、阿里雲的公眾雲服務。公眾雲 IaaS 的好處是可以為企業節省購買伺服器、儲存設備等硬體資源的成本；但也有資料外洩、運算績效較差、可用性不穩定等問題。企業擔心可用性的問題來自於網路中斷、病毒入侵、雲端運算資料中心當機而無法存取 IaaS 服務等。

因此，大型企業對於將關鍵性應用放置在 IaaS 服務上仍有一些考量。大型企業考量可用性、資料外洩的問題，可能傾向將一些關鍵的應用放在自己資料中心上建立虛擬化、IaaS 私有雲佈署方式或者委託資料中心的代管服務。由於網路技術、雲端運算技術的成熟，現在傾向利用混合雲模式，亦即私有雲部署的資源與在公眾雲部署的資源能夠自動、無縫的連結、應用與協作。

5-2 IaaS應用類型

一、服務類型

IaaS 服務可以粗分為三大應用類型：

1. **計算即服務（CaaS, Computing as a Service）**

   計算即服務主要提供臨時性、單次超大量，或特定時段的運算服務，例如：報社需要大量虛擬機器進行文件掃描圖檔轉換成電子化檔案（如 PDF 檔案格式）的重複性工作、每年會計結算季節的尖峰運算負載等。利用 CaaS 可減少伺服器的投資成本。代表性服務如：Amazon EC2（Elastic Compute Cloud），該服務提供虛擬伺服器環境，使用者可以訂購所需的伺服器作業系統、應用程式和虛擬機器工作數目（Instances）。

2. **儲存即服務（Storage as a Service）**

   儲存即服務主要提供檔案儲存或資料備援服務。舉凡多媒體影音檔案、個人文書檔案（Office 或 E-mail）、甚至公司機密資料，都是可儲存的檔案格式和範圍，有些服務亦提供線上檔案瀏覽的功能。代表性服務如 Amazon S3（Simple Storage Service），該服務提供使用者無容量限制的儲存空間，不論 1KB 或 5GB 的檔案，都可以透過 HTTP 或 BitTorrent 協定傳送至 S3 進行儲存。

   雲端服務廠商也進一步提供資料庫服務，如：Amazon RDS（Relational DB Services），提供儲存空間以及資料庫管理軟體的管理程序。因此，企業不需購買資料庫軟體以及儲存空間，可直接利用服務廠商提供的服務進行資料的儲存與處理。

3. **網路即服務（Network as a Service）**

   現在的企業愈來愈仰賴網路與顧客或上下游夥伴進行溝通與連結。然而，網路連結時可能有頻寬不足、網路延遲、網路資料外洩等各種疑慮在。試想，如果您是經營線上遊戲的公司、線上影音串流的公司，最怕網路延遲造成客戶的滿意度降低。IaaS 服務業者也提供各項網路即服務，滿足企業運用雲端運算的需求，如：Amazon IaaS 服務提供 400 Gbps 增強型乙太網

路服務，大幅提升每秒接收的封包數，降低網路顫動、減少延遲。亦提供運算節點之間提供低延遲、高頻寬互連，以協助將應用程式擴展至成千上萬個 CPU。Amazon 亦提供虛擬私有網路（VPC, Virtual Private Cloud），讓公司的資料傳輸自動加密，即使在公有開放網路上，也可以保障資料不被偷窺。

以目前趨勢來看，採用 IaaS 服務的客戶分布廣泛，除了大部分的中小企業直接作為企業本身常規的計算、儲存之用外，有些大型企業為了異地備援或臨時計算資源、研發測試的需求而採用。隨著 IaaS 服務愈來愈成熟，愈來愈多企業會採用 IaaS 公眾雲服務或者混合雲的搭配方式。此外，SaaS、PaaS 雲端服務廠商基於 IaaS 服務的雲端運算資源運用，彈性地提供各種雲端服務給客戶。

表5-1　IaaS服務模式特性與應用整理

	說明
意義	提供顧客使用處理程序、儲存、網路或其他基礎運算資源的雲端服務模式
特性	• 集中式運算資源 • 動態資源調整 • 彈性定價 • 多使用者分享資源
限制	• 敏感性資料存放 • 運算績效較低 • 無法滿足特殊硬體需求
應用方向	• 運算資源需求變化性高 • 短暫運算資源需求 • 新創組織運算資源需求 • 組織快速成長資源需求 • 組織運算資源成本控制
佈署方式	• 私有雲 • 公眾雲 • 混合雲 • 社群雲
應用類型	• CaaS：計算資源即服務 • Storage as a Service：檔案、資料庫儲存或資料備援的服務 • Network as a Service：網路頻寬保障、虛擬私有網路（VPN）

二、IaaS服務商

以下介紹幾個著名的 IaaS 服務案例：

1. **微軟 Azure 雲**：是全球著名的公有雲服務平台，提供各式的計算、儲存、資料庫、物聯網、行動等服務。其中行動服務是能夠在行動平台建立相關應用服務，如：行動通知中樞是行動推播通知引擎，可快速地將數百萬個通知傳送至 iOS、Android、Windows 或 Kindle 等行動裝置上。

2. **阿里雲**：是中國大陸大型的公有雲服務平台，提供各式的計算、儲存、資料庫、網路等 IaaS 公眾雲服務以及 SaaS 應用服務等。其中網路服務中提供 CDN（Content Delivery Network）服務，可以協助進行影音串流的全球內容分送遞送，避免延遲等。

3. Eucalyptus：提供開源軟體（open source）的私有雲虛擬化解決方案，讓企業可以在自己的資料中心進行虛擬化服務，並與 AWS 雲端公眾雲服務整合。

4. Rackspace：提供私有雲託管服務，包括：計算資源、儲存資源、負載平衡、網路隔離等服務。Rackspace 並與 Amazon、Google、微軟等平台合作，協助企業進行雲遷徙、公眾雲管理或混合雲管理等。

5-3　Amazon Web Service服務案例

一、發展歷史

Amazon.com 成立於 1994 年，總部位於美國西雅圖。早期以從事網路書店的銷售為主，後來販售花、軟體、電子商品、玩具及其他零售商品，成為美國前五百大的網路零售業。

Amazon.com 雲端運算服務的發展最早開始於 2003 年，提供 web service 服務給其協銷電子商店夥伴，它在 Amazon 電子商務網站上附加多種功能，以協助夥伴促銷其產品。例如：協銷夥伴在 Amazon.com 販售音樂 CD，想要提供消費者看到最新音樂 CD 的購買排行及購買者對於 CD 的評鑑等，以促進 CD 的行銷與販售。該協銷夥伴利用 Amazon 所提供的 web service 服務來開發網站的功能。

其後，Amazon 漸漸將其他資訊基礎架構的服務，如：資料儲存、電腦計算以及電子商務流程（如：貨物運送服務、付款、人事媒合等）均轉換成服務，提供給協銷夥伴採用。這些系列的雲端服務，Amazon 將其歸類為 Amazon Web Services（AWS）服務（http://aws.amazon.com/）。

二、價值主張

AWS 一開始的價值主張在提供基礎運算資源，讓其中小型協銷夥伴能減少對於資訊系統的投資、周邊流程的管理（如：貨物運送、付款）而能專心在貨品的販售、進而提升整體 Amazon 商城的效率。爾後則提供其電子商店體系外的中小企業使用服務。

三、服務內容

AWS 的服務內容包括：SaaS、PaaS 及 IaaS 服務。SaaS 服務包括：貨物運送服務（FWS, Fulfillment Web Service）、付款（FPS, Flexible Payment Service）、人事媒合（Mechanicial Turk）等。PaaS 服務則提供簡單訊息服務（SQS, Amazon Simple Queue Service）、簡單訊息發送服務（SNS, Amazon Simple Notification Service）等作為系統、服務間整合。

AWS 的 IaaS 服務則包括：關聯式資料庫服務（RDS, Relational DB Services）、簡單非關聯式資料庫服務、簡單儲存服務（S3, Simple Storage Service）、彈性大量資料媒體儲存服務（EBS, Elastic Block Storage）、彈性計算服務（EC2, Elastic Compute Cloud）、彈性巨量資料處理服務（Elastic MapReduce）、網路加密服務（VPC, Virtual Private Cloud）等。

隨著雲端運算技術愈來愈成熟，以及大數據、人工智慧發展，AWS 也提供物聯網、機器學習、電腦視覺、語音服務等各項雲端服務。AWS 充分實現將各種運算資源轉為服務的商業模式。

四、營收模式

AWS 的收費方式如表 5-2 所列。FPS、FWS 等與流程相關的 SaaS 服務以傳統依商品銷售收成、計費的方式；PaaS、IaaS 則以運算資源使用量計價。

　　據估計，2020 年 AWS 營收約 460 億美元，約佔 Amazon 營收的 15%。AWS 不但為 Amazon 帶來新的利潤，也為電子商務進行加值，例如：透過 AWS 語音服務，直接至電子商務服務網站進行訂購。與汽車公司合作，可以透過語音服務連結物聯網，以開啟車庫的門、電燈，或者連結至電子商務網站進行商品訂購。

表5-2　Amazon AWS服務收費方式

定價方式	計價基準	雲端運算服務
依商品銷售量	依照商品銷售價格1.5-5%抽取手續費	FPS
	依照商品銷售價格、重量大小、倉儲儲存時間收費	FWS
	依照媒介工資的10%抽取手續費	Mechanical Turk
依運算資源使用量計價	依資料傳輸量	CloudFront、S3、SimpleDB、RDS、SQS、VPC
	依訊息傳輸數量	SNS
	依機器的使用量	Simple DB
	依執行程序（Instance）的使用量	EC2、MapReduce
	依CPU、記憶體、儲存空間等使用量	EC2、MapReduce
	依每月使用的儲存量	S3、EBS
	依網路連線時間	VPC

五、成功關鍵

　　AWS 一開始的成功關鍵因素，來自於原本數量龐大的 Amazon 電子商店協銷夥伴的規模經濟，使得 Amazon 雲端服務資料中心的軟硬體投資成本可以很快地回收。對於 Amazon 而言，AWS 本來是協助其協銷夥伴，促進整體電子商店經營效率的投資；進一步，AWS 成為 Amazon 額外的收入，並加值電子商務服務。

　　AWS 的成功來自於將本身運作良好的 IT 營運服務，轉為一種對外的商業服務模式。在不同行業中，是否可以思考如何將本身的 IT 或非 IT 服務，轉為對外的商業模式，成為增加利潤的來源？

5-4　IaaS服務應用實作

　　瞭解了 IaaS 服務的概念、服務模式與案例後，是不是也想試試看 IaaS 服務的使用呢？以下介紹 AWS EC2 IaaS 服務的使用方式。

一、基本概念

　　Amazon EC2（Amazon Elastic Compute Cloud）是一種可在雲端提供安全、可調整計算容量的雲端計算服務。Amazon EC2 透過 Web 服務介面，可以輕鬆地配置各種選項、容量，並可以選擇不同處理器、儲存體、網路、作業系統類型，除了可以選擇傳統的 CPU 處理器（如 Intel Xeon CPU）外，也可以選擇適用機器學習訓練和圖形工作的 GPU 圖形運算處理器執行個體（如 NVIDIA GPU）。Amazon EC2 並可以搭配 Amazon 的儲存服務、資料庫服務、虛擬私有網路、高效運算等，滿足企業的各項雲端運算 IaaS 服務需求。

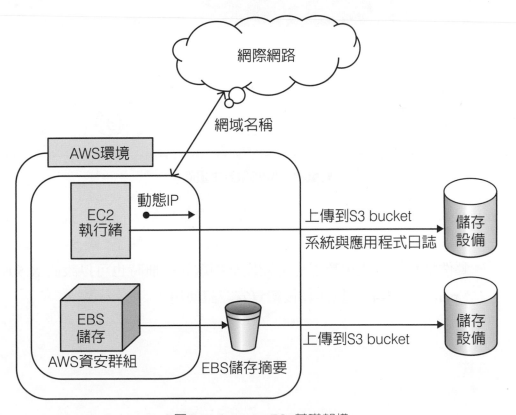

▶圖5-1　Amazon EC2基礎架構

二、操作方式

　　AWS 提供 Web 基礎的操作介面，並具有免費服務方案。以下簡單介紹 AWS EC2 的設置與應用。

1. 進入主控台

(1) 透過網址 http://aws.amazon.com 可以進入 AWS 官網，如圖 5-2 畫面，點選右上方的「登入主控台」，可以進入進行操作。

▶圖5-2　AWS服務主畫面

(2) 進入後，可以先進行註冊。註冊時會要求您輸入信用卡號，請注意至帳戶（Account）下設定「接收免費方案用量提醒」（圖 5-3），以及電子郵件地址，以避免超過免費額度被扣款。註冊時也可以設置 X.509 憑證 *.pem（圖 5-4），以作為後續資安認證使用。

▶圖5-3　AWS註冊—偏好設定

▶圖5-4　AWS註冊—安全登入設定

(3) 點選左上方的「Services」，出現浮動黑色視窗後，點選「運算」下
　　的「EC2」。

▶圖5-5　AWS主控台—進入EC2

2. 建立新的 EC2 執行個體

(1) 選擇 EC2 後，可以進入畫面如圖 5-6，主控台中可以看到您的各項執行
　　個體狀況。可以先在左邊選單選擇「執行個體 NEW」，右上方選擇「啟
　　動新執行個體」。

▶圖5-6　AWS主控台—建立EC2執行個體

(2) 出現畫面後，可點選「Free tier only」，然後運用上下選擇 Windows Server 2019 Base 這種計算資源類型。

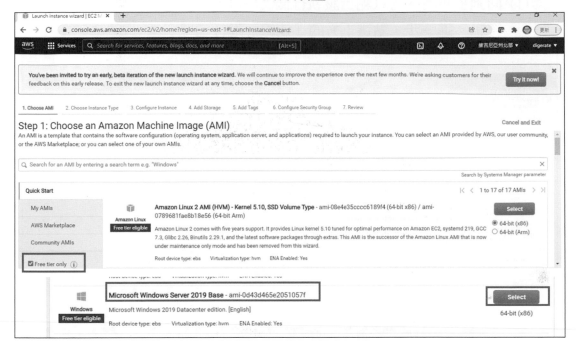

▶圖5-7　AWS EC2—選擇計算資源類型

(3) 出現畫面後，可點選預設的 Family t2 執行個體類型，可以發現是利用 1 個虛擬 CPU、1GB 的記憶體，再運用上下選擇 Windows Server 2019 Base 這種計算資源類型。然後選擇「Review and Launch」啟動該執行 個體。

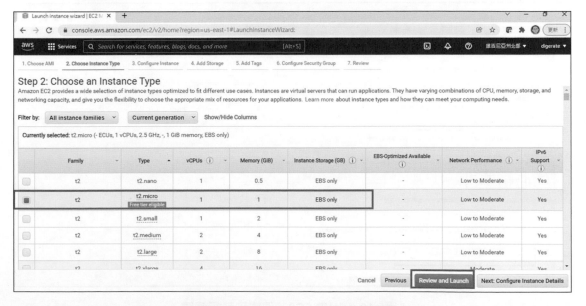

▶圖5-8　AWS EC2—啟動執行個體

3. EC2 執行個體的利用

(1) 回到主控台，可以點選該執行個體的詳細資訊、安全性、聯網、儲存等資訊。進一步，點選上方的「連線」進行連線。

▶圖5-9 AWS EC2—進入執行個體連線

(2) 點選「連線」後，出現以下畫面。請點選「RDP」用戶端，並點「下載遠端桌面檔」進行遠端桌面連線。在遠端連線之前，請注意上傳原註冊時建立的 *.pem 檔憑證，解密密碼，可作為遠端桌面連線管理者（Administrator）的密碼輸入。

▶圖5-10 AWS EC2—連線到執行個體

(3) 利用遠端連線用戶端軟體登入後，即可出現一個遠端的 Windows 畫面，這就是一個 Amazon EC2 建立的 Windows Server 2019 執行個體，你可以進行操作，以運用該雲端運算資源。

（**註**：測試完成後，若不需使用時，請將資源釋放，以避免會持續扣款。）

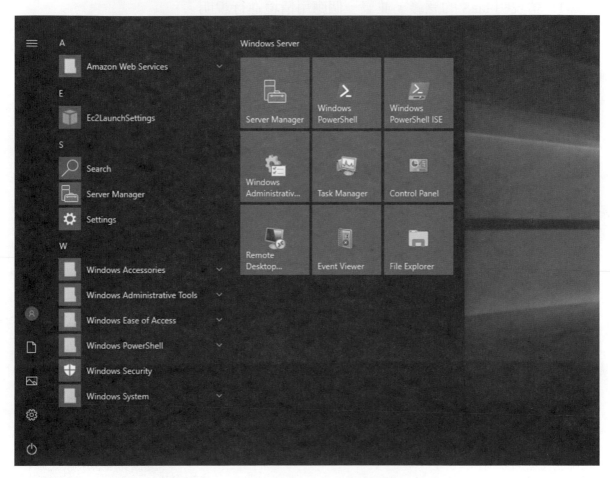

▶圖5-11　AWS EC2─進入IaaS執行個體遠端桌面

5-5　小結

IaaS 服務主要提供計算即服務、儲存即服務、網路即服務等類型雲端服務，滿足企業的成長、短暫、降低成本等彈性運算資源需求。IaaS 服務可以是公眾雲、私有雲佈署方式，愈來愈多 IaaS 採用混合雲的方式來兼顧安全與彈性。為滿足混合雲模式，許多 IaaS 服務提供私有雲、公眾雲部署資源能夠自動、無縫連結、應用與協作。

習 題

● 問答題

1. 請說明 IaaS 的意義，並舉一個應用情境進行說明。

2. 請說明 IaaS 的應用類型有哪些？

PaaS雲端運算服務模式、案例與應用

本章進一步說明 PaaS 服務模式的概念、特性、應用方向與類型，並分析 Google APE 雲端服務案例的發展歷史、價值主張、服務內容、營收模式與成功關鍵等商業模式。最後，介紹 Amazon Cloud9 操作方式，讀者可體會 PaaS 服務運用方式。透過本章，讀者可以清楚地理解雲端運算的 PaaS 服務內涵與商業模式。

● 6-1　PaaS概念與應用

一、意義

平台即服務模式（PaaS, Platform as a Service）可以簡單地定義為：「提供顧客應用程式發展、佈署、整合、中介等平台的雲端服務模式」。亦即提供傳統企業 IT 中，扮演開發與中介整合的應用程式開發軟體、應用程式伺服器（Application Server）、企業應用程式整合軟體（Enterprise Application Integration）、企業流程管理軟體（Business Process Management），或其他中介整合等功能的雲端服務（請見第一章圖 1-4 商業軟體分類「中介層」）。舉例而言，傳統上，企業資訊部門自行開發程式必須購買應用程式開發軟體，如：Microsoft .NET Studio、Oracle Application Server 進行開發。利用 Google App Engine、Force.com 等 PaaS 雲端服務，僅需要每月、依使用量租用即可。

原本這種 PaaS 平台服務特別適合不常自行開發、客製化應用程式的中小型企業，需要時才租用，而不需購買整套程式開發軟體或測試伺服器等，以減輕成本。然而，在雲端運算技術愈來愈成熟、開源工具的蓬勃發展及行動運算、物聯網等技術的發展後，PaaS 平台整合各種開發工具、開發運維程序、各種商業套裝軟體服

務（如：ERP、CRM 軟體或 SaaS 服務的整合等），或者透過物聯網技術監控各項生產設備、機器手臂、交通工具、家用電器等實體物體、連結各項智慧手機等，讓 PaaS 平台如雨後春筍般發展。企業應用 PaaS 服務平台愈來愈重視整合價值，而不僅僅是成本的減少。

二、特性

PaaS 特性可以分為以下幾點：

1. **程式發展生命週期**：提供程式發展生命週期各種階段的服務，包括：開發、測試、佈署、整合、中介、維護等。

2. **Web 介面**：透過網路、Web 使用介面，登入 PaaS 平台上使用服務。

3. **多個使用者分享服務**：讓多個使用者分享資源與服務。

4. **整合能力**：可以整合各種資料庫、雲端服務、企業內部系統、物聯網、行動手機等能力。

5. **使用者協同**：有些 PaaS 平台提供使用者協同、溝通的社群工具。

6. **商店管理**：許多 PaaS 平台提供商店服務，讓開發者可以開發各種 SaaS 應用服務，並透過商店市集銷售。

三、限制

PaaS 也有其主要的限制：

1. **必須透過網路連線**：若在網路無法連線、網路不穩的環境下，將無法取得 PaaS 服務，或造成軟體服務連結的中斷。因此，愈來愈多平台發展支援離線存取的功能，等待連線後自動交換訊息。

2. **移植便利性**：若該項程式發展需常常移植到各種私有雲、公眾雲環境，利用 PaaS 可能較不便利。

3. **語言特殊性**：PaaS 程式開發語言可能有其特殊性，移植到其他平台將有限制。例如：Google APE PaaS 以 Java、Ruby 語言爲主；Microsoft Azure PaaS 以 .NET 語言爲主；Salesforce Force.com PaaS 則以其特殊的應用程式介面發展程式。

4. **軟硬體資源的彈性**：如果程式發展時必須同時校調底層的軟硬體資源，以增進軟體執行的效率，透過 PaaS 服務，將無法讓使用者接觸到底層軟硬體資源進行效率校調。

四、應用方向

如同前述 PaaS 的特性與限制，PaaS 應用可以歸納幾個方向：

1. 多使用者共同開發程式、測試、佈署程式。

2. 需要進行雲端服務環境、企業內部資訊系統的資料、應用程式整合、物聯網設備整合等。

3. 需要快速地發展程式。PaaS 可以讓團隊在相同的程式語言與開發方法環境下，快速地發展程式。

4. 需要發展雲端環境上的程式。例如：Force.com 平台提供其軟體開發夥伴開發 Salesforce.com 相關的 SaaS 服務進行販售。

早期 PaaS 的發展，來自於程式語言開發平台的概念，如：Google APE、Force.com 平台。但當雲端服務愈來愈多時，企業產生整合各種雲端服務、企業內部系統整合需求，漸漸地，PaaS 擴展成提供各種服務整合、中介的平台。如圖 6-1，PaaS 扮演連結、中介 SaaS 與 IaaS 兩者間應用程式基礎架構軟體（application infrastructure software）的角色，也進一步與各種異質的物聯網設備、實體進行結合，形成複雜的雲端、地端連結的架構。

進一步，雲端服務供應商結合各種領域應用、產業的特性，也發展出各種不同的雲端中介服務（CBS, Cloud Brokerage Service），如：行動雲端服務平台、物聯網雲端服務平台、金融雲端服務平台、供應鏈雲端服務平台等。

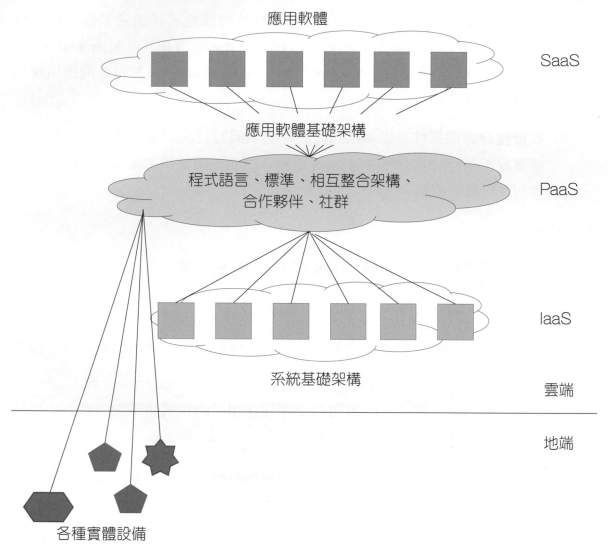

應用軟體

SaaS

應用軟體基礎架構

程式語言、標準、相互整合架構、
合作夥伴、社群

PaaS

IaaS

系統基礎架構

雲端

地端

各種實體設備

▶圖6-1　PaaS的中介特色

五、佈署方式

　　大部分的 PaaS 應用為公眾雲的佈署方式，例如：Google APE、Force.com、
Microsoft Azure 服務。公眾雲 PaaS 的好處是：可以為企業節省購買開發軟體、整
合中介軟體的成本。公眾雲 PaaS 缺點是：無法掌握 PaaS 底層的技術細節，因此
會影響校調軟硬體資源的運作績效。程式人員若需要時常開發程式，利用公眾雲的
PaaS 環境也會擔心網路連線不穩、隱私等問題。有一些軟體廠商開始提供私有雲
PaaS 解決方案，如：EMC Cloud Foundary、Redhat OpenShift 等，成為中大型企業
建構自己 PaaS 雲端服務平台的軟體基礎。

6-2　PaaS應用類型

一、服務類型

目前產業界對於 PaaS 服務並沒有一致性的分類。以作者的觀察，目前的 PaaS 可以粗略歸類為四大類：應用平台即服務、整合平台即服務、管理平台即服務、分析平台即服務。簡單說明如下：

1. **應用平台即服務（aPaaS, Application Platform as a Service）**

   應用平台即服務提供使用者應用程式生命週期的各種服務，包括：開發（Development PaaS）、測試（Testing PaaS）、佈署（Deployment PaaS）、程式組合（Composition PaaS）、應用軟體市集（App Marketplace）等各種服務。開發平台即服務如前述的 Google APE、Force.com，提供程式人員開發平台。佈署平台即服務則提供程式人員將程式打包佈署到公眾雲、社群雲、私有雲等各種環境中，以進行應用執行運行。程式組合平台即服務提供整合補充各種應用程式的元件，如：Google Map API、Google Calendar API 等，可以提供程式人員撰寫網路程式時，整合地圖、行事曆等服務。在雲端服務逐漸成熟後，各個平台將會完整提供開發、測試、佈署、程式整合等全程式生命週期的平台服務。這也是因應企業利用雲端服務後，愈渴望能快速地發展、變更以及運行各種雲端服務應用，以滿足外部顧客或內部員工的業務需求，亦即是雲端服務開發營運一體化（DevOps）的趨勢。

2. **整合平台即服務（iPaaS, Integration Platform as a Service）**

   整合平台即服務提供整合使用者介面（User Interface）、流程（Process）、訊息（Message）、資料（Data）、應用程式（Application）等各種服務。例如：Dell 的 Boomi AtomSphere iPaaS 整合平台，可以讓企業透過瀏覽器，以圖形式介面設計其連結的流程，並提供連結器連結 SAP ERP、Oracle ERP、Google App Engine、Salesforce.com 等傳統商業軟體及 SaaS 軟體服務。Informatica Cloud Service 則提供企業的資料整合服務，包含資料的擷取、轉換、分析等。GXS Trading Grid 提供供應夥伴間商業流程的文件傳遞與交換。GE Predix 雲端服務平台提供製造業客戶的設備監視、診斷與設備生命週期管理，整合各種異質的工廠設備或資產。

3. **管理平台即服務**（mPaaS，Management Platform as a Service）

提供監視與管理應用程式、設備、伺服器、網路的效率與資訊安全的管理。例如：Monitis（後為 TeamViewer 所併購）提供遠端監控網路、伺服器、網站、應用程式（E-mail、資料庫、VoIP、線上應用軟體、交易）等各種監控服務。CommonIT 提供虛擬瀏覽器的功能，避免惡意人士透過瀏覽器連結共享虛擬機器，而影響其他共享的使用者。Akamai 是專業影音內容遞送（CDN）網路平台，透過遍布全世界的雲端伺服器，可以協助即時收集、分析全球網路效能資料，提供最快、最佳化的路徑進行內容遞送，同時無時無刻監視各網路節點安全威脅並做出回應。

4. **分析平台即服務**（AaaS, Analytics as a Service）

隨著愈來愈多數據累積在雲端服務上，企業愈希望能夠透過數據分析工具進行雲端服務上的數據分析，使得分析平台即服務成了新興趨勢。例如：Amazon AWS、Microsoft Azure、Google Cloud 等雲端服務平台商，均提供線上的數據分析工具，讓企業可以利用數據進行數據分析、大數據建模以分析預測等。GE、西門子等物聯網雲端服務平台，除了設備的整合外，也提供數據分析工具，讓企業進行數據分析。SAS 是專業的分析工具公司，提供視覺化、自助式分析工具，可以讓企業將彙整的數據利用 SAS 分析平台的工具、數據模型及分析運算所需的資源，進行快速的分析。Google Analytics 是 Google 提供的網站流量統計服務，可以分析網站上進站流量的資料，包括來源、使用者、裝置、造訪路徑等，提供企業全面了解品牌的受眾，進而為潛在客戶優化購買、造訪流程，並提高轉換為購買的機會。

如同圖 6-1 所揭示，PaaS 位於 SaaS、IaaS 的中介位置。因此，只要能發展出整合、中介 SaaS、IaaS 的服務，都可以稱為 PaaS 服務。相較於 SaaS、IaaS，PaaS 的服務模式是較晚發展的（如表 2-1 雲端運算的演進）。但 PaaS 的發展潛力不可忽視，這是由於各類型的 SaaS、IaaS 服務發展之後，勢必需要 PaaS 服務進行整合、中介乃至於數據分析。此外，PaaS 雲端服務平台也愈來愈將各種 SaaS 服務整合於平台上，成為各行業領域的專業平台，如：GE Predix 平台不僅具有設備整合、數據分析功能，也發展一些相關的資產設備績效管理、飛航分析、地理空間分析等相關 SaaS 應用服務，提供開發工具，讓開發商可以開發相關 SaaS 應用服務，並可在 GE Predix 商城上販售。

綜合來說，PaaS 服務業者提供的功能，從單純的程式開發平台即服務，轉變為程式全生命週期服務、整合平台即服務、管理平台即服務，乃至於分析平台即服務等方向發展，進一步提供領域別的 SaaS 應用服務。PaaS 服務業者也進一步跳脫 IT 服務的框架，提供各種產業別、領域別的服務仲介角色（CSB, Cloud Service Brokerage），讓使用者在平台上進行溝通、訊息交換、協同等。PaaS 服務業者扮演服務仲介角色，可以聚合需求、供應雙方，形成一個雲端運算上的生態系統。

表6-1　PaaS服務模式特性與應用整理

	說明
意義	提供應用程式發展、佈署、整合、中介等平台的雲端服務模式
特性	• 程式發展生命週期 • Web介面 • 多個使用者分享服務 • 整合能力 • 使用者協同 • 商店管理
限制	• 必須透過網路連線 • 移植便利性 • 語言特殊性 • 軟硬體資源的彈性
應用方向	• 多使用者共同開發程式、測試、佈署程式 • 需進行各項整合 • 需快速發展程式 • 需發展雲端環境上的程式
佈署方式	• 公眾雲 • 社群雲 • 私有雲
應用類型	• aPaaS：應用程式的開發、測試、佈署、程式組合、應用市集等 • iPaaS：使用者介面、流程、訊息、資料、應用程式的中介整合 • mPaaS：伺服器績效、網路績效、資訊安全管理 • AaaS：數據的整合、整理、分析、模型建立等數據分析與管理所需服務

二、PaaS服務商

以下介紹幾個著名的 PaaS 服務案例：

1. **Microsoft Azure Platform**：提供協助企業開發與執行微軟系列程式的雲端運算服務平台。

2. **Dell 科技的 Boomi AtomSphere 服務**：提供雲端運算整合服務，讓企業以流程圖形的方式，連結企業內軟體及雲端運算服務。

3. **OpenText 的 Cordys 服務平台**：提供企業流程管理服務（BPM, Business Process Management）平台，讓企業可以在雲端上設立流程管理、流程整合的工作。

4. **Informatica 服務平台**：提供資料整合服務，可以整合企業內系統、雲端服務上的資料，包括：檔案、商用文件交換、資料庫等。

5. **GXS 平台**：是企業間訊息整合平台，提供供應夥伴間交易性訊息整合，如：EDI、XML 的訊息交換。

6. **Monitis 平台**：提供管理公有雲、私有雲、社群雲等運行的運算資源狀況，可以讓企業佈署、監視各種雲上的資源利用狀況。

7. **SAS 分析服務平台**：提供視覺化、自助式分析工具，可以讓企業進行數據清理、數據模型建立以及進行分析、預測等。

●6-3　Google APE服務案例

一、發展歷史

　Google 雲端服務發源應該來自於 2005 年推出的 Google API。Google API 主要提供消費者及網站程式設計師可以將 Google 的服務嵌入在網站上（例如：Google Map、Google Search）或是設計在桌面上的小工具（Google Desktop 工具）。之後，Google 開始發展各式的網路服務，如：Google Docs、Google Finance、Google SpreadSheets、Google APE 等，以提供消費者及程式設計師使用。Google APE

（App Engine）於 2009 年發表，提供 Java/Python 等自由軟體開發環境，讓程式設計師可以在 Google APE 上開發軟體，而不需購買硬體、軟體等資源。2015 年，Google 也將其進行大數據分析、機器學習等應用程式框架的 TensorFlow 開放使用，提供開發者開發，成為最著名的應用程式框架，提供有志發展大數據應用的數據分析師使用。

二、價值主張

Google APE 能減少網路程式設計師購買程式開發環境軟體的成本；而提供程式（服務）執行的環境，也能減少購買執行的伺服器、儲存設備的成本。企業程式設計師善用這些服務，或熟悉這樣的應用程式框架，均會促使繼續使用 Google 的應用服務，或租用 Google IaaS 服務資源而付費。

三、服務內容

提供線上開發軟體、執行軟體等環境、應用程式介面、程式開發框架等。支援 Java / Python 等語言開發。

四、營收模式

Google APE 提供免費（Free）、基本付費（Paid）、進階付費（Premier）等版本。免費版本即享有各種開發環境、應用程式介面以及執行環境。基本付費、進階付費版本，還進一步享有執行環境的服務水準保證、資源擴充功能，並能依使用量付費，享有更高階應用程式介面的執行效率、網路頻寬、資訊安全等。

五、成功關鍵

Google 主要營收來自於 Google 搜尋的廣告收入。對於 Google 而言，流量愈大，愈能吸引各個廣告業主購買搜尋關鍵字或搜尋順序。Google 發展的各種網路服務，均在此策略下發展。

Google APE 對 Google 的益處有三：(1) 聚集網路程式設計師線上使用，創造廣告流量效益。(2) 應用程式發展完成後，在 Google 平台執行時，向服務商收取 IaaS 運算資源服務費用，創造新營收。(3) 程式設計師創造服務，成為 Google 服務生態系，吸引更多使用者使用服務，聚集使用者，創造廣告流量效益。

6-4　PaaS服務應用實作

　　Google、Microsoft Azure 等平台均有 PaaS 開發、整合、分析工具，本段落介紹 AWS 的 Cloud9 PaaS 服務。

一、基本概念

　　AWS Cloud9 PaaS 服務具備 IDE 程式開發環境及終端執行命令介面。AWS Cloud9 IDE 程式開發環境提供簡易的程式編輯工具，並支援多種程式語言和執行時的除錯工具，並內置終端介面。AWS Cloud9 IDE 程式開發環境包含一組用於編碼、建構、執行、測試和校調軟體的工具，並幫助企業將軟體發布到雲端服務中。使用者可以利用 Web 瀏覽器進行 AWS Cloud9 IDE 環境操作。

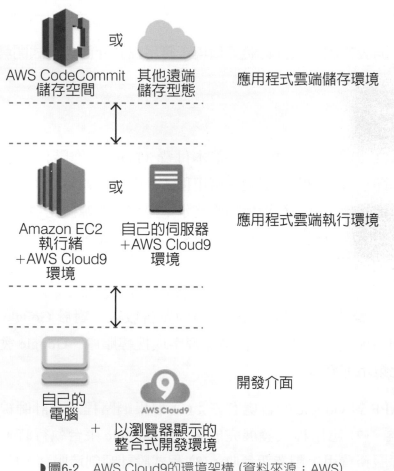

▶圖6-2　AWS Cloud9的環境架構 (資料來源：AWS)

從圖 6-2 中可以看到 AWS Cloud9 PaaS 服務整體環境架構，使用者利用本地端電腦上的 Web 瀏覽器中執行的 AWS Cloud9 IDE，與 AWS Cloud9 環境進行互動。雲端計算資源（如 Amazon EC2 實例或伺服器）連接到該環境，讓應用程式可以執行。最後，工作可以儲存在 AWS CodeCommit 資料庫，或其他類型的遠端資料庫中。

二、操作方式

AWS 提供 Web 基礎的操作介面，並具有免費服務方案，以下簡單介紹 AWS EC2 的設置與應用。

1. 創建 Cloud9 環境

(1) 登入 AWS 的「主控台」，點選「服務 / 開發人員工具 / Cloud9」以進入 AWS Cloud9 IDE 環境。

▶圖6-3　AWS主控台—進入Cloud9

(2) 點選「Create environment」以創建 AWS Cloud9 IDE 環境。

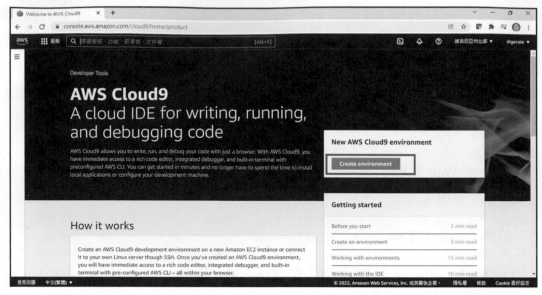

▌圖6-4　AWS Cloud9—進入創建環境

(3) 創建環境時，可以進行環境命名(Name environment)，如範例取名
為 "HelloWorldTestProject"。此外，設定選擇預設的 direct access,
t2.micro（免費服務）。之後，將會花一點時間創建 Amazon EC2 環境。

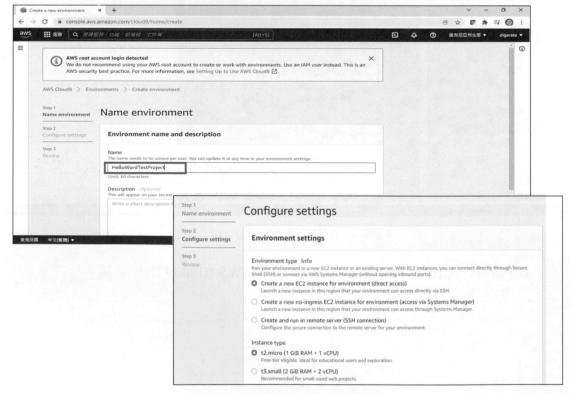

▌圖6-5　AWS Cloud9—環境設定

2. 撰寫程式

(1) 進入 AWS Cloud9 IDE 環境，首先先安裝 readline 這個套件，在終端執行命令「npm install readline-sync」。

▶圖6-6　AWS Cloud9─IDE設計環境

(2) 在 AWS Cloud9 IDE 環境中，可以新增一個程式撰寫檔（預設為 node.js 程式環境），將以下此段文字帶入並進行儲存檔名，如範例為"hello-cloud9.js"。詳細內容請見「https://docs.aws.amazon.com/cloud9/latest/user-guide/tutorial-tour-ide.html」AWS 官方範例。

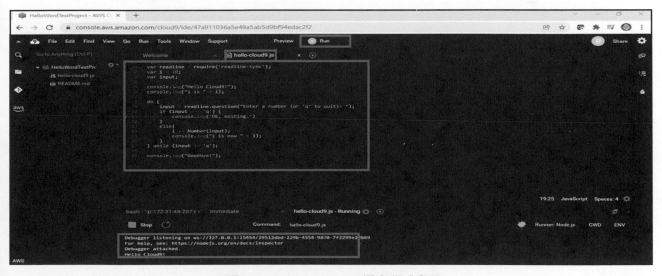

▶圖6-7　AWS Cloud9─撰寫程式畫面

3. 執行應用程式

將程式碼存好後，可以點選右上方「Run」。該程式會在終端畫面寫出"Hello Clou9"字眼，並進行數字加法作業，可以輸入 1~9 數字或按 q 離開程式。

（**註**：測試完成後，若不需使用請將資源釋放，以避免被持續扣款。）

◉ 6-5　小結

　　PaaS 服務最早爲滿足使用者可以在雲端服務上開發、測試、佈署程式，進一步發展 SaaS 服務 App 商城，並提供各項企業系統、物聯網系統的整合。有些具產業知識的 PaaS 服務商，也聚焦在特定行業 SaaS 服務，將解決方案整合於平台上，形成行業領域的專業平台，如：GE Predix 平台專注於工業設備領域服務。許多 PaaS 服務已經轉變爲結合應用開發人員、軟體服務商、物聯網設備商、顧客等生態系的服務平台。

習 題

● **問答題**

1. 請說明 PaaS 的意義，並舉一個應用情境進行說明。

2. 請說明 PaaS 的應用類型有哪些？

SaaS雲端運算服務模式、案例與應用

本章進一步說明 SaaS 服務模式的概念、特性、應用方向與類型，並分析 Salesforce.com 雲端服務案例的發展歷史、價值主張、服務內容、營收模式與成功關鍵等商業模式。最後，介紹 Salesforce.com Slack 操作方式，讀者可體會 SaaS 服務運用方式。透過本章，讀者可以清楚地理解雲端運算的 SaaS 服務內涵與商業模式。

● 7-1　SaaS概念與應用

一、意義

軟體即服務模式（SaaS, Software as a Service）可以簡單地定義為：「提供顧客軟體租用或客製的雲端服務模式」。SaaS 雲端服務模式提供企業或個人軟體服務，讓使用者透過網路即可使用軟體。使用者不需購買軟體，而僅依月、年、使用量等方式來租用軟體服務。例如：不論企業或個人，均須購買合法的辦公室生產軟體，如：MS-Office、MS-Excel，但常必須跟著版本升級而購買新的版本；或者覺得僅使用部分功能，卻要付整套軟體的錢過於昂貴。SaaS 服務即可以讓使用者依月租費、使用量而付費，而且也可把軟體切割成許多不同的功能模組提供訂閱。

隨著雲端運算技術的成熟，以及 SaaS 服務的競爭激烈，愈來愈多 SaaS 服務廠商開始提供不同於以往軟體的服務，也使得 SaaS、PaaS 服務界線愈來愈模糊。例如：Salesforce.com 原本是提供給業務人員使用的銷售自動化 SaaS 軟體服務，緊接著提供 Force.com 開發平台與商城，讓夥伴可以開發軟體與線上銷售；進一步也提供數據分析服務、電子商務平台等。GE Predix PaaS 雲端服務平台原本發展串聯各

種設備的物聯網 PaaS 平台，也進一步提供設備績效監控、飛航管理、遠端操控管理等 SaaS 服務。

SaaS 特性可以分為以下幾點：

1. **透過網路存取商業軟體**：讓使用者可以隨時隨地透過連網，即可存取軟體與資料。

2. **軟體透過集中的地點管理**：使用者不需負擔管理的責任與成本，SaaS 軟體服務供應商也可以因為集中管理而降低管理成本。

3. **軟體「一對多」方式遞送**：利用多人共享軟體的規模經濟，分擔軟體授權、軟體服務營運、硬體、機房的成本，減低 SaaS 軟體服務供應商成本，而以較低價格提供使用者。

4. **使用者不需考慮軟體授權與升級問題**：雲端服務業者全權負責軟體的授權費用以及軟體升級問題。

5. **依使用量付費**：利用月租費、年租費、依使用量計價的方式，使得使用者能降低使用成本。

6. **軟體服務組合**：進階的 SaaS 軟體服務還可以提供不同軟體服務的組合，讓使用者可以組合成個人特有的服務。例如：企業可以選擇「文書編輯軟體」+「銷售人員拜訪紀錄軟體」，提供銷售人員特定的軟體服務；使用繪圖軟體服務可以訂閱一系列新的圖檔範本集等。

三、限制

SaaS 也有其主要的限制：

1. **必須透過網路連線**：若在網路無法連線、網路不穩的環境下，將無法取得 SaaS 服務。

2. **即時資料取得**：若該應用需要快速地存取資料與回饋，SaaS 服務可能不適合。例如：工廠生產線機台的運行控制。

3. **敏感性資料存放**：若該應用需要存取敏感性高的資料，如：公司的生產狀況、訂單、人事資料、財務資料等等，企業可能會有所考量。此外，由於許多公眾雲 SaaS 服務的資料中心散布在全球各地，公司或各國政府對於敏感資料放置於他國的資料中心中，也有外洩疑慮與法規限制。

4. **客製化限制**：企業常常會將商業軟體根據各自流程需要，進行客製化修改。許多 SaaS 軟體服務僅能提供標準軟體功能，與些微客製化調整，常無法滿足企業的特有流程。

四、應用方向

如同前述 SaaS 的特性與限制，可以歸納幾個 SaaS 應用方向：

1. **外界接觸較多的應用**：例如：企業 E-mail 應用、企業對外網站、視訊會議系統。

2. **常透過網路存取的應用**：例如：業務人員使用的銷售自動化（SFA, Sales Force Automation）、顧客關係管理（CRM, Customer Relationship Management）等軟體應用。

3. **短暫使用需求的應用**：例如：開會才使用的視訊會議系統、專案團隊協調的協同軟體系統。

4. **具有週期性使用頻率的應用**：例如：帳單、稅務系統常常 1 個月才使用一次。

5. **與企業流程相關性較低的應用**：例如：辦公室軟體、視訊會議系統等，不同企業流程差異較小，客製化需求較低。

當然，每個企業對資料的敏感性、行業特性、客製化要求不同，對於 SaaS 應用也會有不同的需求。例如：中小企業對於軟體成本的考量甚大、但企業流程差異不大，較大型企業樂意採用 SaaS 服務；大企業流程複雜、資料敏感度高，可能較少採用 SaaS 服務。金融業、醫療業握有許多敏感性資料，採用 SaaS 服務的態度可能較保守。如圖 7-1，顯示製造業採用 SaaS 服務的優先順序。

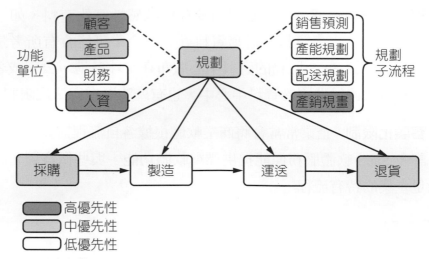

高優先性
中優先性
低優先性

▶圖7-1 製造業採行SaaS服務優先順序 (參考資料：Datamonitor)

五、佈署方式

　　許多 SaaS 應用為公眾雲的佈署方式，例如：使用 Salesforce.com 的 CRM as a Service（Sales Cloud）服務。有些集團企業、產業社群或政府機構，則在某些應用上建置社群雲服務。例如：美國某製造業社群聯合信任的企業，共同購買製造繪圖軟體，並委由資料中心代管，由於繪圖軟體通常只有在設計產品初期才使用、又需要企業間共同設計合作，所以利用社群雲佈署方式，可以分攤成本、提升協同設計溝通，並降低資料外洩疑慮。政府部門也可共同租用各機構間共通的軟體服務，如：公文編輯軟體、公文簽核軟體，以建置政府社群雲服務。一方面減少各機構購買軟體的成本、一方面又可避免資料放在公眾雲的外洩疑慮。

　　當然，對於許多中、大型企業而言，有些應用可以使用 SaaS 服務，有些則仍傾向自己購買傳統套裝軟體，安裝在公司或委託服務業者代管。為提供企業使用者方便、一致性的存取，即可採用混合雲的佈署方式。如圖 7-2 所示，企業提供銷售人員的應用服務包括：銷售自動化 SaaS 服務、顧客關係管理 SaaS 服務，以及存取企業內部的訂單管理系統等混合雲情境。員工共通的應用服務則包括：視訊會議 SaaS 服務、電子郵件代管服務等。

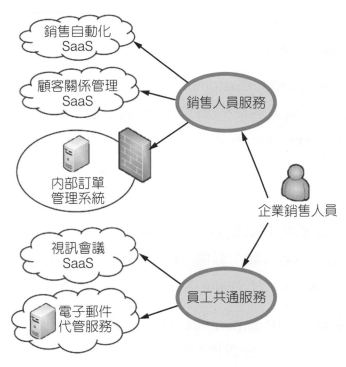

▶圖7-2　企業SaaS混合雲的佈署情境

7-2　SaaS應用類型

一、服務類型

　　SaaS 軟體服務的應用種類繁多，一般依照企業典型的應用需求，可歸類為：內容／溝通與協同、客戶關係管理、數位內容、企業資源規劃、辦公室生產力、供應鏈管理等六種軟體應用。簡單說明如下：

1. **內容／溝通與協同**（CCC, Content, Communication & Collaboration）

　　CCC 是結合「企業內容應用」、「企業溝通應用」以及「協同合作應用」等三大應用項目。第一類「企業內容應用」包含：企業內容管理（ECM, Enterprise Contents Management）、數位學習（E-learning）、資料搜尋（Search），可以提供企業管理與搜尋數位內容資訊，為企業知識管理基礎。第二類「企業溝通應用」包含：E-mail、即時傳訊、網路會議，主要提供企業內、外部的溝通。第三類「協同合作應用」則以促進團隊協同運作為目

的，代表性 SaaS 服務，如：Cisco Webex、Google Meet、Zoom 線上會議、Slack 企業協作軟體等。

2. **顧客關係管理（CRM, Customer Relationship Management）**

CRM 是協助公司對客戶的銷售與服務流程管理，範圍涵蓋銷售自動化（SFA, Sales Force Automation）、行銷自動化（MA, Marketing Automation）及客戶服務與支援（CSS, Customer Services & Support）。代表性 SaaS 服務如：Salesforce.com CRM、RigthNow.com。

3. **數位內容軟體應用（DCC, Digital Content Creation）**

DCC 提供數位內容（如：影像、圖片、影片）的製作與編輯。代表性 SaaS 服務如：Adobe、Corel、Paint. Net。

4. **企業資源規劃（ERP, Enterprise Resource Planning）**

ERP 主要整合企業各種重要的資源與流程，範圍涵蓋「財務管理」、「人力資本管理」、「生產」、「銷售」等各種流程。代表性 SaaS 服務如：SAP S/4HANA Cloud、NetSuite、Workday。

5. **供應鏈管理（SCM, Supply Chain Management）**

SCM 是協助企業管理上下游供應夥伴間原物料採購、庫存管理、運輸管理、生產銷售規劃等流程。代表性 SaaS 服務如：Ariba 協同採購管理、E2open 供需網路規劃。

6. **辦公室生產力軟體（Office Suites）**

辦公室生產力軟體主要用於製作、編輯與發佈辦公室文件，例如：文書報告、試算表及簡報等常用文件。SaaS 辦公室生產力軟體可以讓使用者直接透過網路進行文件編輯與儲存，方便外出員工可以進行文件的處理。代表性 SaaS 服務：如 Zoho Writer、Google 文件、Adobe Buzzword。

7. **其他軟體**

其他尚有許多 SaaS 軟體服務，如：商業智慧軟體（BI, Business Intelligent）、費用管理軟體（Expense Management）、客訴問題管理軟體（Compliant Management）、零售管理軟體（Retail Management）、醫療管理（Health Management）、資安掃毒軟體等等。

其實，只要是能夠協助企業進行流程管理、提升生產力的應用軟體，均可能成為 SaaS 服務，提供給企業使用。SaaS 是一種商業服務模式，要看該服務是否能滿足企業（或個人）的產業特性、應用需求，才能夠被市場接受。以市場的使用狀況來看，目前以 CCC、CRM 兩種類型應用最為企業接受，其次則為 SCM。這三類軟體服務均是與外界互動、社群分享較多的應用。

表7-1　SaaS服務模式特性與應用整理

	說明
意義	提供顧客軟體租用或客製的雲端服務模式
特性	• 網路存取 • 集中地點管理 • 「一對多」方式遞送 • 使用者不需考慮軟體授權與升級 • 依使用量付費 • 軟體服務組合
限制	• 必須透過網路連線 • 即時資料的取得 • 敏感性資料的存放 • 客製化限制
應用方向	• 與外界接觸較多 • 常透過網路存取的應用 • 短暫使用需求 • 具有週期性使用頻率 • 與企業流程相關性較低
佈署方式	• 公眾雲 • 社群雲 • 混合雲
應用類型	• CCC：內容／溝通與協同軟體應用 • CRM：顧客關係管理軟體應用 • DCC：數位內容軟體應用 • ERP：企業資源規劃軟體應用 • Office suites：辦公室生產力軟體應用 • SCM：供應鏈管理軟體應用

二、SaaS服務商

其他著名的 SaaS 服務案例不勝枚舉,例如:

1. Google Docs:提供線上文件編輯、製作。Google Meet 提供線上會議視訊系統。

2. Jive Software、Slack 等:提供企業社群管理與協同 SaaS 服務。

3. Oracle Netsuite:提供各項 SaaS ERP 服務,包括:財務管理、供應鏈管理、訂單管理、人力資源管理等各種服務。

4. Workday:提供人力資源管理、人力招募管理、財務管理、花費管理等 SaaS 服務。

5. SAP Ariba:提供線上電子採購平台,讓企業可以進行採購成本分析、供應商搜尋、供應商風險評估、契約管理等作業。

6. E2open:提供需求預測、供應鏈規劃、供應管理、運輸物流管理等各種供應鏈 SaaS 服務。

7-3 Salesforce.com服務案例

一、發展歷史

Salesforce.com 由曾任商用軟體廠商 Oracle 副總裁的貝尼奧夫於 1999 年創辦。2000 年開始,即提供 CRM Online Service 服務。爾後,依客戶要求,Salesforce.com 進一步發展 AppExchange 服務,讓企業客戶可針對其購買的 SaaS 服務進行客製化。2007 年 9 月,基於 AppExchange 的基礎,提出 Force.com 服務,提供開發夥伴進行線上程式開發,成為全球第一個 PaaS 的服務。AppExchange 則轉變為合作夥伴販售 SaaS 軟體的商店市集。除此之外,藉由顧客愈來愈多所累積的經驗與數據,Salesforce.com 也提供潛客資料與機會分析、數據分析工具、人工智慧服務等。

二、價值主張

Salesforce.com 從創立開始，即以 SaaS 創新服務模式與傳統商用軟體進行競爭。Salesforce.com 認為，線上 SaaS 服務能為企業客戶減少軟體購買、授權、維護費用，並讓企業客戶能很快速的在 1 至 2 周內使用服務，而不是傳統商用軟體的半年以上的導入時間。Salesforce.com 線上 SaaS 服務利用訂閱制而非買斷的方式，創造了新的商業模式，也影響了許多商用軟體商紛紛佈局到雲端服務上，如：SAP、Oracle、Adobe 等。

三、服務內容

隨著時間的發展，Salesforce.com 提供愈來愈多樣的 SaaS 服務，以下是主要的幾項：

1. Sales Cloud：提供企業銷售人員在銷售產品前，掌握顧客資料與關係，並能分析商機以及銷售活動建議，以達成產品銷售最大化。

2. Service Cloud：支援客戶服務人員在銷售產品之後，能為顧客提供諮詢、回應、問題解決等售後服務。進一步能透過數據分析，深入瞭解客戶行為，可將服務個人化，並預測客戶未來需求。

3. Marketing Cloud：協助企業在單一平台上建構並管理個人化的客戶旅程，並可以針對顧客進行個人化行銷電子郵件發送、行動訊息推播、分析顧客跨通路的行為等。

四、營收模式

Salesforce.com 主要營收來自於客戶的服務訂閱與維護費用，約佔整體營收的94%，其餘為客製化服務約 6%。2012 年 Salesforce.com 的年營業額約為 21 億美元，2022 年已經超過 210 億美元，成長 10 倍。

Salesforce.com 的 SaaS 依照不同功能，訂定使用者／每月租金費用。主要功能差異在於更多企業用戶可以參與或提供更多銷售自動化、數據分析功能等，以滿足企業更高價值軟體服務需求。

五、成功關鍵

Salesforce.com 為 SaaS 服務模式創新者，已具十數年 SaaS 服務提供經驗。Salesforce.com 一方面在 SaaS 服務上加入社群、行動、大數據分析、人工智慧等功能，以滿足企業的新需求。一方面又緊密的與軟體開發夥伴建立關係，提供 Force.com PaaS 服務開發平台，讓軟體開發夥伴不斷開發各種基於 Salesforce.com 核心的 SaaS 服務，以滿足企業客戶各種變化多端的商業應用需求。在技術上，Salesforce.com 核心的多租戶軟體平台，也能夠讓企業客戶就介面、功能、資料等做不同程度的隔離，提供企業更具彈性的 SaaS 服務。

◯ 7-4　SaaS服務應用實作

一、基本概念

應該沒有人沒用過 SaaS 吧！以 Google 為例，大家或多或少應該用過 Google Map、GMail、YouTube、雲端硬碟、Googe 文件、Google Meet、Google Classroom、Google 表單等。這些 Google 工具大多是免費個人工具，Google 透過豐富的免費工具（或者升級費用），讓使用者透過手機或電腦使用，讓企業主、廣告商更願意在這些工具上進行廣告服務，也為 Google 賺進龐大營收。在企業應用上，也有許多透過初始免費的方式，然後根據使用者人數、功能升級等來獲取月租費。其中，Slack 就是一個著名的「內容／溝通與協同」SaaS 服務，提供企業工作團隊間的協同，後被 Salesforce.com 所併購。Slack 升級付費版功能，可以允許更多的團隊人員協同，並可以與公司其他系統整合或進行單一登入。以下介紹 Slack 的基本用法。

二、操作方式

1. 創建協同空間

發展或創建 Slack 十分容易，只要進入 https://slack.com/ 後，就可利用 Google、Apple 帳號或 Email 登入，並創建一個團隊的名稱。創建協同空間後可以加入一些團隊 Email 進行通知加入，或者稍後再寄送。

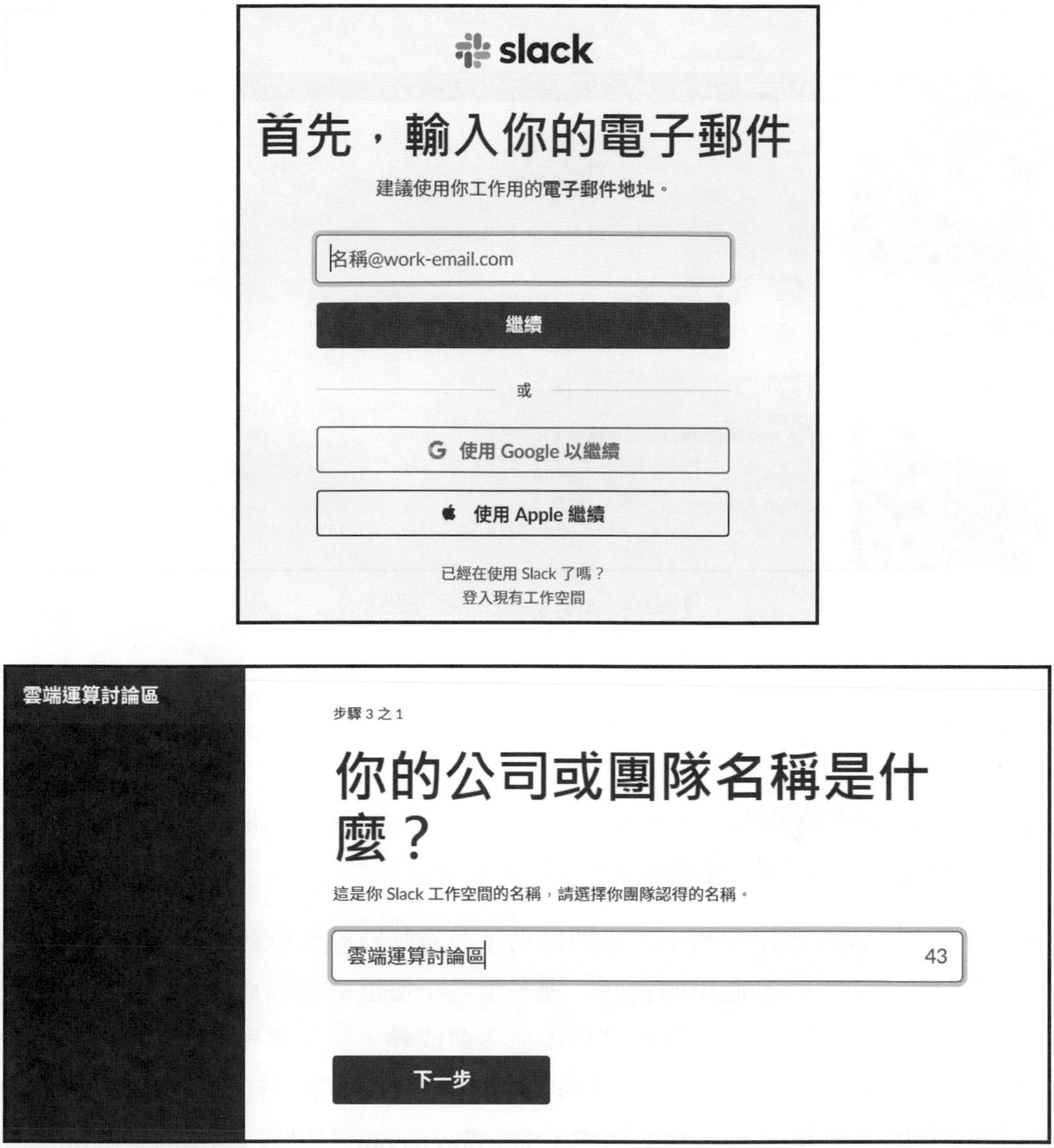

▶圖7-3　slack─創建協同空間

2. 使用協同空間

在 Slack 中使用協同也十分簡單，進入後可以在訊息傳送欄傳送資料，這樣加入的團隊成員都可以接收到訊息。此外，可以建立不同頻道，讓不同小組的人討論不同問題。也可以透過私訊方式，直接與某團隊成員進行私密溝通。

▶圖7-4 slack—使用協同空間

7-5 小結

所有接觸到網路的人，應該或多或少都會使用 SaaS 應用服務，例如：Google Map、GMail、YouTube、雲端硬碟、Googe 文件等。

在企業的 SaaS 應用服務中，早期是為了節省購買整套軟體的成本、升級成本等成本考量。有些 SaaS 應用服務商，進一步為了發展軟體商店市集、應用程式發展而發展 PaaS 服務平台。隨著雲端技術愈來愈成熟，以及累積愈來愈多的數據，SaaS 應用服務商亦發展數據分析服務、人工智慧服務等，有別於傳統的應用服務，發展新的價值與營收來源；例如：Salesforce.com 不只賣 CRM 應用服務，亦銷售潛客資料與機會分析服務。Adobe 不只賣繪圖軟體服務，還進一步搭配各項領域範本集的訂閱服務等。

習 題

● **問答題**

1. 請說明 SaaS 的意義，並舉一個應用情境進行說明。

2. 試舉出三種 SaaS 的應用類型進行說明。

雲端運算的施行與規劃

本章介紹企業規劃與施行雲端運算的方式與情境，並提供數個案例作為參考。讀者可以了解企業對於雲端運算的使用、佈署情境以及規劃策略，並且藉由個案的分析，更能夠理解企業應用與創新的過程。

8-1 企業施行與規劃方式

8-1-1 企業使用情境

致力於雲端運算開放標準的 Open Cloud Manifesto 組織發展了企業使用雲端運算服務的 7 種使用情境，並提供企業探討與施行各種雲端運算的注意事項以及標準議題，以下將簡述這些情境與案例。

情境1：使用者存取公眾雲服務

情境 1 是最簡單的雲端運算服務使用方式。如圖 8-1 所示，使用者直接透過網路存取公眾雲服務，並不需要與企業內的資訊系統有所關聯。這種方式與使用者使用私人的雲端運算服務類似，如：E-mail、Facebook、Dropbox、LinkedIn；只要企業資訊部門與服務供應商洽談服務的價格與使用人數，即可讓使用者登入。使用者的帳號不與企業內目錄服務整合，意味著企業使用者可能使用各種帳號與密碼登入不同的服務。

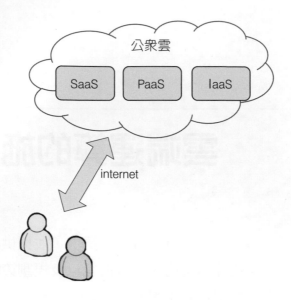

▶圖8-1　使用者存取公眾雲情境 (參考資料：Open Cloud Manifesto)

情境2：使用者存取公眾雲服務與企業內的服務

　　情境 2 進一步希望企業內的應用程式或資料能與公眾雲服務進行整合，例如：提供業務人員 Salesforce.com 的顧客關係服務，需把企業內的客戶與新產品促銷資料等定期更新到 Salesforce.com 上。

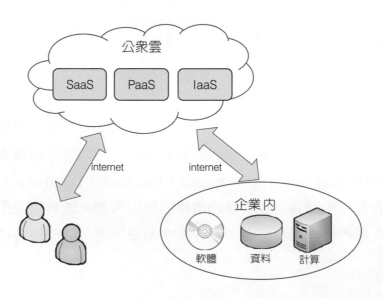

▶圖8-2　使用者存取公眾雲與企業內服務情境 (參考資料：Open Cloud Manifesto)

　　在這種情境下，企業必須考量使用者認證與授權，以確保使用者是公司的員工才能使用服務以及權限。另外，也要考慮資料的敏感性，是否適合放在公眾雲上？或將資料仍放在企業內部，與公眾雲服務上的應用程式即時地整合。此外，也可利用虛擬私有網路服務 (VPN, Virtual Private Network)，將員工與雲端服務連結的資料傳輸通道進行加密。

　　牽涉到企業流程愈多，也更要確認服務提供商是否能夠達到提供服務水準保證 (SLA, Service Level Agreement)，以確保使用者能有效地使用服務。

情境3：企業內的服務與公眾雲整合

　　情境 3 則將企業內的流程與公眾雲服務進行整合，例如：(1) 資料備份 (Backup as a Service)；(2) 將應用系統放在公眾雲的虛擬機器上，以作為臨時大量計算需求使用 (Compute as a Service)；(3) 將某流程的應用服務放在公眾雲上，並進行串接 (如：雲端服務 CRM 流程與企業 ERP 內部流程串接)。企業要如同情境 2，除了考量資訊安全與服務水準管理外，還要考慮如何把應用系統佈署在公有雲服務廠商的虛擬機器上，以及考慮產業特殊的資訊整合標準，如： RosettaNet 或 OAGIS。

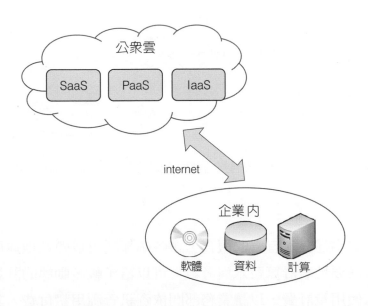

▶圖8-3　企業內服務與公眾雲整合情境 (參考資料：Open Cloud Manifesto)

情境4：企業間的服務與公眾雲服務互動

情境 4 是指企業與企業間透過公眾雲而互相溝通、連結。最常見的應用是在企業間供應鏈的串連。

在這個情境中，企業同樣要考慮使用者身分的認證、資料所在地、服務的可靠度、資訊安全、各產業間的資訊交換標準與服務水準管理等。更要考量交易的一致性和互連標準，讓企業可以彈性地與其他夥伴連結以進行各項商業交易。

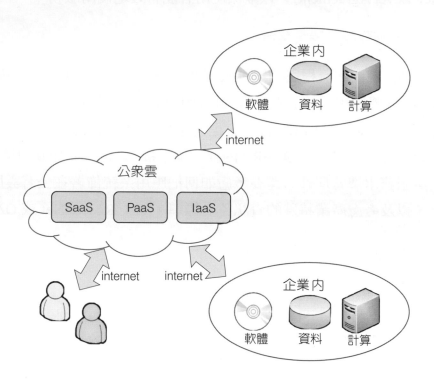

▶圖8-4 企業間服務與公眾雲整合情境 (參考資料：Open Cloud Manifesto)

情境5：私有雲

情境 5 是企業內建立私有雲的服務，讓各個部門可以彈性地運用資源。例如：薪酬部門每個月底要忙著計算薪水與考績，可以給予較多動態的計算與儲存資源。私有雲亦可以依使用量計費，以讓業務部門依資訊資源用量付費。其他諸如服務的可靠度、資訊安全等，均是企業導入私有雲時要注意的事項。私有雲將資料與應用程式放在自己私有的環境，對地點的考量則較少。

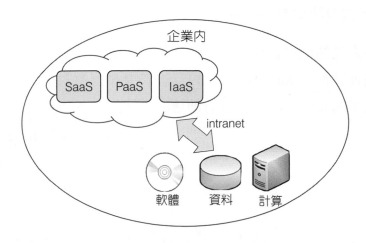

▶圖8-5　私有雲服務 (參考資料：Open Cloud Manifesto)

情境6：企業轉換公眾雲服務

　　情境 6 是企業轉換公眾雲服務的供應商。企業應可以彈性地轉換公眾雲服務的供應商，而不會被前一個服務供應商綁死。企業可以轉換 SaaS 服務供應、中介軟體或 PaaS 服務供應、雲端儲存、虛擬機器等。這些轉換牽涉到應用程式、資料、虛擬影像檔、應用程式介面、資訊交換格式是否一致，否則企業很有可能在使用某家服務供應商後，再轉換到另一家供應商上有移轉上的困難。

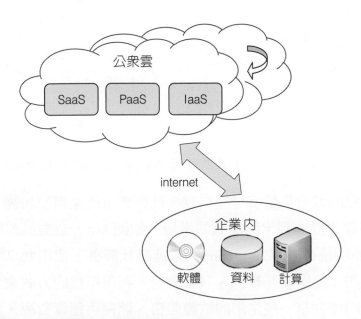

▶圖8-6　企業轉換公眾雲服務 (參考資料：Open Cloud Manifesto)

情境7：多個公眾雲與私有雲服務混合

　　情境 7 是企業成熟地在各種企業作業流程中，應用私有雲及公眾雲服務。這種狀況也可以透過仲介商 (Cloud Broker) 的方式來中介企業對各種公眾雲的資源使用與交換。這種複雜的狀況必須考慮所有前述的資訊安全、服務可靠度、資料與應用程式的位置、資訊交換格式標準等。特別是標準的服務水準規範格式可以讓仲介商快速地根據企業需求選擇到合適的公眾雲服務商。

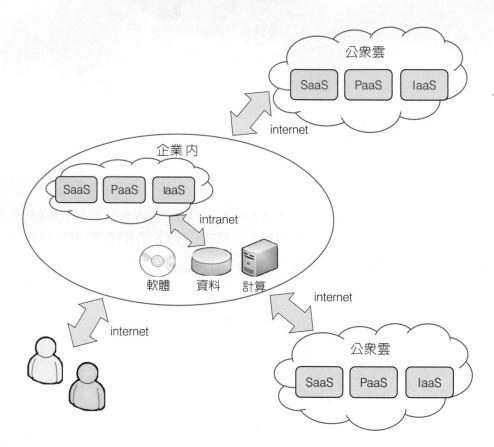

▶圖8-7　多個公眾雲與私有雲混合 (參考資料：Open Cloud Manifesto)

　　另外一種常見的混合雲情境是社群雲。社群雲可能來自於集團、各政府單位或信任的上下游夥伴建立一種半開放式的環境。如圖 8-8，企業或政府使用者可以透過 VPN 加密的 Intranet 或開放的 Internet 來連結社群雲，使用共享的資源。特別是許多政府單位，如：美國聯邦政府、日本政府，利用這樣的方式來讓各中央政府部門、地方政府部門能共享一些常用的軟體服務、儲存與運算資源，以降低整體政府的 IT 軟硬體投資。

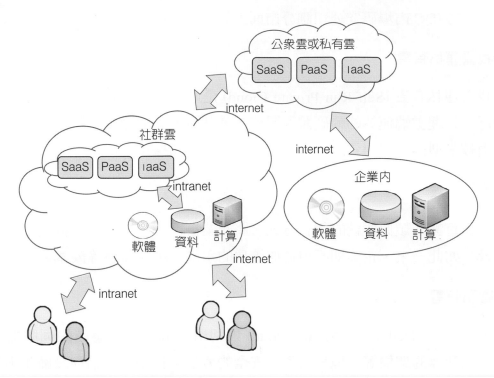

▶圖8-8　社群雲情境 (參考資料：Open Cloud Manifesto)

8-1-2　企業佈署情境

　　除了前述提到企業在使用私有雲、公眾雲、混合雲、社群雲架構時所要考量的重點外，本節進一步介紹企業採取雲端運算的佈署方式是否有更細微的設計方式。如同第二章所介紹，企業在雲端運算的佈署可以考量更細微的面向，如：服務的運行、資源管理、資源擁有以及資源存取等。

▶圖8-9　雲端運算佈署實務 (參考資料：IDC)

　　圖 8-9 為 IDC 市場研究公司劃分市面上的主要幾種佈署方式，以下分別說明。

一、自我營運私有雲

　　自我營運私有雲 (Self-Run Private Cloud) 是最典型的私有雲方式。企業自己擁有、運行、管理雲端運算的軟硬體與服務，通常也僅開放企業員工可以存取資源。這通常由較大型公司或對資訊安全有極大考量的公司採用。

二、代管私有雲

　　代管私有雲則類似傳統的代管方式，將企業自己的伺服器或主機委由資料中心業者代管。如此一來，企業即不須負擔機房的水電、維運人員等成本。

三、專屬私有雲

　　專屬私有雲 (Dedicated Private Cloud) 則利用雲端服務供應商的伺服器、儲存設備與雲端運算的架構等。但為了資訊安全的考量，伺服器、儲存設備並不與他人分享。提供專屬私有雲服務廠商包括：Amazon EC2 Dedicated Instances, SAVVIS Symphony Dedicated, and RackSpace Cloud: Private Edition 等。

四、虛擬私有雲

　　虛擬私有雲 (Virtual Private Cloud) 則是一種加強安全的公眾雲，企業還是與其他企業分享伺服器、儲存設備、網路、應用程式等。透過虛擬私有網路 (VPN)、防火牆、入侵偵測、虛擬機器保護等各種措施以避免企業資訊資源被侵入。提供的廠商包括：Amazon EC2 Virtual Private Cloud、SAVVIS Symphony VPDC 和 IBM SmartCloud Enterprise+ 等。

五、完全公眾雲

　　完全公眾雲則與其他企業共享軟硬體、網路與基礎建設資源。例如：Salesfroce.com、Amazon EC2、Google GAE 等公眾雲服務。

●8-1-3　企業規劃策略

　　企業施行雲端運算技術與服務時，面臨許多技術、商業價值的決策與考量。實施雲端運算之前，最好經過一定的資訊科技與服務策略規劃，以避免導入雲端運算造成新的風險發生。

　　綜合各種雲端運算規劃方式，可以歸納兩類型的規劃策略：(1) 著重在選擇既有資訊科技或應用系統，轉移到雲端運算的「移轉策略」。(2) 將雲端運算視為可以改變企業的新商業模式，重新思考價值的「創新發展規劃」。

一、雲端運算移轉規劃

　　大部分的企業在思考實行雲端運算前，首先會思考該選擇將什麼樣的應用系統轉移到雲端運算。如圖 8-10 所示，可以根據各行業的雲端運算商業價值、目前市場上與企業本身的科技準備度，來決定率先轉移的標的服務。例如：參考圖 3-1，製造業的優先轉移目標為顧客、財務、產銷規劃等功能。但以目前市場上以及公司對資訊安全的考量，可以優先選擇顧客服務相關的應用系統作為雲端運算優先實施標的。

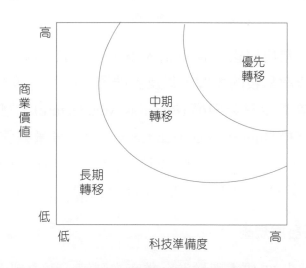

▶圖8-10　雲端運算移轉優先順序規劃

　　確定標的之後，企業可以進行前述的公眾雲、私有雲、混合雲等佈署方式的考量，選擇如何與既有科技整合、資料所在位置、互連性等使用情境與佈署方式規劃，進一步的評估與挑選適當的科技與服務廠商。

最後，不論是完全自我營運的私有雲，或是完全委託廠商營運的公眾雲，企業都必須注意雲端運算的管理。例如：持續監督服務水準與資訊安全、評估新的服務與廠商、建立雲端運算技術與管理的技巧。企業要建立將 IT 軟硬體視為服務的概念，去思考服務的潛在價格、運作機制，以及服務等級等，逐步建立雲端運算治理機制。更詳細的 IT 服務管理、雲端運算治理概念，將會在後續章節介紹。

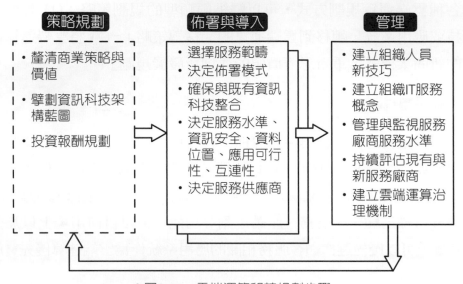

▶圖8-11　雲端運算移轉規劃步驟

以遠程來看，企業應將雲端運算納入整個企業 IT 策略規劃的一環，思考長期的商業價值、IT 資訊科技的藍圖，以及雲端運算的投資報酬規劃等。軟體廠商 Oracle 即建議：企業要從商業架構 (Business Architecture)、應用架構 (Application Architecture)、資訊架構 (Information Architecture) 等，考量整體企業 IT 架構與雲端運算的配合。IBM 更建議企業要從 IT 與商業策略的連結 (IT and Strategy Alignment) 來考量雲端運算對企業的商業價值。如圖 8-11 為雲端運算移轉規劃步驟。

二、雲端運算的創新發展規劃

雲端運算不僅減少 IT 成本與增進企業商業價值，更會創造新的商業模式。亦即，企業可以利用雲端運算創造新的流程、事業。Accenture 顧問公司即指出，這種雲端運算的創新發展更需要企業審慎的注意與規劃。如圖 8-12 所示，企業在進行雲端運算的創新發展規劃時，必須從企業的商業模式、價值提案、營收模式重新思考，並配合企業本身獨特能力而發展新的商業模式與營運模式。

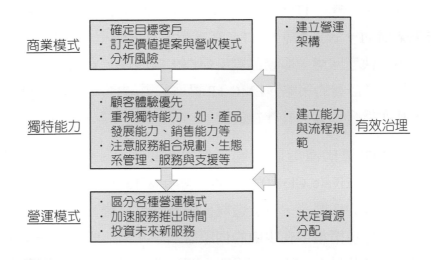

▶圖8-12　雲端服務創新發展規劃 (資料來源：Accenture)

　　例如：一家生產大樓節能科技的廠商，思考雲端運算的創新模式，了解自己的價值並不僅是賣節能產品，更是賣大樓的節能服務。就可發展新的營運模式 ── 經營節能的雲端運算服務 App 商店。透過本身產品的開放 App 連結介面，讓其他 App 開發夥伴可以開發更好、更多的軟體，提供大樓客戶使用。該公司建立開發夥伴生態系，一方面可以賺取 App 服務使用費；一方面則可以提供各大樓客戶的節能顧問與系統整合服務，創造新的雲端服務與營收來源。

8-2 企業規劃與施行案例

8-2-1 案例一：EMC IT 轉型私有雲之路

一、EMC IT雲端運算策略

　　EMC 是一家雲端運算技術解決方案廠商；擁有 5 個資料中心、500 個應用程式、8 petabytes (10^{15} bytes)資料。EMC IT 部門支援橫跨80個國家、400個辦公室、超過 48,000 個使用者 (員工)。同樣受到 IT 成本、快速回應商業營運、使用者滿意的挑戰。

　　EMC IT 制定了幾項 IT 基本原則：效率、全面顧客使用經驗、提升工作生產力、為未來架構 IT、經過驗證的 IT。在雲端運算策略上，EMC IT 部門也體認到雲端運算的效率、快速回應、服務品質、彈性、擴展性、安全與管理等議題，而認為 EMC IT 將走向混合雲的策略。EMC IT 認為其雲端運算的導入順序將以私有雲為優先考量，其次為公眾雲與夥伴社群雲。

　　EMC IT 的 IT 架構演進將依照專屬 (Dedicated)、整併 (Consolidated)、共享 (Shared)、私有雲 (Private Cloud) 的步驟，如圖 8-13 所示。在專屬階段，每一個應用程式運行在專屬的伺服器，可能造成伺服器資源浪費。整併階段則嘗試把多個應用程式利用虛擬化技術集中在少數的伺服器上。共享階段則進一步讓應用程式可以根據伺服器工作負荷量，在不同伺服器上彈性地轉移。私有雲階段則讓使用者可以自我隨選操作，動態地獲得所需的各種 IT 服務。

　　EMC IT 進一步建立 IT 即服務的整體雲端運算服務架構與藍圖 (如圖 8-14)。EMC IT 期望透過這個架構可以提供簡單的自我取用服務及使用量付費模式，以降低成本、快速反應業務變動、使用者導向 / 結果導向支援商業目標。

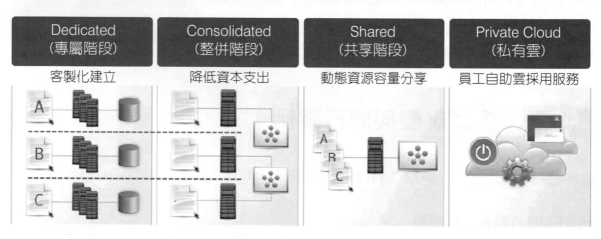

▶圖8-13　EMC IT 架構的演進 (資料來源：EMC)

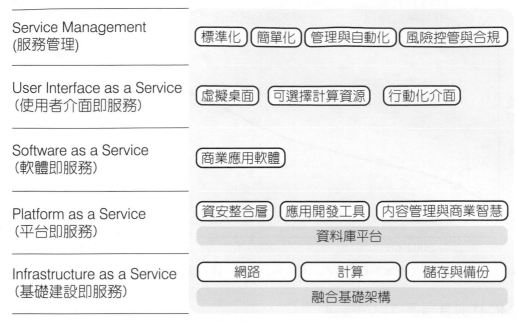

Service Management (服務管理)	標準化　簡單化　管理與自動化　風險控管與合規
User Interface as a Service (使用者介面即服務)	虛擬桌面　可選擇計算資源　行動化介面
Software as a Service (軟體即服務)	商業應用軟體
Platform as a Service (平台即服務)	資安整合層　應用開發工具　內容管理與商業智慧 資料庫平台
Infrastructure as a Service (基礎建設即服務)	網路　計算　儲存與備份 融合基礎架構

▶圖8-14　EMC IT 即服務架構 (資料來源：EMC)

二、EMC IT私有雲移轉規劃

EMC IT 的私有雲移轉規劃分為三個階段：IT Production、Business Production、IT-as-a-Service（如圖 8-15 所示）。在 IT Production 階段僅做小量、非關鍵、試驗性的轉移，將資訊部門本身擁有的 IT 資產做虛擬化、整併與私有雲化。這時，以測試技術與強化資訊人員技能為主，重點在於降低成本。在技術與服務機制逐漸成熟、全公司 IT 軟硬體約 40% 虛擬化後，進入關鍵應用程式的私有雲實施。此時，開始重視 IT 的服務品質。目前進入 IT-as-a-Service 階段，讓使用者能利用網頁，自我申請各種 IT 服務；例如：申請新的儲存空間、應用程式等。現今，EMC 重視的是 IT 服務管理與雲端運算治理。EMC IT 可以規劃與設計並啟動各種 IT 服務，讓使用者可以快速享受各種服務。

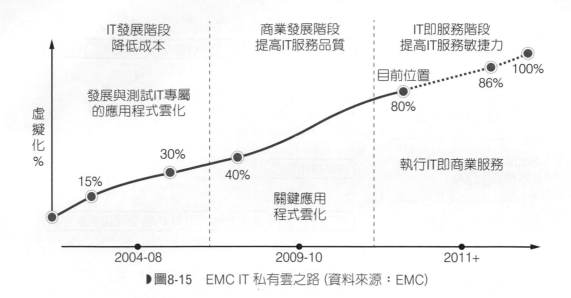

▶圖8-15　EMC IT 私有雲之路 (資料來源：EMC)

三、EMC IT的雲端運算治理機制

　　EMC IT 在私有雲轉移過程也設定各種政策與治理機制。由於轉移到私有雲牽涉到是否會影響營收、資訊軟硬體的成本與風險，EMC IT 建立了一個政策與治理架構。這個架構根據應用價值、安全、風險與符合標準法規、連接性、整合性、效率、實施速度、彈性應付需求等各個面向，評估各種商業應用情境轉移到私有雲的價值與風險。透過這個治理架構，EMC IT 與事業單位共同討論 IT 服務轉移私有雲服務的優先順序。

四、 EMC IT的私有雲成效

　　EMC IT 透過私有雲的轉移，2004 年到 2008 年節省了 1 億零 4 百 50 萬美元的 IT 資產與營運成本。2009 年到 2012 年節省了 1 億 2 千 5 百萬美元。同時，EMC 也在轉移過程中試驗其雲端運算解決方案 (例如：雲端儲存設備、VMware 虛擬化軟體)，藉由這些導入經驗改善其產品與服務，並形成顧問服務與成功案例。

　　▶ (以上資料參考來源：EMC，"EMC IT's Journey to the Cloud: A Practitioner"，2011)

●8-2-2　案例二：Olympus SaaS ERP導入

一、背景與挑戰

Olympus 是一家在影像、醫療、生命科學等領域具有競爭力的企業。隨著海外的擴展，估計 Olympus 在 2010 年有 60% 營收來自海外；40% 在日本國內。Olympus 的醫療事業是其核心事業，約佔整體營收的 40%。但醫療事業在亞洲地區一直沒有很好的成績。Olympus 總部決定在印度各地建立新的銷售辦公室，以發展南亞地區的醫療事業。

傳統上，Olympus 在全球各分公司各自獨立選擇、導入適合的 ERP 系統。但在此次的印度銷售辦公室的擴展，需面臨 9 個月內要建構 ERP 系統，以及不確定的未來成長需求；同時，IT 部門想要藉此重新建立 IT 治理架構。

二、解決方案與廠商選擇

此次新印度辦公室為銷售單位，其 ERP 需求包括：採購、訂單管理、存貨管理、財務管理。而這次的 ERP 導入專案也必須快速地支援未來不確定成長，且由 IT 總部負責而非地區單位。

在導入系統前，評估了幾種解決方案：

(1) Tally ： 印度當地的商用軟體，Olympus 未曾使用過。
(2) BANDS ： 新加坡商用軟體，Olympus 新加坡分公司使用的 ERP 系統。
(3) SAP ERP 6.0 ：在 Olympus 日本、中國、南韓、澳洲等亞洲分公司使用。
(4) NetSuite SaaS ERP ：在 Olympus 北美分公司使用。

最後，Olympus 採用了 NetSuite SaaS ERP，包括幾種原因：

(1) 快速導入、即使需求還未完全釐清。
(2) 初期導入成本低。
(3) SaaS 系統讓 IT 總部可以方便的導入與維護。
(4) SaaS 系統不需當地辦公室 IT 人員維護。

但選擇 NetSuite SaaS ERP 仍須面對每月付費的成本、缺乏導入 SaaS 經驗、印度當地網路連線與電力環境風險、NetSuite 缺乏當地支援 (仰賴 NetSuite 印度當地合作系統整合商) 等潛在風險。

三、導入與結果

Olympus 在此次 NetSuite SaaS ERP 導入專案，花費了 6 個月的時間導入。專案成員共有 10 人，包括 6 個 IT 人員與 4 個事業單位同仁。Olympus IT 總部主導專案的管理與流程規劃、NetSuite 日本擔任協助顧問、NetSuite 印度當地合作廠商則進行客製化程式修改。

Olympus 認為此次能快速地在時間內完成，來自於 NetSuite ERP 的架構簡單、容易讓各辦公室快速存取。但 NetSuite ERP 每月收費的成本，以及與各分公司既有的 SAP ERP 整合、關鍵應用系統的整合，仍是未來的隱憂。

▶ (以上資料參考來源：Gartner，"Case Study: Deploying SaaS-Based ERP"，2011)

●8-2-3　案例三：License Share社群雲建構

一、背景與挑戰

石油與天然氣公司在充滿政治不確定性的環境下營運。當全球石油需求增加，石油探勘與生產的成本亦增加。石油公司經營階層必須在控制成本、加速探勘作業的權衡下經營企業。石油與天然氣公司必須與投資者組成合資企業以分擔風險，並共同決策財務、採購、探勘、製造、運輸、遵守並符合相關標準、法規等各項議題。同時，石油探勘與生產也牽涉到各國的法規和環保議題，必須與各國政府、環保團體溝通。

石油與天然氣公司必須與各個夥伴進行充分的資訊交換和協同，以降低探勘作業的環境風險、有效執行、合乎法規等議題。

二、價值主張

石油與天然氣探勘作業需要與多個夥伴、團體協同溝通，但許多敏感資訊亦必須被審慎地保護。石油探勘與生產資訊協會 (EPIM) 即委託 Logica 資訊公司發展 License2Share 雲端系統，以協助夥伴的資訊、文件分享與協同。

三、營運模式

License2Share 是架構在私有環境的內容管理系統。它提供石油探勘與生產資訊協會成員、政府組織、環保團體不同權限、依據探勘計畫可以存取與分享相關資訊與文件。License2Share 主要功能包括：管理與儲存不同合資公司文件、根據不同事件的協同溝通、文件生命週期管理、法規遵循、資安控管、產業資訊文件標準政策。

License2Share 主要架構在產業共享的基礎架構 (由 Logica 代管軟體與機器) 與石油產業專屬私有網路 (RigNet Secure Oil Information Link (SOIL) network) 上。

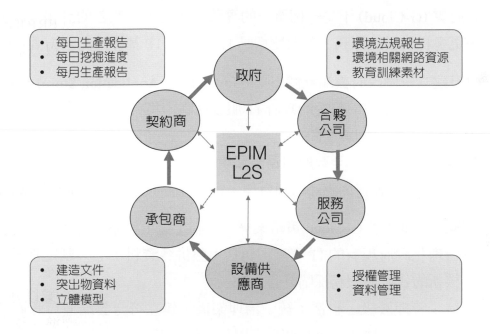

▶圖8-16　License2Share 功能 (資料來源：Logica)

四、成果與未來發展

License2Share 目前主要有 76 個公司參與、6,000 使用者、每天約 1,000 次以上的登入次數。License2Share 也成為石油與天然氣探勘的生產管理，以及產業標準文件管理的雲端系統。License2Share 也擴展到與其他國家夥伴合作，目前已將 License2Share 建構在北美、拉丁美洲、歐洲、非洲等地的資料中心。

▶ (以上資料參考來源：IDC Energy Insights，" Collaborating to Solve Shared Oil and Gas Industry Challenges- Drivers, Enablers, and Best Practices"，2011)

8-2-4　案例四：UK G-Cloud政府雲發展

一、挑戰與策略

各國政府推行電子化政府已經數十年了，面臨了許多的問題：

(1) 能否讓各級政府採購達到經濟規模，又能符合各級政府需要？
(2) 資訊系統是否能符合政策與策略，以彈性反應需求？
(3) 快速採用新科技以反映需求與降低成本？
(4) 快速反應 IT 系統供應市場的變化？

政府雲 (G-Cloud) 不是一個單一的實體，而是不斷改善的計畫，讓公共領域可以採用更多樣的雲端服務，並改變採購 IT 與運行 IT 基礎建設的方式。

政府建立一個政府雲端軟體市集 (Government Application Store)，可以達到：
(1) 建立一個開放、公平的政府 IT 服務採購市集。
(2) 提供 IT 服務創新空間。
(3) 建立一個統一安全政府服務雲環境。
(4) 可以讓 IT 服務供應商共同合作，也減低各級政府重複購買服務的成本。

英國政府建立了 G-Cloud 策略架構，並制定幾項策略方針：
(1) 合理化政府現有的 IT 資產，包括：整併各資料中心、制定常見的服務、審核新的資產與服務採購計畫。
(2) 減少管理層級，包括：統一治理架構、建立符合雲端運算政府採購程序與商業模式、快速制定數個標準服務提供參考。
(3) 建立標準服務，包括：建立數個率先採用的雲端服務 (如：協同服務、E-mail 服務、內容管理服務)、建立服務的績效與成本準則、發展雲端運算移轉計劃，以及說服各單位的行銷計畫。
(4) 建立與管理藍圖。
(5) 透明、公開資訊。
(6) 資訊安全確保。
(7) 共同服務管理指標與程序。

二、規劃與施行

　　英國政府也建立 G-Cloud 專案架構，直屬於英國政府資訊長。此架構分成幾個小組：(1) 雲端服務組：評估與定義有效服務管理機制、發展標準服務管理與營運模式。(2) 資訊安全工作組：確保軟體市集服務的安全。(3) 商業工作組：建立雲端服務商業採購程序。(4) 資料中心整併專案：整併、虛擬化各政府資料中心、定義未來政府資料中心發展準則。G-Cloud 專案的策略、服務與基礎架構標準也需連結政府 ICT 策略。

　　G-Cloud 專案也制定每一年必須節省的成本與成果衡量目標。節省成本方面：G-Cloud 與 App Store 一年可以節省 1.2 億英鎊、資料中心整併可以節省 8,000 萬英鎊。衡量指標方面：

(1) 雲端：每人的標準服務成本、中央政府在公眾雲的新服務採用比例、特殊政府專案導入。
(2) 政府雲端軟體市集：服務數量、各級政府使用服務數、各政府組織重複使用服務數。
(3) 資料中心整併：資料中心數、每伺服器成本、伺服器虛擬化比例、伺服器利用率。

　　截至 2012 年 10 月，英國 G-Cloud 雲端軟體市集已有 462 個供應商，提供 2,814 個產品與服務。

●8-2-5　案例五：聯想集團混合雲之路

一、背景與挑戰

　　2005 年，聯想併購 IBM 的 PC 業務部門，儘管是重要里程碑，卻為 IT 系統帶來了巨大挑戰。IBM PC 部門承載 3,000 多個應用服務平臺，用 30 年時間才建立起端到端 PC 解決方案，聯想 IT 平臺必須遷移到自己的戰略平臺上，並建立整合的全球 IT 系統。

　　首先，聯想全球 IT 基礎設施設立三個主要全球資料中心、六個網路中心、支援全球上百個辦公地點的直接接入，支援 130 多個國家的 2 萬多名員工，並為數十萬客戶提供對 IT 系統的存取服務。

其次，是應用系統的遷移工作。聯想從印度和加拿大兩個搬遷試點開始，逐步把原 IBM PC 應用搬遷到聯想自有的 IT 系統上，並針對各國不同稅務、管道情況，進行個別的流程設計，還加入許多新功能，以支援新產品銷售。

二、混合雲基礎架構發展

聯想一路走來，經歷了從傳統 IT 到移植到雲端的全部過程，雲服務也從早期的「租用伺服器」模式走向依據全球業務需求的混合雲模式。

聯想基礎架構及雲佈局包含全球 16 個公有雲專區，涉及 AWS、Azure 等公眾雲，以及 21 個私有雲數據中心及邊緣數據中心，保證 7 萬個全球員工、200 個全球辦公室、12 個聯想全球工廠、中日美三地研發中心的高效運轉。此外，為了更高效地實現私有雲與公眾雲連通，聯想打造「混合雲網交互平臺」。一方面專線直連公有雲數據中心、另一方面直連雙核心網，實現網路延遲時間降低 50%，連接可用率提升至 99.95%。網路上，聯想採用虛擬網路技術，將網路功能部署到虛擬機中，輕鬆實現全球部署和快速擴展。全球新冠疫情爆發後，虛擬網路的擴展能力快速滿足全球 6 萬餘員工行動辦公的高併發需求。

三、穩敏雙態應用發展

在應用面的混合上，源自於不同業務類型，甚至不同管理單位的不同需求，產生了兩難的業務要求。一方面需要不斷強化現有核心業務的 IT 能力，能夠保持 IT 提供服務的可靠性的穩定架構。同時，也要滿足各類創新業務，建構具備快速、敏捷特徵的 IT 服務架構。因此，聯想發展穩、敏雙態的混合雲應用與 IT 基礎架構。例如：全球化供應鏈、財務等業務具有成熟的規範，呈現出穩態特徵，應用系統採用行業最佳實踐的套裝軟體，並部署在企業內部的數據中心，如：SAP 和 JDA 等商業套裝軟體，讓面對客戶的行銷和服務的業務呈現出需要快速回應客戶需求彈性修改與營運，具有典型的應用採用創新技術和公有雲服務，以快速回應市場需求。如：Salesforce.com Sales Cloud 等雲服務。

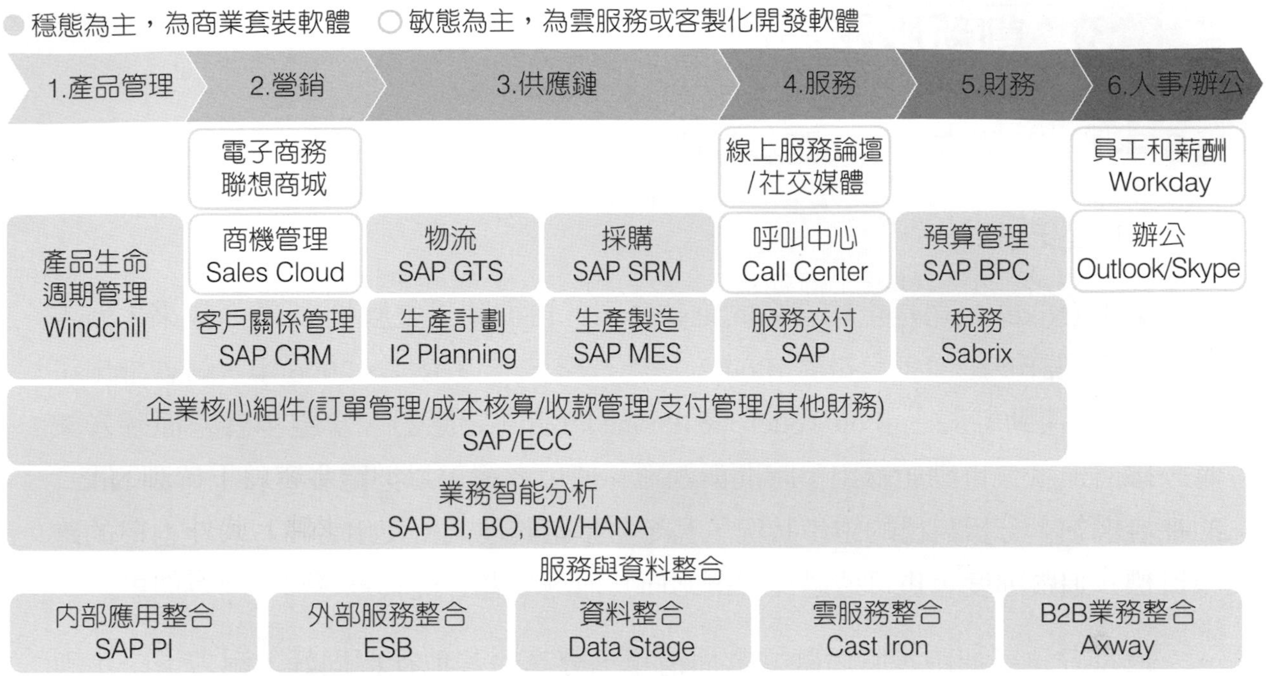

● 穩態為主，為商業套裝軟體　○ 敏態為主，為雲服務或客製化開發軟體

1.產品管理	2.營銷	3.供應鏈		4.服務	5.財務	6.人事/辦公
	電子商務 聯想商城			線上服務論壇 /社交媒體		員工和薪酬 Workday
產品生命 週期管理 Windchill	商機管理 Sales Cloud	物流 SAP GTS	採購 SAP SRM	呼叫中心 Call Center	預算管理 SAP BPC	辦公 Outlook/Skype
	客戶關係管理 SAP CRM	生產計劃 I2 Planning	生產製造 SAP MES	服務交付 SAP	稅務 Sabrix	
企業核心組件(訂單管理/成本核算/收款管理/支付管理/其他財務) SAP/ECC						
業務智能分析 SAP BI, BO, BW/HANA						
服務與資料整合						
內部應用整合 SAP PI	外部服務整合 ESB	資料整合 Data Stage		雲服務整合 Cast Iron		B2B業務整合 Axway

▶圖8-17　聯想穩敏雙態混合雲應用（資料來源：聯想電腦）

　　組織架構上，聯想統一由基礎設施與雲服務團隊負責運維，將基礎設施、運維與開發整合，使運維組織具備較為全面的技術能力和專案瞭解程度。流程上，聯想採用 ITIL4 框架，將穩態 IT 的 ITIL 框架與敏態 IT 的 DevOps 融合，一套滿足雙態 IT 需求管理框架。技術上，聯想將運維能力與經驗標準化、平臺化、產品化、智能化，利用容器雲平臺自動實現容器編排與運維，利用微服務平臺全面管理微服務、利用 DevOps 平臺自動化實現 DevOps 流程、利用 AIOps 平臺實現智能運維。

四、成果與未來發展

　　「雙態 IT」建設在提升業務效率方面成效顯著。一方面，開發創新更敏捷了，應用、服務的研發效率提升超過 100%。另一方面，服務也更加穩定，產品服務可用性從過去的 99.9% 提升到了 99.99%，全年的平均故障時間小於 20 分鐘。

　　對很多企業來說，上公眾雲管理不好，IT 支出成本比自建機房還要高。聯想透過自行發展的混合雲架構平台，將企業的 IT 運維成本降低至企業總收入的 0.6%，降低公眾雲費用 25%，遠低於同業。

8-3　創新服務案例

8-3-1　案例六：Nike跑步社群

一、發展歷史

耐吉 (Nike) 公司是全球著名的跑鞋公司。自從蘋果電腦推出 iPod 以來，耐吉公司觀察到許多跑步者常掛著 iPod 一邊聽音樂、一邊跑步。2006 年，耐吉推出了 Nike+，將運動鞋裝上 iPod Touch 或 iPhone 的連動感應器。當跑步者一面聽音樂時，感應器就會自動記錄跑步時間與距離。使用者還可以把跑步資料上傳到 Nike+ 的社群網站，分析自己的跑步狀況，甚至分享給其他人。使用者可以設定自己的跑步目標、追蹤進度，也可透過社群網站向其他跑步者下挑戰書。

跑步者也可把跑步時聆聽的歌曲清單，分享給其他社群同好。耐吉進一步與 Google 合作，開發跑步路線分享功能，使用者可以在 Google 上檢視自己的跑步路線，並可在地圖上註記地形、路面狀況、跑步心得等，分享給其他社群使用者。耐吉的跑步社群網站，不僅可由跑步同好分享自己的經驗，也提供各種跑步活動的訊息，同時提供路跑教練的虛擬訓練、各種相關跑步周邊設備的訊息討論，與提供教練諮詢服務。

耐吉公司藉由 Nike+ 參與跑步愛好者的訊息交流，了解使用者跑步時的經驗，從而進一步了解用戶需求。耐吉也設立實境研究室，利用上述跑步者透過 Nike+ 傳遞的資訊與經驗，作為研發新產品的參考資訊。耐吉公司並發展 NIKEiD 平台，讓使用者可以客製化自己所需要的跑鞋顏色、大小、內襯等；或參加實體設計課程，讓客戶深度參與產品的設計過程，進一步獲得客戶對於鞋款的需求與經驗回饋。NIKEiD 平台也讓團體能創造自己的專屬跑鞋。

2016 年 Nike 發展 Nike on Demand 服務，提供運動者 1 對 1 的真人教練訓練服務。Nike on Demand 服務會每天更新運動者數據兩次，並進行分析。提供運動者與真人教練進行參考。教練會給予運動訓練規劃、指示或者建議適當的 Nike 產品。

　　這些作法讓 Nike 更能建立顧客的忠誠度，使得 Nike 股價即使在金融危機、景氣不好時，仍能受到投資者青睞而連年創新高，遠勝其他競爭對手。

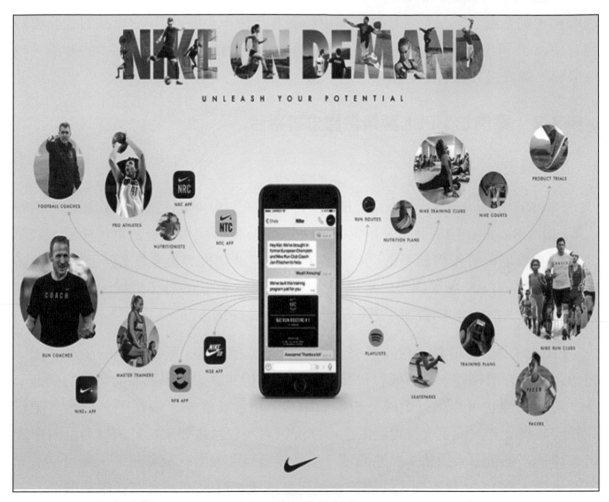

▶圖8-18　Nike On Demand（資料來源：Nike on Demand）

二、價值主張

　　Nike 的價值主張在於「訴求美好的跑步經驗」。當 Nike 將價值訴求從步鞋產品轉向跑步經驗，所有利用運動感應器、iPod、跑步社群、社群設計、結合 Google 地圖等服務，將協助其提供顧客更好的跑步經驗。進一步，Nike 透過 Nike on Demand 帶入教練的訓練，滿足顧客運動健身需求，並結合教練、顧客的生態系。

三、營運模式

Nike 公司仍以跑鞋的販售為主，透過社群、智慧終端、適地性服務等各種雲端服務，創造顧客忠誠度。社群不僅用於顧客行銷，也協助 Nike 產品的設計與研發。Nike 公司也透過 Nike on Demand 服務，結合教練服務，建立強力的產品、教練服務、健身房、顧客的生態系。

●8-3-2 案例七：FBN農業數據分析平台

一、發展歷史

Farmers Business Network（簡稱 FBN）成立於 2014 年，總部位於加州。創辦人 Charles Baron 在哈佛商學院畢業後，在 Google 能源與環境投資單位任職，到訪其妻舅的農地，發現資訊不透明、進銷貨價格無法掌握等農業問題，而興起創辦 FBN 的念頭。FBN 願景即在於提供獨立、無偏頗、客觀的農業數據，為農夫創造更多的利潤。FBN 的口號即「農夫第一」（Farmers First）。

FBN 的主要客群是各地的農夫，透過數據整合工具，蒐集農地的生產狀況、種子／肥料的價格等，讓各個會員農夫能夠收到相關數據，讓數據能夠透明。進一步，這些數據也可以進行數據分析價值服務，讓會員能夠了解種子／農地／肥料等最佳收益配對，或者發掘自己的生產狀況因素。資料主要來自於購買產品訂單資訊、種子／肥料購入價格、農地面積、生產效益以及設備狀況資訊等，並可結合天氣資訊等。當 FBN 具有龐大的農夫會員與數據後，FBN 即可具有採購議價能力，並吸引更多產品廠商、農作物收購盤商進入平台進行交易。FBN 讓龐大農夫會員的數據得以分享，也在分享時能去識別化，以避免各農夫會員擔憂數據隱私問題。

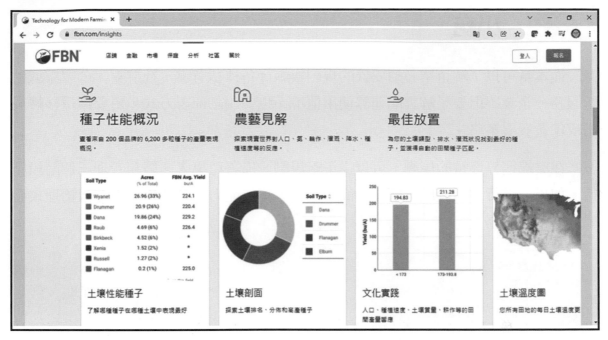

▶圖8-19　Farmers Business Network（資料來源：FBN官網）

二、價值主張

　　FBN 價值主張在於「農夫第一」，提供農夫獨立、無偏頗、客觀的農業數據資訊，以避免資訊落差帶來的價格不公或層層剝削的狀況。因此，各地農夫透過數據整合工具蒐集農地的生產狀況、種子／肥料的價格乃至於農業設備等，讓數據能夠透明。FBN 獨特優勢在於打造透明數據的農業生態系。

三、營運模式

　　FBN 作為新創服務商，主要透過雲端服務平台連結農夫會員、原料供應商、農機具供應商乃至於農作物批發商、金融業者等，形成一個聚集農業生態系的媒合平台。在營收上，FBN 透過農夫會員年費、原料與農機具進貨交易抽成、農產品銷貨交易抽成及融資平台的利息抽成等各項創造營收。

8-4　小結

從本章可以了解企業必須妥善的規劃與施行各種私有雲、社群雲、公眾雲或創新服務。企業不但要了解雲端運算使用情境、也要規劃佈署方式，更要選擇移轉規劃或創新發展策略。

在雲端運算移轉的規劃，可以從策略規劃、佈署與導入、服務管理三個階段施行。如果要進行創新發展，則要從商業模式、獨特能力、營運模式與有效治理來發展新的創新服務。

習題

● 問答題

1. 請說明 7 種雲端運算使用情境與其架構。

2. 請說明 5 種雲端運算佈署情境。

3. 請說明與比較雲端運算移轉與創新發展規劃的目的以及施行階段。

● 討論題

1. 參考案例一～七，請分析各案例適用雲端運算移轉規劃或創新發展規劃？試舉一個案例，利用移轉規劃或創新發展規劃，說明各階段所應發展的項目。

虛擬化技術與實務

虛擬化 (Virtualization) 是一種運算資源的運用方法。針對不同運算資源虛擬化，會有不同的應用方式與技術實現。雲端運算領域中，主要有五種虛擬化技術：伺服器虛擬化 (Server Virtualization)、桌面虛擬化 (Desktop Virtualization)、應用程式虛擬化 (Application Virtualization)、儲存虛擬化 (Storage Virtualization)、網路虛擬化 (Network Virtualization)。

本章首先介紹虛擬化技術的概念以及其應用發展的方向。其次，介紹五種虛擬化技術類型與實務。最後，介紹虛擬化管理與產品實務。透過本章，讀者能夠了解虛擬化的意義、類型與架構，更可以進一步的評估如何協助企業導入虛擬化技術。

◉ 9-1　虛擬化技術概念與發展

◗ 9-1-1　虛擬化技術概念

一、意義

誠如第三章所介紹，虛擬化技術從 1960 年代起，IBM 大型主機的作業系統虛擬化、1990 年代 Sun Microsystem JVM (Java Virtual Machine) 讓應用系統虛擬化，到 2000 年代 VMware 讓 x86 小型伺服器作業系統虛擬化等各個階段，皆扮演著計算機發展的重要歷史。虛擬化技術並不是單指特定的技術方法，而是廣泛地指操作電腦的運算資源方法與技術理念。即利用各種不同虛擬化實現方式與技術，讓各種複雜的電腦軟硬體資源得以容易使用、分享與管理。這種理念不但可以簡化複雜的電腦軟硬體資源操作，更可以讓使用者及上層軟硬體系統可以同時分享不同規格的電腦軟硬體資源。如圖 2-4 與 2-5 介紹的兩種伺服器虛擬化應用方式。

　　虛擬化技術可以簡單地定義為：一種「抽象化」的技術與概念。在實體運算的軟硬體資源上，創造一個虛擬環境，以容易操作與管理。在日常生活中使用電腦系統作業時，常接觸到各種虛擬化技術的運用。例如：早期電腦記憶體不夠大，常會利用硬碟來模擬記憶體的「虛擬記憶體 (Virtual Memory)」技術，讓應用程式可以如同使用一般記憶體一樣，來使用硬碟的虛擬記憶體，以擴充記憶體容量。我們也常使用「虛擬光碟機軟體」，將硬碟模擬成光碟機，讓我們將光碟製成的軟體映像檔 (Image) 放在硬碟上模擬使用，如光碟機般地執行與安裝程式。如圖 9-1 列出前述幾種虛擬化技術應用的示意圖。

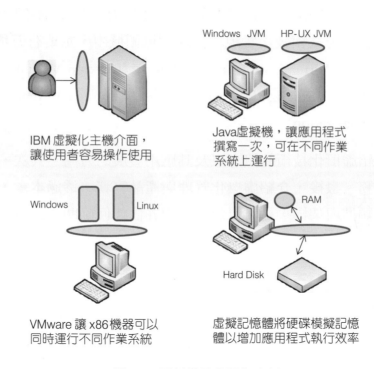

IBM 虛擬化主機介面，讓使用者容易操作使用

Java虛擬機，讓應用程式撰寫一次，可在不同作業系統上運行

VMware 讓 x86 機器可以同時運行不同作業系統

虛擬記憶體將硬碟模擬記憶體以增加應用程式執行效率

▶圖9-1　四種常見虛擬化案例

二、特性

　　虛擬化的特性可以歸納為幾項：

1. **資源虛擬性**：針對作業系統、伺服器、網路、儲存空間、記憶體、機器指令集等各種運算資源進行虛擬化。

2. **隱藏複雜性**：針對使用者或上層軟硬體，隱藏了操作與使用上的複雜性，更加容易操作與管理。

3. **真實性**：使用者或上層軟硬體透過虛擬化環境，可以操作全部或部分的實體資源功能。

4. **隔離性**：能夠隔離不同使用者或軟硬體間對實體資源的使用，讓彼此不受影響。

5. **切割性**：可以將實體資源虛擬分割成數個可管理的資源，分享給眾多使用者或上層軟硬體使用。

6. **獨立性**：可以將上層的軟硬體與實體資源獨立，使其可以容易的轉移到另一個實體資源上執行。

三、限制

虛擬化技術也有下列幾項限制：

1. **原生性**：大部分的虛擬化技術只能操作實體資源的部分功能。主要原因在於虛擬化技術為了簡化實體資源的複雜性，犧牲了許多不常用的功能。另外，為了使用共用的標準介面來操作不同的實體資源，更是犧牲了某些實體資源的特殊功能。

2. **執行效率**：多增加一層虛擬化技術來操作實體資源，執行效率會比直接操作實體資源差。各種廠商嘗試利用不同的實現方法，讓執行效率能較接近實體資源原生的執行效率。

3. **安全性**：許多虛擬化技術提供不同使用者與上層軟硬體共用各種實體資源。這產生不肖使用者或惡意軟體藉此竊取他人資訊機密，造成對資訊安全的威脅。

4. **管理複雜性**：利用各種虛擬化技術來操作不同的實體資源，產生各種虛擬與實體間的對映關係，以及不同虛擬技術與實體資源的管理方法。這對於企業 IT 部門將產生新的管理挑戰。

●9-1-2 虛擬化技術發展

一、應用現況

企業使用虛擬化技術，主要有下列幾種應用方式：

1. **伺服器整併**：許多伺服器的使用率不高，既佔空間、消耗水電，也浪費人力的維護成本。利用虛擬化技術可以整併應用程式到少數的伺服器上執行，以淘汰老舊的伺服器，減少伺服器數量。

2. **測試與發展環境最佳化**：讓測試與發展環境所完成的應用程式快速地佈署到正式的實體機器上。

3. **災難備援**：可提供災難備援環境，讓應用程式及系統快速地複製到另一個實體伺服器上。

4. **企業桌面運用**：可簡化管理員工、夥伴、外包人員的個人電腦桌面與應用程式管理，以提供企業內部資源的安全存取使用環境。

5. **舊有程式再利用**：利用虛擬化技術讓老舊的應用程式在新的實體機器上運行，而不須修改舊有的應用程式。

綜合上述，企業可利用虛擬化技術達成以下的目的：

(1) 減少資料中心的伺服器數量，以降低能源消耗。

(2) 減少購買軟硬體的成本。

(3) 減少維護軟硬體與教育訓練的成本。

(4) 簡化應用程式的生命週期管理。

(5) 加快軟硬體佈署到正式營運環境的時間。

(6) 增加內外部使用者對於 IT 服務的滿意度。

二、發展趨勢

從目前虛擬化技術的使用狀況來看，減少伺服器、降低資料中心能源消耗的伺服器整合，是企業首要著手的方向；從使用率較少的應用程式開始整合，並逐漸往較關鍵的應用程式整合。其次，企業可以考慮利用虛擬化進行災難備援。較大型的企業以及特殊的工作環境，例如：客服中心、銀行分行櫃員等，會採行企業桌面的應用，以管理眾多的客服人員以及櫃員的個人電腦桌面系統的使用。

從技術趨勢來看，提升虛擬化的效率是提供虛擬化軟硬體廠商所要努力的方向。此外，虛擬化資訊安全威脅亦是企業的採用疑慮，且希望廠商能解決的主要問題。在虛擬化技術使用逐漸成熟後，如何管理眾多虛擬化技術與產品？如何在不同虛擬化產品間相互調用資源？如何自動將工作負荷安排到適當的實體資源上等管理議題，將是長期發展的方向。下圖為產業界認為虛擬化技術發展的四個成熟階段。

1. 基本功能	2. 可管理	3. 最佳化	4. 服務化
●基本虛擬化功能 ●伺服器整併 ●各廠商獨立產品	●標準化 ●可見虛擬化 ●執行績效指標 ●界定虛擬化生命週期與步驟 ●可排定虛擬化各種作業時程	●流程式虛擬化作業 ●可根據政策調整工作負荷 ●可計算作業成本	●虛擬化生命週期自動化 ●可根據政策自動調整工作負荷 ●可讓使用者自我服務操作

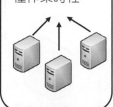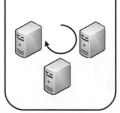

▶圖9-2　虛擬化成熟階段

9-2 虛擬化技術類型與應用

9-2-1 伺服器虛擬化

一、概念

　　伺服器虛擬化是雲端運算應用領域中最常見的虛擬化技術，提供使用者或上層應用軟體能夠使用或是分享實體伺服器的軟硬體資源 (CPU、記憶體、儲存空間、作業系統、網路等)。例如：過去企業為了導入 ERP、CRM、E-mail 等系統，必須購買 ERP 伺服器或 CRM 伺服器等各種實體機器，以安裝不同的軟體系統。但每次導入新系統時，就必須購買新的實體伺服器，導致浪費過多的硬體購置與維護成本，也佔用了資料中心的空間、消耗水與電等能源。更常見的是，常出現每個應用系統伺服器的實體資源 (CPU、記憶體) 使用率過低的情況，浪費伺服器的購置成本。利用伺服器虛擬化可以將各種應用系統整合在一台伺服器上，充分的利用資源，以節省伺服器實體資源的成本。如圖 9-3 表示伺服器虛擬化與傳統伺服器的不同的資源利用方式。

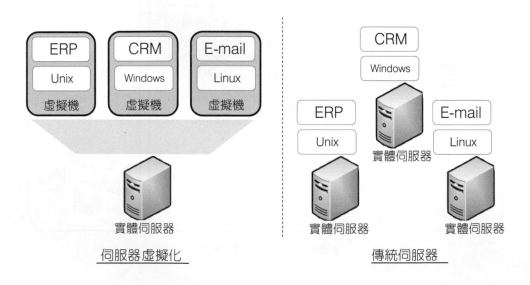

▶圖9-3　伺服器虛擬化概念

二、架構

　　伺服器虛擬化讓實體伺服器可以建構多個虛擬機 (Virtual Machine) 的環境，用來分享實體機器的運算資源。因此，也有人將伺服器虛擬化稱爲硬體虛擬化 (Hardware Virtualization) 或者是系統虛擬化 (System Virtualization)。在虛擬機中，可以運行不同的作業系統與應用程式，並且能夠充分地利用實體伺服器的資源，如圖 9-3 所示。

　　伺服器虛擬化的技術實現架構可以分爲兩種：(1) 原生 (Native)、(2) 寄宿 (Host)。原生架構，又稱 Hypervisor 或裸機 (Bare-Metal) 架構，直接在硬體層上創建虛擬機監督器 (VMM, Virtual Machine Monitor/Manager)，抽象化硬體介面，讓作業系統能操作與分享實體伺服器硬體。寄宿架構則在原作業系統 (宿主作業系統) 上運行一層虛擬機監督器，以提供「寄生作業系統」(Guest Operation System) 與主機作業系統溝通，進一步取得伺服器硬體資源。如圖 9-4 所示，寄宿架構需要經過層層作業系統與虛擬機監督器而存取硬體資源，效率較差。原生架構讓虛擬機監督器 (在此架構下稱爲 Hypervisor) 直接存取硬體，效率較高；但是必須與各種伺服器硬體製造商配合而發展不同的 Hypervisor。Microsoft、VMware 等大廠均提供此兩種架構的伺服器虛擬化技術產品。

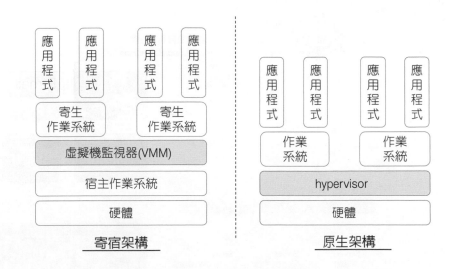

▶圖9-4　伺服器虛擬化架構

伺服器虛擬化技術是雲端運算中，發展最成熟且最常見的虛擬化技術，後續，將更進一步的討論其各種技術與實現方法。

三、應用方向

伺服器虛擬化主要應用的目的為充分地利用既有的硬體資源、降低伺服器的持有成本等。目前主要的應用方式如同第二章提到：一台伺服器內運行不同的作業系統，讓上層軟體可充分利用某個伺服器硬體資源的向內擴展應用方式。向外擴展應用則常由雲端運算資料中心或網路服務業者使用，用來擴展與自動化各種伺服器硬體資源應用。

正因為這種在企業內佈署伺服器虛擬化方式成為普遍雲端運算的應用方式，業界常泛稱為「私有雲」。筆者認為，這種稱法容易與其他佈署在企業內的虛擬化應用混淆，並不適當。此外，企業執行伺服器虛擬化的應用並不一定要提供其企業使用者的隨選所需、彈性調整、可衡量與計價等服務，並不符合雲端運算的特徵，嚴格來說，僅採用伺服器虛擬化並不能稱為「私有雲」。

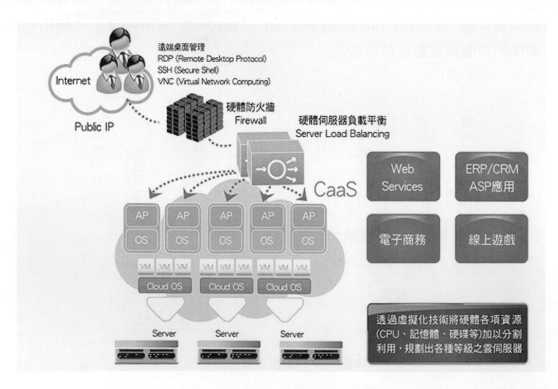

▶圖9-5　中華電信HiCloud CaaS架構 (參考資料：中華電信)

　　伺服器虛擬化應用在公眾雲佈署則為計算即服務 (CaaS, Computing as a Service) 的基本技術。如圖 9-5 為中華電信 HiCloud CaaS 架構。企業為節省購買伺服器硬體的成本與減少維護成本和臨時性計算資源需求，已逐漸接受採用 CaaS 的公眾雲端服務。中大型企業對於關鍵性的資訊系統，仍傾向優先以伺服器虛擬化的方式在企業內部做伺服器的整合。

●9-2-2　桌面虛擬化

一、概念

　　桌面虛擬化又稱為前端虛擬化 (Client Virtualization)，主要的目的是透過標準化的管理，讓每個使用者都能具有個人化的電腦桌面、應用程式、儲存空間等，能夠減少企業管理前端使用者電腦的成本，諸如：程式衝突、軟體更新、病毒解決、資料備份等人力與時間成本。簡而言之，桌面虛擬化協助企業管理使用者的前端電腦桌面與應用程式。

二、架構

　　桌面虛擬化是僅次於伺服器虛擬化，為企業常使用的雲端運算技術應用。許多廠商如：Citrix、IBM、微軟等，均提出不同技術實現方式與產品。桌面虛擬化的技術實現架構可以簡單區分為兩種：

1. 遠端 (伺服器為主) 桌面虛擬化。

2. 本地端 (前端為主) 桌面虛擬化。

　　遠端桌面虛擬化將使用者桌面的個人化設定與應用程式全部安裝在遠端伺服器，使用者的電腦僅作為簡單的鍵盤、滑鼠輸入以及螢幕展示介面而已 (如圖 9-6)。本地端虛擬化則將虛擬桌面程式執行在各個使用者的前端電腦上，以管理使用者在前端電腦的個人化設定、應用程式安裝等 (如圖 9-7)。接下來將更進一步介紹桌面虛擬化技術的實現細節。

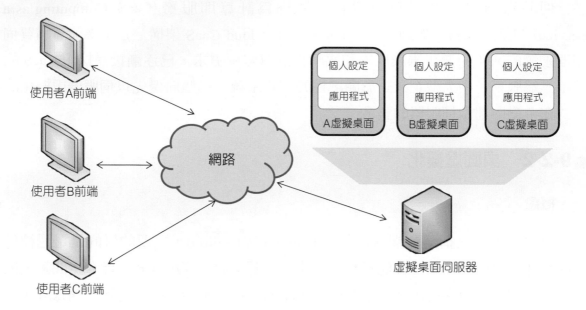

▶圖9-6　遠端型桌面虛擬化架構

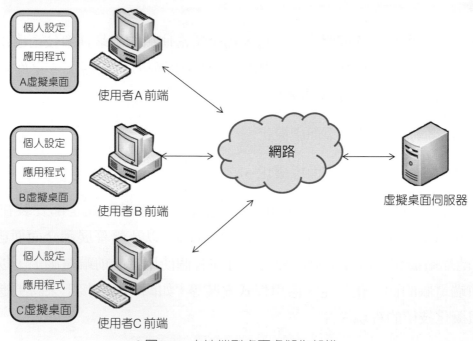

▶圖9-7　本地端型桌面虛擬化架構

三、應用方向

桌面虛擬化的應用重點在於協助企業的資訊部門，簡化管理使用者前端個人設定與應用程式安裝等繁雜的工作。這種應用適合用於具有大量簡易操作和標準化應用的前端使用者的行業中，例如：金融業分行的櫃台服務人員、電信業的客服人員、流通業的店面銷售人員等。此外，桌面虛擬化也可支援日益普遍的企業行動工作者，讓工作者在任何地方，皆能透過智慧終端設備存取眾多的企業資料與應用程式。而桌面虛擬化也可以提供支援人員、合作夥伴、維修廠商、委外人員在有限度的權限下，存取企業內的資源。

桌面虛擬化應用在公眾雲上佈署即為桌面即服務 (DaaS, Desktop as a Service) 的基本技術應用。DaaS 屬於 IaaS 的一種雲端服務應用。許多雲端服務廠商，如：Rackspace、AT&T、中華電信 HiCloud 均提供這樣的服務。

9-2-3　應用程式虛擬化

一、概念

應用程式虛擬化的重點在於將特定應用程式進行隔離，以避免受其他程式的干擾，以及減少應用程式對作業系統的依賴。早期 Java 虛擬機 (JVM) 即可說是一種應用程式虛擬化；讓應用程式包覆在 JVM 中，可以減少互相干擾，也可以在不同的作業系統上執行。應用程式虛擬化最初的應用是解決不同的應用程式安裝在相同電腦上，產生共享程式函式庫與資源衝突的問題；尤其是在應用程式版本升級時，更加地容易造成新舊程式不相容的狀況。這使得企業的資訊部門必須花費成本，來解決各種使用者端程式的衝突問題。利用應用程式的虛擬化，將可以讓不同應用程式在虛擬機中運行而不互相干擾。

二、架構

早期，應用程式虛擬化可說是桌面虛擬化的一種應用類型。一般桌面虛擬化將焦點放在使用者桌面系統的工作環境 (workspace) 虛擬化，應用程式虛擬化則將焦點放在特定的使用者應用程式。許多桌面虛擬化的廠商，如：Citrix、微軟等也推出應用程式虛擬化解決方案。如圖 9-8，可以比較（前端）應用程式虛擬化技術與傳統前端程式安裝的架構。在技術實現上，（前端）應用程式虛擬化也如

同桌面虛擬化，有遠端、本地端的實現方式，更進一步技術實現細節將合併在後續桌面虛擬化的段落詳細說明。

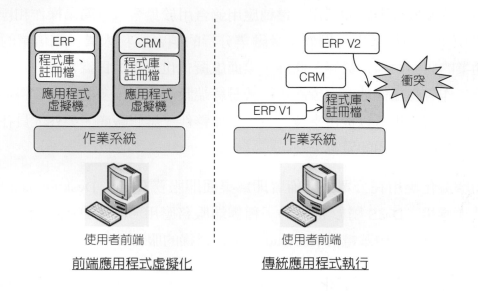

前端應用程式虛擬化　　　　傳統應用程式執行

▶圖9-8　前端應用程式虛擬化架構

　　自 2013 年後，愈來愈多公司採用伺服器虛擬化或 PaaS、IaaS 服務，進一步思考是否能將後端運行的大型應用程式予以切割，成為較小單元的微服務 (micro-service)，以容易地針對各小單元的程式功能進行修改、升級、維護以及各自依服務需求量向外擴展資源等，稱為「微服務架構」。各公眾雲服務業者 Heroku、Amazon Web Services 服務、Microsoft Azure 服務等，及企業私有雲軟體 Docker、Cloud Foundry、Openstack 紛紛支援後端應用程式虛擬化，使得微服務架構成為顯學。支援後端應用程式虛擬化的虛擬機則稱為「容器」，意味著承載不同的微服務。如圖 9-9 所示，傳統應用程式包含商品目錄、訂單處理、付款處理、客服作業等模組。利用微服務架構將其服務化後，可以放在不同容器中，進行管理與擴展作業。

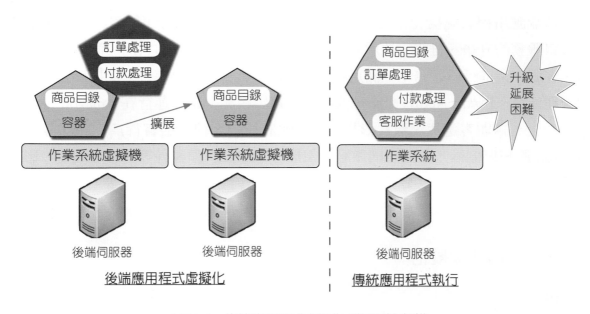

▶圖9-9 後端應用程式虛擬化 (微服務) 架構

三、應用方向

前端應用程式虛擬化是為了避免同一台
電腦執行應用程式間干擾;特別是在微軟
的作業系統上,應用程式需要連結許多動
態程式庫 (DLLs, Dynamic Link Libraries)、
註冊檔 (Registries) 等,容易造成新舊程式
間的衝突。而這種應用程式的隔離具有某
種程度的安全防護措施,防止惡意程式的破
壞;這種安全隔離的概念,也被企業應用在
各種智慧終端上,保護企業的應用程式,以
避免受其他惡意程式的影響。如圖 9-10 所
示,使用者可以使用智慧手機執行企業或私

▶圖9-10 行動虛擬化架構

人生活的 App;利用應用程式的虛擬化技術,區隔企業用與私人用程式,保護企
業用程式不受私人下載的應用程式干擾。有人稱這種為行動虛擬化技術 (Mobile
Virtualization),應用程式虛擬機常稱為「容器」(Container)。

後端應用程式虛擬化主要的目的來自於將應用程式細分不同微小服務，以實現各自服務的升級、維護、擴展等工作。例如：電子商務網站將商品瀏覽、訂單管理、客服作業進行微服務化，滿足各自升級互不影響、各自進行效能擴展互不影響的管理作業。例如：Netflix 是全球大型線上電影視頻網站，運行在 Amazon IaaS 服務平台上，讓顧客選片、觀賞影片、評價並記錄顧客線上觀賞行為。2011 年遭遇 Amazon 服務停擺後，決心建構微服務架構。Netflix 將顧客評等、影片觀賞、影片選購分為不同微服務。尖峰時間如：晚上、周末，觀賞影片顧客變多，可執行更多影片觀賞服務，並不影響影片選購、顧客評等服務。

●9-2-4　儲存虛擬化

一、概念

儲存虛擬化重點在於將實體的儲存設備（如：磁帶機、光碟機、硬碟）虛擬化成邏輯的儲存環境，讓系統管理者、上層軟體系統能夠容易地管理、存取與分享。例如：上層軟體系統想要運用 100GB 的儲存空間，不需要理解實體儲存設備位置與操作方式，透過邏輯儲存環境的對映，即可利用儲存空間。

二、架構

儲存虛擬化的技術早在雲端運算受到矚目之前，就已經廣泛的運用在資料中心。如圖 9-12 所示，儲存虛擬化的技術實現架構可以區分為以下三種：

1. **伺服器為主 (Host-based)**：伺服器為主的儲存空間虛擬化是最傳統的作法，將儲存設備連結到伺服器上，透過伺服器上運行的軟體來存取儲存媒體。這種技術的實現方式最為簡單，但受限於某伺服器的連結，較難達到跨伺服器的儲存媒體管理。

2. **儲存設備為主 (Storage device-based)**：儲存設備為主的儲存虛擬化則利用儲存設備來控制與管理眾多儲存媒體。不同於伺服器為主架構的是：可以透過儲存設備來分享眾多的儲存媒體。例如：RAID (Redundant Array of Independent Disk) 控制器即可組合許多硬碟，提供邏輯上的單一儲存空間。系統管理員與上層軟體並不需要了解實體有多少硬碟組合，僅需透過邏輯的、虛擬的單一儲存空間進行處理。

3. **網路為主** (Network-based)：網路為主的儲存虛擬化即透過網路的連接來分享各種儲存資源。儲存設備為主的儲存虛擬化實現方式，必須透過伺服器直接連接才能存取，受限於儲存設備控制器廠商的相容性與支援性。此外，儲存設備控制器也可能是效率的瓶頸。網路為主的儲存空間虛擬化則透過網路設備或專門處理儲存的伺服器集合成一個虛擬的儲存資源池，讓想要使用儲存資源的伺服器透過網路存取。網路為主的儲存虛擬化主要有 NAS (Network Attached System)、SAN (Storage Area Network) 兩種。

NAS 採用 SMB、CIFS/NFS 等檔案系統來控制，以檔案目錄為基礎，讓伺服器、應用程式或使用者來存取；SAN 則利用 iSCSI 指令來控制，以磁碟磁區的區塊 (Block) 為基礎，直接控制資料的讀寫，常用於資料庫或伺服器大量的資料複製或備份。

SAN 利用光纖網路方式來快速存取資料，是目前網路為主的儲存虛擬化技術最受到矚目並持續發展的技術。SAN 儲存虛擬化的實現可以利用應用伺服器 (Appliance) 或網路設備 (Switch) 作為虛擬設備，提供使用伺服器或應用系統對於儲存資源的存取，如圖 9-11 所示。

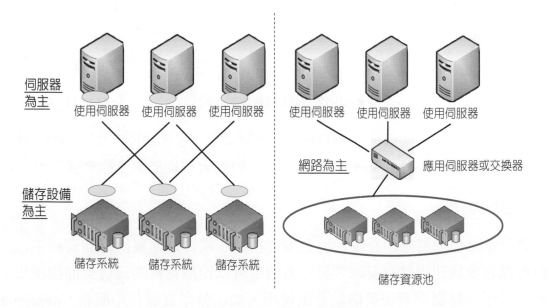

▶圖9-11　儲存虛擬化架構

如果應用伺服器或交換器可以暫存一些存取過的檔案，以作為快速緩衝儲存區 (Cache)，則稱為 In-band 或 Symmetric（同步）模式。如果應用伺服器或交換器僅能儲存資料對映檔 (Meta-data)，則稱為 Out-of-band 或 Asymmetric（非同步）的模式。如圖 9-12 所示，In-band 利用同一個網路架構來傳送資料與儲存對映控制碼，實現架構較為容易，伺服器也不須額外安裝特別的控制軟體。Out-of-band 模式則將資料與控制碼由不同網路區段處理，可增進資料傳輸的速度，但架構較為複雜。

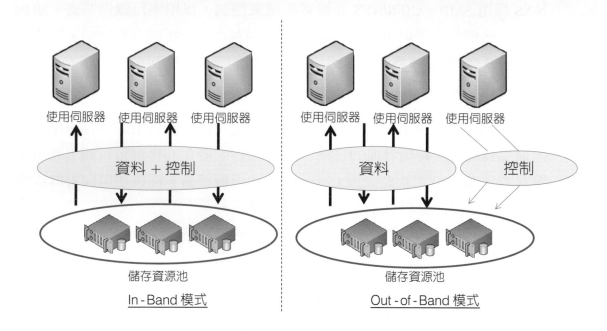

▶圖9-12　SAN儲存虛擬化模式

SAN 儲存虛擬化架構仍持續的發展；不同虛擬化技術廠商，如：IBM、Hitachi Data Systems、Juniper Network、EMC 均有各自的實現細節與產品發展。

三、應用方向

儲存虛擬化主要應用在較大型企業資料中心或雲端運算供應商資料中心。一方面可以有效地利用儲存資源、另一方面則可以作為資料的備份與備援使用。雲端服務供應商將儲存資源提供給企業使用，如：公眾雲儲存即服務 (Storage as a Service) 即需要充分地利用這樣的技術。企業也利用儲存即服務作為第三地的備援服務。

9-2-5　網路虛擬化

一、概念

　　網路虛擬化的重點在於將實體網路設備與軟體 (如：路由器、交換器、網路協定軟體) 虛擬化成邏輯的網路資源環境，讓系統管理者、上層軟硬體系統能夠容易地操作、分享以及管理。舉例來說，使用者想要避免其他使用者竊聽通過網路的資料，即利用虛擬私有網路 (VPN, Virtual Private Network) 的方式將該使用者傳輸的資料加密，如同獨佔實體網路一般安全；或者在網路上進行資料傳輸時，避免太多電腦進行網路廣播 (Broadcast) 而造成資料傳輸壅塞，利用虛擬區域網路 (VLAN, Virtual Local Area Network) 技術將部分網路交換器與路由器設定為同一廣播區段，以提升網路傳輸的品質。如圖 9-13 所示的兩種網路虛擬化案例。

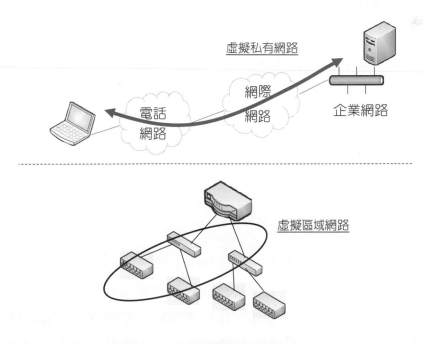

▶圖9-13　兩種常見網路虛擬化案例

二、架構

　　網路資源本來就是資料中心的應用軟體、伺服器、儲存系統共用的一項資源。因此，網路虛擬化許多的實現方式在雲端運算受到矚目前，就已經被許多企業與網路服務業者資料中心所採用，諸如：VPN、VLAN 的技術。在雲端運算服務模式興起後，網路虛擬化更朝著能夠提供服務可用性、服務水準分級、網路效率最佳

化等技術上增進。網路虛擬化可根據其虛擬化的對象，再區分為網路服務虛擬化 (Network Service Virtualization)、網路設備虛擬化 (Network Device Virtualization)，以及網路連結虛擬化 (Network Link Virtualization) 等三種。說明如下：

1. **網路服務虛擬化**：讓伺服器或應用軟體使用網路時，能夠更充分地利用網路資源，以達到網路可用性、復原性、隱私性、安全性等，更可以享受到不同的網路服務。如前述的 VPN 即是一種在隱私或資安上的一種網路服務提供；或利用多協定標籤交換 (MPLS, Multiprotocol Label Switching)，讓不同協定的網路能達到高效率的資料交換。網路服務虛擬化將各種網路軟硬體實體資源予以服務化，可以讓不同使用者享受到不同的網路服務。

2. **網路設備虛擬化**：將路由器、交換器、集線器、網路卡等設備虛擬化，讓伺服器與應用軟體可以容易連結、管理、增加路由能力等。如虛擬路由器、虛擬交換器等。

3. **網路連結虛擬化**：將網路連結進行虛擬化，能夠有效的控管資料傳輸的效率、可用性、彈性等。如前述的 VLAN、傳輸優先順序設定等。

網路虛擬化仍有許多的技術與細節，由各個網路設備廠商與資料中心規劃廠商發展不同的實現方式。本書將不再進一步說明，有興趣讀者可以翻閱網路規劃相關書籍。

三、應用方向

網路虛擬化主要應用在企業內部的資料中心或雲端運算供應商的資料中心。網路虛擬化在雲端運算的實現上除了網路資源分享的實現外，主要能提供網路資料傳輸效率與頻寬保證的服務等級。雲端服務供應商可以依據不同等級的服務 (如：保證 1Gbps 傳輸效率)，以訂定不同的收費標準。在公眾雲服務上，雲端服務業者即提供了 VPN 的虛擬私有網路即服務 (VPC, Virtual Private Cloud)，如：Amazon Web Service VPC、中華電信 HiCloud VPC。Amazon Web Service Direct Connect 則提供保證頻寬 1Gbps~10Gbps 網路服務，讓企業可以在網路上傳遞大量的資料，如：影片播放等。

●9-2-6　其他虛擬化

其他還有許多種類型虛擬化實現方式，例如：

1. **資料虛擬化 (Data Virtualization)**：抽象化、標準化資料存取介面，讓應用程式可以存取不同介面的資料、資料庫等。

2. **記憶體虛擬化 (Memory Virtualization)**：透過網路可以共享不同伺服器上的隨機存取記憶體 (RAM, Random Access Memory)。

3. **應用伺服器虛擬化 (Application Server Virtualization)**：應用程式可以共享多個應用伺服器資源，以提升應用程式的執行效率。

4. **管理虛擬化 (Management Virtualization)**：將各種設備與軟體虛擬化，讓資訊部門的系統管理者可以利用標準化介面管理各種軟硬體。

5. **服務虛擬化 (Service Virtualization)**：能將各種應用程式與服務組合，不需理解各種應用程式、服務、資源的操作細節或實體地點。服務虛擬化是最終的虛擬化概念，讓使用者能夠以簡單的操作方式，享受各種雲端服務。

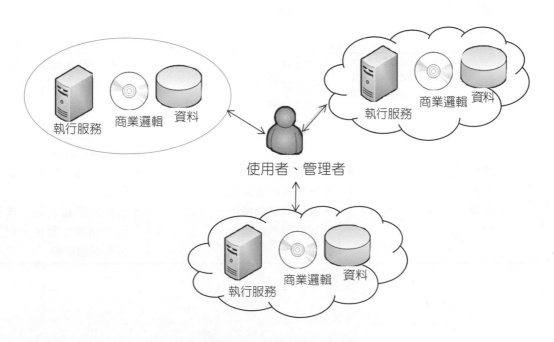

▶圖9-14　服務虛擬化概念

下表整理伺服器、桌面、應用程式、儲存以及網路等五種常見雲端運算虛擬化實現技術的意義、架構與應用方向。

表9-1 虛擬化技術類型與應用整理

虛擬化類型	意義	架構	應用方向
伺服器	提供使用者或上層應用軟體能夠使用、分享實體伺服器的軟硬體資源	伺服器執行虛擬機，以分享伺服器資源，兩種架構： • 原生 (Native、Hypervisor、Bare-Metal) • 寄宿 (Host)	• 伺服器整併向內擴展應用 • 伺服器資源池向外擴展應用 • 公眾雲CaaS服務
桌面	提供使用者具有個人化電腦桌面，卻能減少企業管理使用者的前端電腦	兩種架構： • 遠端 (伺服器為主) • 本地端 (前端為主)	• 提供標準作業的企業人員使用 • 提供行動工作者使用 • 提供委外人員、廠商等臨時需求 • 公眾雲DaaS服務
應用程式	將特定應用程式進行隔離，以避免受其他程式干擾、並減少程式對作業系統的依賴	利用應用程式虛擬機 (容器)，與其他程式隔離	• 減少前端使用者個人電腦管理的複雜度 • 提供智慧終端以區隔企業與私人使用程式 • 後端應用程式虛擬化將應用程式微服務化，容易地管理與擴展
儲存	將實體的儲存設備虛擬化成邏輯的儲存環境，以容易地管理與存取	三種架構： • 伺服器為主 • 儲存設備為主 • 網路為主	• 有效地利用儲存資源 • 作為資料備份與備援使用 • 公眾雲為儲存即服務
網路	將實體的網路設備與軟體虛擬化成邏輯的網路資源環境，以容易地管理與分享	三種架構： • 網路服務虛擬化 • 網路設備虛擬化 • 網路連結虛擬化	• 網路資源分享 • 網路頻寬、品質等服務保證 • 公眾雲服務，如：虛擬私有網路即服務、網路頻寬保證服務

9-3　伺服器虛擬化技術實務

9-3-1　虛擬化實現技術

　　伺服器虛擬化提供應用程式分享實體伺服器上的資源，包括：CPU 處理器、記憶體、I/O 設備等。伺服器虛擬機監督器 (VMM, Virtual Machine Monitor 或 Virtual Machine Manager) 即抽象化上述各項實體資源，建立虛擬機 (Virtual Machine)，讓在虛擬機內執行的應用程式可以分享伺服器上的各種實體資源 (如圖 9-15 所示)。因此，虛擬機監督器必須具備虛擬化 CPU、記憶體、I/O 設備的技術。x86 機器的伺服器虛擬化是目前雲端運算的主流，下一個段落將探討 x86 伺服器上虛擬機監督器的資源虛擬化實現架構。

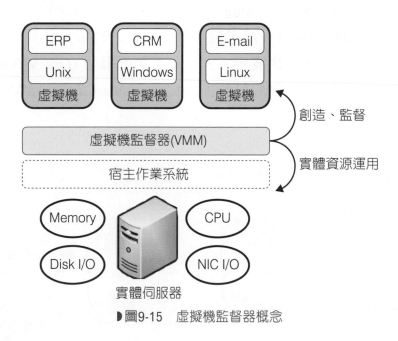

▶圖9-15　虛擬機監督器概念

◉9-3-2　虛擬化實現架構

一、虛擬CPU (Virtual CPU)

CPU 虛擬化技術把實體的 CPU 資源抽象化成虛擬 CPU，讓寄生的作業系統可以使用一個或多個 CPU 資源；寄生作業系統與應用程式在伺服器上可以透過虛擬機監督器運用 CPU 資源，又能相互隔離，以避免互相干擾。

在一般 x86 伺服器環境下，作業系統被假設是直接執行在硬體伺服器上的軟體。x86 機器將 CPU 處理層級分為 Ring 0~Ring 3 的指令權限層級；Ring 0 的權限最高，可以直接控制與修改 CPU 狀態。在未虛擬化的環境下，作業系統的權限層級位於 Ring 0 時，可以完全使用特權的指令 (如圖 9-16)；但當虛擬機監督器介入後，將會使得寄生作業系統位於 Ring 1 層級，執行一些特權的指令，如：中斷處理、記憶體管理等均無法執行，或者是僅有低權限的特權。為解決這樣的問題，業界提出虛擬 CPU 的三種技術實現方式，有：全虛擬化 (Full Virtualization)、半虛擬化 (Para-Virtualization)、硬體輔助虛擬化 (Hardware Assisted Virtualization)，說明如下：

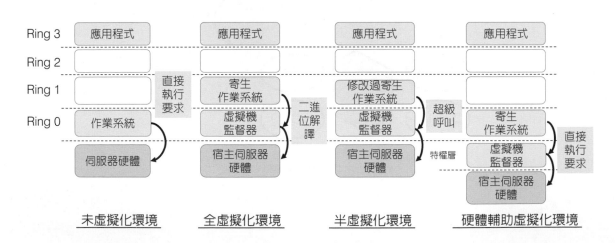

▶圖9-16　虛擬CPU實現技術

1. **全虛擬化**：當虛擬環境中的寄生作業系統須執行特權指令時，直接利用原來非虛擬化指令與虛擬機監督器溝通。虛擬機監督器則進行動態的二進位轉譯，存取共享的伺服器硬體資源，即虛擬機模擬真實硬體環境，讓寄生作業系統以為與硬體直接溝通。全虛擬化的好處是不需修改寄生的作業系統，可以立即使用原有的寄生作業系統與應用程式；缺點則是每次都需要經過動態的轉譯，效率較差。

2. **半虛擬化**：半虛擬化又稱為「作業系統虛擬化」，即寄生作業系統修改指令集，讓虛擬化的指令可以直接與虛擬機監督器呼叫。如此一來，將可以減少轉譯造成的效率問題；但必須修改寄生作業系統與虛擬機監督器配合。

3. **硬體輔助虛擬化**：硬體輔助虛擬化則配合 x86 的 CPU 硬體製造商，如：Intel、AMD 修改 CPU 硬體指令，讓虛擬機監督器可以在 Ring 0 以下運行，寄生作業系統則可以維持在 Ring 0 運行。如此一來，不需修改寄生作業系統，也不需利用二進制位元轉譯的技術。

二、虛擬記憶體 (Virtual Memory)

記憶體虛擬化技術把記憶體位址抽象化成虛擬記憶體位址池，讓在每個虛擬機上運行的寄生作業系統與應用程式可以妥善地存取記憶體，又能相互隔離以避免互相干擾。虛擬機監督器必須模擬實體機器的記憶體位址，讓寄生作業系統的應用程序 (Process) 能夠對映與存取。如圖 9-17 所示，應用程序存取虛擬記憶體；而虛擬記憶體則對映到各個虛擬機的寄生作業系統誤以為的「實體記憶體」位址。虛擬機監督器則管理每個虛擬機的「實體記憶體」位址與真正實體機器上的記憶體位址的對映。虛擬機監督器實現位址對映的方式有許多種，例如：

1. **影子對映法**：讓虛擬機的寄生作業系統維護「虛擬記憶體」與「實體記憶體」位址的對映，虛擬機監督器維護「實體記憶體」與「機器記憶體」位址對映。

2. 讓虛擬機寄生作業系統直接了解虛擬記憶體與實體機器記憶體位址的對映，由虛擬機監督器進行對映表存取。

這些對映的技術，一方面希望讓虛擬機上執行應用程序能分享並與實體機器上的記憶體隔離；另一方面則希望應用程序能盡量將常存取的內容保留在機器記憶體內，以避免常需載入記憶體而減低執行效率。

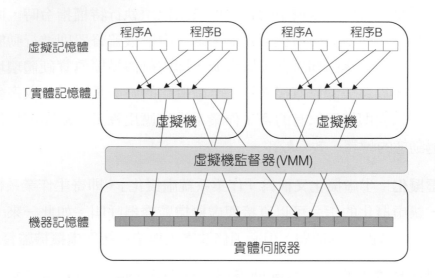

▶圖9-17　虛擬記憶體實現技術

三、虛擬I/O設備 (Virtual I/O)

　　I/O 設備虛擬化希望將伺服器的 I/O 介面虛擬化，讓不同虛擬機中的應用程式能夠分享 I/O 設備；以網路卡為例，若伺服器插上多片網路卡，I/O 設備虛擬化可以讓虛擬機中的應用程式利用各個網路卡傳送網路資料，一方面可以增加傳送資料的頻寬，另一方面亦可以避免某個網路卡故障而無法傳送資料。此外，應用程式如果轉移到另一個伺服器的虛擬機中，也不需重新對映網路卡的 MAC 位址。有些虛擬 I/O 則設計成虛擬交換器的功能，可以協助虛擬機轉送各種資料 (如圖 9-18 所示)。如此一來，可以充分地利用網路頻寬。這是在伺服器內利用軟體模擬網路交換器的方式，與前述網路虛擬化的實體網路交換器虛擬化概念並不相同。

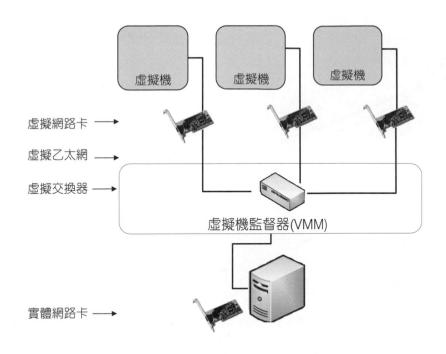

▶圖9-18 伺服器虛擬交換器概念

9-4 桌面虛擬化技術實務

9-4-1 虛擬化實現技術

桌面虛擬化讓使用者能夠擁有個人化的電腦桌面環境,並能減輕資訊部門管理上的複雜。在桌面虛擬化的實施架構上,伺服器端將會實行虛擬化作業,運行數個虛擬機(基於伺服器虛擬化的技術),並視需求來虛擬化作業系統、應用程式、設備,以及前端展現介面(GUI)。使用者利用前端電腦連線到虛擬桌面伺服器,共享工作環境、應用程式、作業系統,以及設備。圖 9-19 展示桌面虛擬化的基本實施架構。值得注意的是,在大型企業的實施架構下,可能會安裝「連接中介」(Connection broker) 伺服器。

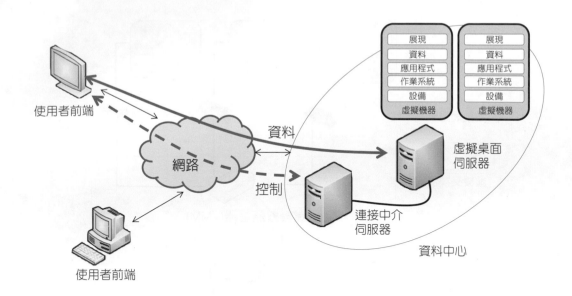

▶圖9-19 桌面虛擬化實施架構

連接中介伺服器可以協助認證登入的使用者，如：透過 LDAP (Lightweight Directory Access Protocol) 伺服器認證使用者。連接中介伺服器也可以監視虛擬桌面伺服器的狀態、監視使用者連線的狀態、設定使用者連線的政策 (如：是否離線仍保留資料與最大連線數等)。有些連接中介伺服器則具有資料暫存的功能，讓每一個前端連線都需要經過連接中介伺服器，以暫存資料，稱為：In-band 連接中介伺服器。有些則僅在前端建立認證時，才會經過連接中介伺服器，稱為 out-of-band 連接中介伺服器。有些連接中介伺服器則具有防火牆、病毒掃描的功能，以確保桌面虛擬化環境的資訊安全。

桌面虛擬化技術實現最主要有兩個考量：

1. 本地端或伺服器端的執行，即前面討論過的遠端桌面虛擬化，或本地端桌面虛擬化架構。

2. **虛擬化層次**：使用者電腦的作業系統、應用程式，或是個人資料設定的虛擬化。

就這兩個維度，即可構成四種類型的技術實現架構，如圖 9-21，以下段落將分別介紹各種架構的內涵及適用時機。

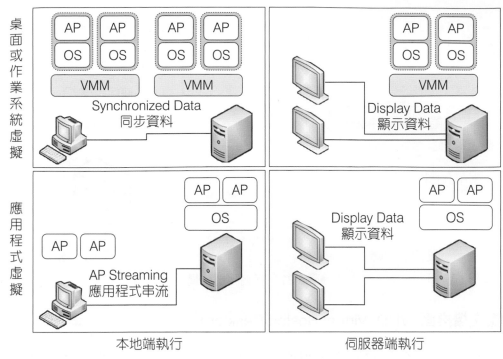

▶圖9-20　桌面虛擬化技術實現架構 (參考資料：CISCO)

9-4-2　虛擬化實現架構

一、終端服務 (Terminal Services)

　　終端服務延續過去主機時代的基本概念，讓使用者前端電腦僅需處理 I/O 設備的輸入與資料展示，如：鍵盤、滑鼠、螢幕。其他所有的計算功能、資料均放置在伺服器端。由於使用者前端電腦的功能有限，這種方式最能夠保證安全性與可管理性；但使用者無法隨心所欲的安排自己的電腦桌面與應用程式。這種情況常常使用在銀行櫃檯服務人員、客服中心客服人員的應用情境。如圖 9-21 為終端服務架構。

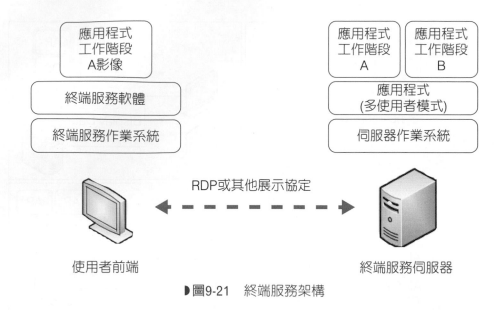

▶圖9-21 終端服務架構

二、虛擬主機桌面 (VHD, Virtual Hosted Desktop)

虛擬桌面架構概念類似終端服務，但更進一步的在伺服器上利用虛擬化的概念，讓每個使用者利用不同虛擬機，創造出各自不同的個人資料設定、應用程式、設備連結等；每當使用者登入，即會將個人化的應用程式、桌面作業系統的影像檔，透過遠端桌面顯示協定 (如：RDP, Remote Display Protocol) 推送到使用者前端桌面顯示。使用者前端電腦僅需有足夠顯示能力的電腦，而不需高計算能力的電腦。但這種每次登入即要將影像送到前端的作法非常仰賴高頻寬的網路，而使用者連線數則受限於虛擬桌面伺服器能負擔的虛擬機數量。使用者也常需要等待較長的登入時間，滿意度亦不高。如圖 9-22 為虛擬主機桌面架構。

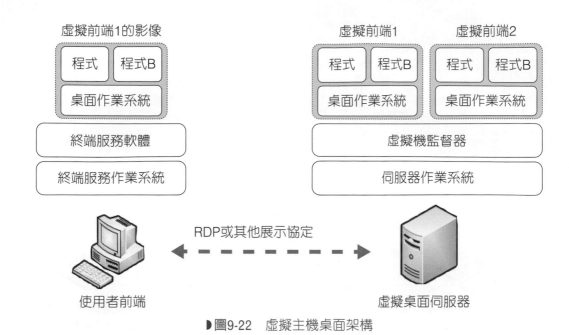

▶圖9-22　虛擬主機桌面架構

三、虛擬桌面串流 (Virtual Desktop Streaming)

　　虛擬桌面串流改良虛擬主機桌面的作法，讓使用者前端電腦執行相關的應用程式、個人設定、作業系統，以及前端電腦虛擬機監督器等。虛擬桌面伺服器則定期更新使用者前端電腦的設定，以做統一的管理。這種作法除了可以讓使用者保持資料在前端、降低每次登入時，影像傳遞的延遲，也可以讓使用者在沒有網路連線時使用。但缺點是使用者前端必須安裝應用程式與虛擬機監督器，也必須購買較高效能的前端電腦。虛擬桌面串流通常應用在必須移動工作，且容易造成連線中斷的業務人員、顧問等。如圖 9-23 為虛擬桌面串流架構。

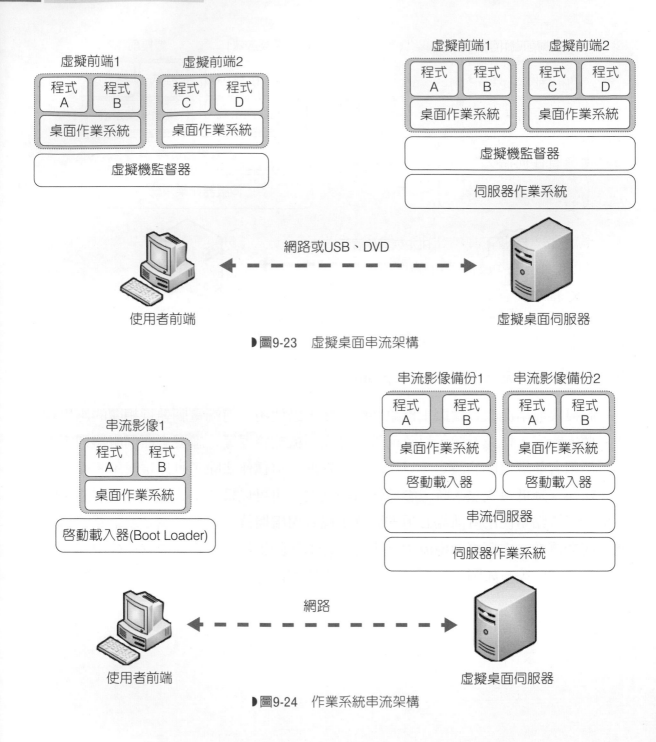

▶圖9-23 虛擬桌面串流架構

▶圖9-24 作業系統串流架構

四、作業系統或應用程式串流 (OS/Application Streaming)

此種作法讓使用者的前端電腦在每次登入時，都要從伺服器下載作業系統或應用程式來執行。使用者前端電腦通常不具有硬碟，而利用網路磁碟的方式對映到網路空間。作業系統或應用程式串流常應用在公共圖書館與訪客電腦使用情境，使用者無法擁有任何個人化的設定。如圖 9-24 為作業系統串流架構。

五、其他

桌面虛擬化還有許多其他的技術實現架構，不同的軟硬體廠商持續地發展與研發。例如：Blade PC 透過特殊規格的前端電腦、結合後端特殊規格的伺服器，讓 Blade PC 前端負責 I/O 輸入與螢幕展現。遠端桌面開機 (Remote OS Boot) 則利用前端電腦結合 SAN 儲存虛擬化架構，在每次登入時將作業系統載入前端執行，卻不需額外的虛擬桌面伺服器等。這些技術與解決方案均嘗試著平衡使用者的桌面個人化能力、執行效率、成本等多方面的考量。

9-5　虛擬化環境的管理與實務

隨著愈來愈多種虛擬化技術被企業所採用，虛擬化資源愈多，整個虛擬化的管理工作也愈加複雜。虛擬化軟體公司如：VMware、Citrix、Microsoft 在販售虛擬化軟體的同時，亦會提供虛擬化管理工具，如：VMware VCenter、Microsoft System Center Virtual Machine Manager。其他系統管理工具公司也提供跨虛擬化產品的管理工具，如：HP、CA 等公司。

一般虛擬化環境的管理工具，主要協助企業管理以下虛擬化的幾項工作。

9-5-1　創建虛擬機

虛擬化技術藉由虛擬機來隔離底層的軟硬體資源，讓應用程式、寄生作業系統在虛擬機形成的邏輯環境中執行。虛擬機由虛擬機監督器所創造，而如何與底層硬體隔離？控制哪些實體資源？可以使用多少實體資源？這些資訊均存在所謂的「虛擬鏡像」(Virtual Image) 中。虛擬鏡像可以讓虛擬機在出現錯誤時，復原到原始創造的狀態。這如同我們在桌面系統安裝作業系統與軟體後，建立的復原檔。當作業

系統毀壞時，可利用復原檔回復到創建時的狀態。有些虛擬化技術則提供動態虛擬鏡像的快取，可以擷取應用程式在虛擬機運行中的鏡像，將之備份；之後可以復原到特定的應用程式執行時的狀態。目前虛擬化軟體產品均提供圖形化與流程導向的虛擬化鏡像建立工具。

當配置好實體資源設定後，則可以安裝寄生作業系統與應用程式在虛擬機上。為管理的簡單化與減少軟體漏洞而產生資訊安全威脅，寄生作業系統或應用程式應減少不必要功能的安裝。

9-5-2　監督

當設置好虛擬機與其上的寄生作業系統、應用程式後，虛擬機即可啟動並運行。系統管理者可以利用虛擬化軟體相關管理工具，監督虛擬機運行狀況，包括：虛擬機狀態、執行效率、安全狀況、實體資源使用狀況等。一般管理工具均提供圖形化的監視，並提供特殊狀況的 E-mail 主動通知。

9-5-3　工作最佳化

應用程式在虛擬機中的運行，可能在不同時期會對 CPU、記憶體等實體資源有不同的資源需求。當許多虛擬機在競爭有限硬體資源時，系統管理者必須依據應用程式的重要性，與客戶簽訂的服務契約，來調整各個應用程式的資源可用量，以讓重要的應用程式能得到更多資源，提供使用者更滿意的服務。許多較先進的虛擬化管理工具即提供自動化的工作負荷管理 (Workload Management) 工具，讓系統管理者根據應用程序的優先順序，事先設定使用實體資源的準則。這讓系統管理者不需時時監控虛擬機與實體資源的使用狀況。

9-5-4　遷移與備援

老舊的實體機器有可能需要升級或淘汰，此時，系統管理員必須將該實體機器上運行的虛擬機以及寄生作業系統、應用程式，遷移到另一個實體機器上。一般管理工具具備 P2V (Physical to Virtual) 的遷移工具。將虛擬機遷移，大略有三個遷移步驟：(1) 建立虛擬機鏡像；(2) 替換目的實體機器的實體資源驅動程式，使得在新的實體機器上能夠操作相關的資源，如：硬碟或網路卡等驅動程式；(3) 校調參數，如：到新實體機後，虛擬機的 CPU、記憶體運用方式、MAC 位址等是否不同。

　　有些管理工具提供 V2V (Virtual to Virtual) 的線上遷移作業，可直接將虛擬機遷移到另一個運行中的實體機器上運行，如：VMware 的 VMotion、Microsoft 的 System Center Virtualization Machine Manager。能夠讓應用程式以及其寄生的作業系統可以動態地轉移到較不繁忙的實體機器上運行，加快應用程式的執行效率。

　　這些管理工具爲達到集中管理多個虛擬化伺服器，通常會在欲控管的伺服器上安裝代管程式 (Agent)，以協助執行相關管理工作。如圖 9-25 爲 Microsoft System Center Virtualization Machine Manager 的虛擬化管理架構。虛擬化管理伺服器透過代管程式蒐集被管伺服器的虛擬機資料，並執行伺服器要求被管伺服器執行的任務，如：進行備份、調整工作負荷、進行 P2V 轉換、虛擬機運行績效蒐集等。代管程式也會在虛擬機有異常現象時，主動發送訊息給虛擬化管理伺服器，以提醒系統管理人員。系統管理人員可以設定各種臨界值 (Thresholds)，如：虛擬機中應用程式記憶體資源使用超過原分配的 90%，即發送警訊給虛擬化管理伺服器。

　　圖 9-25 中的函式庫伺服器 (Library Server) 則儲存預先設定的模板 (Template)，可讓系統管理者創建新虛擬機時，容易依照模板而建立新虛擬機。

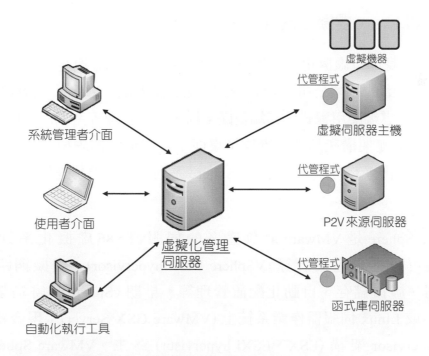

▶圖9-25　虛擬化管理架構 (資料來源：Microsoft)

在未來，虛擬化管理工具將朝幾個方向發展為：

1. **最佳化**：根據各種政策、智慧條件的判斷，平衡工作的負荷，充分利用運算資源。

2. **服務化**：依據不同服務等級合約，自動調整各種運算資源的利用方式。

3. **自動化**：能夠提供虛擬化生命週期的流程審核、控管，並提供各種預設模板，以加快虛擬化的啓動過程。

4. **整合性**：整合不同虛擬化的產品，能使用不同虛擬化產品所控管的運算資源。許多虛擬化管理工具亦提供應用程式介面 (API)，讓其他軟體廠商發展整合性產品。

5. **安全性**：配合虛擬化資訊安全軟體，強化虛擬環境的資安保護。

◉ 9-6　虛擬化產品實務

● 9-6-1　VMware虛擬化產品

　　VMware 本身即以虛擬化產品做為公司主軸，更因為虛擬化與雲端運算受到重視，成為全球著名的軟體公司。VMware 將產品線區分為：桌面平台虛擬化、現有程式績效管理、雲端應用程式、雲端基礎架構、雲端管理等系列。其中，桌面平台虛擬化及雲端基礎架構產品線，實現了桌面平台與伺服器虛擬化。VMware View 為桌面平台虛擬化核心產品；VMware Sphere 系列則為雲端基礎架構的伺服器虛擬化產品。

　　VMware Sphere 是 VMware 最負盛名的伺服器 x86 虛擬化系列。VMware Sphere 強調可以提供虛擬計算 (VSphere ESXi hypervisor)、虛擬網路、虛擬分散式交換器、虛擬儲存、自動化配置管理等。早期 vSphere 是寄宿架構，搭載在 Windows 或 Linux 伺服器作業系統上 (VMware GSX Server)；現今新版本則以原生的 Hypervisor 架構 (ESX、ESXi hypervisor) 為主。VMware Sphere 以 ESXi hypervisor 為伺服器虛擬化核心服務，視企業需求，加購先進虛擬網路與虛擬儲存管理套件。VMware VCenter 是虛擬化管理伺服器，管理虛擬化產品的佈署、軟體

更新、各 Sphere 伺服器間的移轉等。VMotion 則提供虛擬機與虛擬機間的線上遷移作業。

VMware View 為 VMware 桌面虛擬化核心產品。VMware View 可以實施虛擬主機桌面與虛擬桌面串流兩種桌面虛擬化架構。在前端電腦安裝 VMware VSphere for Desktop 以提供前端電腦的虛擬化作業。VMware View Manager 則是連接中介伺服器，用來監督前端電腦與後端伺服器的連線和前端電腦認證等作業。此外，VMware ThinApp 提供應用程式串流至前端電腦，讓多使用者可以共享應用程式。VMware View iPad Client 則提供 iPad 使用者亦能享有一般電腦桌面的作業。

9-6-2　Microsoft虛擬化產品

微軟虛擬化產品主要包含伺服器虛擬化與桌面 / 應用程式虛擬化。

早期微軟伺服器還有寄宿 (Host) 的伺服器虛擬化架構 Virtual Server，現在則以 Hyper-V 為主。Hyper-V 是原生 (Native) 的伺服器虛擬化架構，目前主要伺服器作業系統為 Hyper-V 2016 Server。Hyper-V 是由微軟與 Intel、AMD 等 CPU 晶片商進行合作與發展的硬體輔助虛擬化技術，能加快 Hyper-V 與 x86 機器資源的運用。Hyper-V 支援的寄生作業系統包括：Windows XP Server、Windows 7、Windows 10 / 11、Suse Linux 等。

微軟在桌面 / 應用程式虛擬化上則包含二個主軸產品：

1. Application Virtualization (App-V)。

2. Remote Desktop Services (RDS)。

App-V 是一種應用程式虛擬化解決方案，讓企業可以在同一個前端電腦上執行新、舊版應用程式而不相互干擾。App-V 串流伺服器 (Streaming Server) 可以將虛擬機與虛擬機的應用程式打包，推播到前端電腦或其他伺服器上。這讓企業可以將應用程式自動地安裝到大量的前端電腦群中。

RDS 則是實行遠端桌面虛擬化架構，讓前端電腦無須安裝各種應用程式即可操作。RDS 實現方式可以有：

1. 典型的終端服務方式。
2. 搭配伺服器端的 Hyper-V，形成虛擬主機桌面的虛擬化管理。
3. 搭配伺服器端的 Hyper-V、App-V，形成應用程式串流的虛擬化架構，讓前端使用者可以運行多個版本的應用程式，並借用 Hyper-V 的集中式管理與發佈功能。

9-6-3　Citrix虛擬化產品

Citrix 是以桌面虛擬化產品聞名的軟體公司，目前主要提供了 XenDesktop、XenApp、XenServer 等桌面虛擬化、應用程式虛擬化與伺服器虛擬化產品。

XenDesktop 是 Citrix 最富盛名的桌面虛擬化產品，可將 Windows 桌面與應用程式，透過各種設備傳遞給使用者。XenDesktop 及 XenApp 提供前述各種桌面虛擬化的技術實現架構，例如：終端服務、虛擬主機桌面、虛擬桌面串流、應用程式串流。Citrix 將虛擬主機桌面的實施方式稱為 VDI (Virtual Desktop Infrastructure)，可讓每個使用者享有各自虛擬化作業系統、應用程式環境，或共享共同虛擬作業系統的集中資源池方式。Citrix 的虛擬桌面串流則稱為 Type 1 Client Hypervisor，使用者前端電腦必須安裝 XenClient 的前端電腦虛擬機監督器。XenApp 則提供應用程式虛擬化，讓應用程式串流推播到前端電腦。XenApp 也提供應用程式的終端服務展現，讓使用者前端不需安裝應用程式，透過網路連到伺服器端，將應用程式的影像顯示到前端電腦。XenDesktop 可以支援 iOS、Android、BlackBerry 等作業系統的平板電腦、智慧手機作為前端電腦；也可支援微軟 Windows 或 Linux 的嵌入式精簡型電腦。同時，XenDesktop 也提供各種智慧手機的行動化開發工具，讓使用虛擬桌面的使用者也能利用到智慧設備上的各種功能，如：GPS 定位系統。XenDesktop 亦支援高解析度的 3D 桌面影像虛擬化。XenDesktop 的虛擬桌面伺服器可採用微軟 Hyper-V、VMware Sphere 以及 Citrix 自己的 XenServer 伺服器。

9-6-4　其他虛擬化產品

其他著名的虛擬化產品公司尚有 IBM、HP、Oracle 等。這些公司除了發展 x86 硬體的虛擬化外，亦發展大型主機系統的伺服器虛擬化，如：IBM Power 系列的 RISC 規格電腦與 AIX 作業系統。此外，IBM、HP、EMC、Hitachi Data Systems、Juniper Network、F5 Network 等各公司亦發展儲存虛擬化、網路虛擬化等軟硬體產品。

9-7 小結

　　本章的介紹可以了解虛擬化的概念，以及雲端運算的五種常見虛擬化類型、應用方向與技術。伺服器虛擬化的重點在於整合伺服器、善用計算資源池；桌面虛擬化則注重減少企業個人電腦管理成本與資源安全存取；應用程式虛擬化隔離不同的應用程式與作業系統依賴。儲存虛擬化與網路虛擬化共享儲存及網路資源。不同虛擬化類型亦可細分為不同的應用架構與適用情境。讀者必須仔細區分不同虛擬化的應用架構與適用的情境，再進一步的了解技術的細節。

習題

● 問答題

1. 請說明虛擬化的意義、特性與限制。

2. 請說明目前企業虛擬化的應用方向。

3. 請說明虛擬化的成熟階段,並詳述每一階段的意義。

4. 請說明虛擬化的五大技術類型及其意義。

5. 請比較原生與寄宿伺服器虛擬化的差異。

6. 請說明桌面虛擬化的使用對象與應用情境。

7. 請比較以伺服器為主、儲存設備為主、網路為主等三種不同儲存虛擬化架構的差異。

8. 請比較網路服務虛擬化、網路設備虛擬化、網路連結虛擬化等三種不同網路虛擬化架構的差異。

9. 請說明虛擬機監督器的意義。

10. 請說明並比較全虛擬化、半虛擬化、硬體輔助虛擬化。

11. 請說明並比較終端服務、虛擬主機桌面、虛擬桌面串流、應用程式串流。

● 討論題

1. A 公司為引進虛擬化技術來協助企業發展與降低資訊軟硬體成本,請問以下情境,您會建議採用何種虛擬化技術?

A. 減少伺服器,進行伺服器整併。

B. 減少管理客服中心人員桌上系統的複雜性。

C. 讓舊有應用程式能運行在新的桌面系統上。

D. 管控外包人員使用企業的資訊系統資源。

E. 保證外出工作者可以享受企業一定的網路頻寬服務。

F. 進行備援,減少重要資料的遺失。

習題

2. B 公司為引進微軟桌面虛擬化技術來協助企業管理各種工作人員的桌面系統，請問以下不同角色，您會建議採用何種微軟的虛擬化技術？ 並說明理由。

    A. 業務人員。

    B. 客服人員。

    C. 外包人員。

    D. 架構工程師。

    E. 在家工作人員。

雲端運算的軟體架構與設計

　　虛擬化技術著重於將硬體與作業系統的資源轉換為服務，提供給服務供給者或使用者。而應用層面的軟體該如何被轉換為服務？本章著重在雲端運算軟體架構的設計概念及模式介紹，以探討 SaaS、PaaS 服務的軟體設計邏輯。

　　本章首先介紹雲端運算軟體架構設計的意義與模式，並指出設計的要點。其次，介紹多租戶架構設計與模式，以及 SOA 服務導向架構概念與微服務發展。最後，舉出幾個著名 SaaS/PaaS 服務商的雲端服務軟體設計邏輯。透過本章，讀者能了解雲端運算中，多租戶、服務導向、微服務等架構的重要性，以及雲端服務軟體架構設計的發展趨勢。

● 10-1　概念

● 10-1-1　意義

　　雲端運算對於軟體與服務的設計將會帶來不少的挑戰。例如：

1. 許多使用者同時使用服務時，如何能根據使用的尖峰來延展資源的使用？

2. 服務必須能夠低延遲地傳送給使用者。

3. 服務如何能不間斷地提供使用者使用？

4. 服務可能常進行變更，如何確保線上使用者不受影響？

5. 使用者可能對雲端服務的使用介面、作業流程、商業邏輯、資料格式、執行績效等各有不同需求，如何滿足不同使用者的服務等級需求？

6. 如何能讓使用者共享資源又各自不互相干擾？

　　不僅是使用者在選擇 SaaS 服務時，必須評估不同雲端服務業者的軟體架構設計方式，SaaS 服務業者與 PaaS 服務業者在選擇服務合作夥伴或設計軟體的服務架構時，更應仔細地衡量成本以及軟體設計複雜度，以滿足使用者的需求，並提供具有特色的設計架構。

　　表 10-1 列出雲端運算軟體架構的技術與服務需求。其中，市場服務、管理服務、開發服務、整合服務等，會依據 SaaS 或 PaaS 雲端服務業者的營運或市場經營需求，而提供不同的服務。

　　本章主要探討重點以技術需求部分爲主。

表10-1　雲端運算軟體架構需求

技術需求		服務需求	
可調配 (Configuration)	如何滿足使用者在使用者介面、商業邏輯、資料模型、資料格式、執行績效等不同需求？	市場服務 (Market Service)	如何滿足計價、計費、服務水準管理、簽約、服務目錄、商場管理等需求？
可靠性 (Reliability)	如何確保服務的可靠性？不容易中斷？可快速復原？	管理服務 (Management Service)	如何滿足監控服務運行狀況、績效、費用、錯誤處理、自我操作等需求？
延展性 (Scalability)	如何依服務的資源消耗需求，擴展資源，以提升服務的執行效率或減低資源浪費？	開發服務 (Development Service)	如何提供開發工具、商業元件、支持語言、應用程式生命週期管理等需求？
整合 (Integration)	如何讓服務可以與外界設備、系統容易地進行整合？	整合服務 (Integration Service)	如何提供各種資料整合、流程整合、設備整合等工具與元件，以滿足服務整合需求？
資訊安全 (Security)	如何提供存取服務、資料的授權、認證、加密等各種層次的安全？	應用服務 (Application Service)	提供不同應用軟體服務需求，如：CRM Service, ERP Service, Database Service…等。
標準 (Standard)	是否提供開放的應用程式介面？標準的資料格式？標準的商業格式？		

●10-1-2　架構設計模式

針對表 10-1 的技術需求，以下列出幾項在設計雲端服務常見的軟體架構設計模式考量。

一、多租戶架構模式

多租戶架構 (multi-tenancy) 主要目的是讓分享硬體資源的軟體與使用者 (稱為「租戶」，tenant) 可以各自隔離、且不受干擾地使用資源。各種多租戶架構模式不但可以隔離資料使用、執行績效、資訊安全、商業邏輯等，更可以根據不同租戶需求，進行調配與客製化服務。例如：

1. **資料隔離**：可讓不同租戶擁有不同的資料結構與格式，達到各自的資料使用需求。

2. **執行績效隔離**：可滿足不同租戶對於服務執行績效水準的不同。

3. **商業邏輯隔離**：可讓不同租戶使用不同的商業邏輯應用。

4. **管理隔離**：可讓管理者在處理某些租戶的應用服務升級、資料備份等管理工作時，不影響其他租戶。

因租戶的需求不盡相同，所以這些設定通常記錄在後設資料庫 (metadata) 中。

二、資料模式

傳統企業的軟體系統利用關聯式資料庫管理系統 (RDBMS, Relational Database Management System) 儲存與處理資料。關聯式資料庫主要的精神在於維持資料交易 (transactions) 的一致性。ACID (Atomic, Consistency, Isolation, Durability) 的設計原則如下：

1. **原子性 (Atomic)**：資料交易要不是全部成功，就是全部失敗 (All or Nothing)。一旦某個子交易失敗，所有的交易都必須復原到原始狀況。

2. **一致性 (Consistency)**：所有的交易發生後，資料庫均能維持穩定的狀態，讓後續的交易能符合預期地進行。

3. **隔離性 (Isolation)**：能讓同時發生的交易循序地執行，而符合預期上的資料更新。

4. **永久性 (Durability)**：資料交易更新後，能永久的儲存於資料庫，直到另一個交易改變狀態。

關聯式表格的設計與正規化的方法能達到 ACID 的交易原則。如圖 10-1 即為典型的關聯式表格設計方式；公司、訂單、產品分開成不同表格，且彼此關聯。各表格的新增與刪除將減少對其他表格的影響。然而，在雲端運算環境中，傳統的關聯式資料模型則必須重新思考與設計，例如：

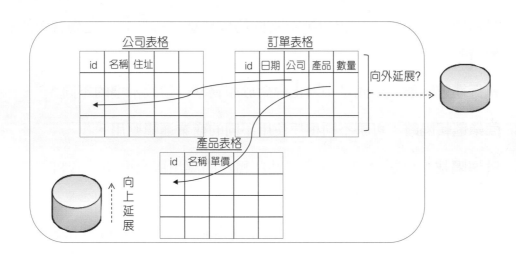

▶圖10-1　關聯式資料架構

1. **延展性**：關聯式資料架構利用表格之間的關聯性，以達到資料的一致性，如圖 10-1 所示。當資料逐漸累積，且超過原本資料庫的負荷時，常造成資料儲存空間不足或查詢效率減慢。資料庫管理員的作法通常是以增加資料庫系統的 CPU、儲存空間 (向上延展，Scale-up) 的方式解決問題。然而，單一系統的向上延展仍有其硬體上的限制。而關聯式表格很難將資料的關聯性打斷而放在不同的資料庫上，所以並不容易達到向外延展 (Scale-out)。例如：很難將部分訂單表格資料延展至不同資料庫上。

2. **資料分割**：一旦應用系統放在網路或雲端服務上，接受數以萬計的企業租戶 (tenant) 資料，可能會使得前述所提的「增加單一實體，向上延展資源」的方式更加不可行。為強化向外延展的方式，可以採取兩種資料分割的方式：(1) 依租戶別分割；(2) 依應用別分割。依租戶別分割方式，將租戶資料儲存在不同的資料庫上，利用一個查詢系統尋找正確的資料庫，以存取與更新該租戶的資料 (如圖 10-2)。按照應用的類別分割，則將資料依應用功能的不同，放置在不同的資料庫上。如圖 10-3 為 eBay 網路商店的作法，分為使用者資料、不同類別產品項目、帳號、交易資料。這兩種作法則可以依資料量的增加，向外延展新資料庫。

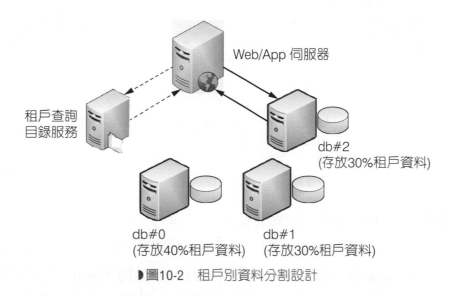

▶圖10-2　租戶別資料分割設計

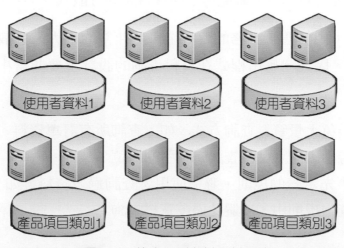

▶圖10-3　依應用別資料分割設計

3. **動態資料結構**：關聯式資料表的結構必須事先定義，當更動資料結構時必須停止服務，並檢視舊有資料的相依性。但在雲端服務環境下，必須隨時的運作，不允許有服務停止的狀況。Amazon 即提出 SimpleDB 的架構，利用 domain 作為承載多個項目的單位 (類似關聯式的「表格」)。而每一個項目則是一組屬性與值 (key and value) 的組合。不像關聯式表格必須事先定義屬性，如圖 10-4 所示，只要新增一筆「屬性與值」的組合即可。這即是非傳統關聯式資料庫 (NoSQL) 設計方式的一種。第十二章將詳細的介紹非傳統關聯式資料庫的設計。

Domain: Product

名稱	類別	顏色	尺寸	
產品1	汗衫	藍, 白	S, M	

→

名稱	類別	顏色	尺寸	材質
產品1	汗衫	藍, 白	S, M	
產品2	外套	黑, 紅	S, M	防潑水

PutAttribute(domain=>"product", name==>"產品2",
class=>"外套", color=>"黑, 紅",
size=>"S,M", material=>"防潑水")

▶圖10-4　彈性資料結構設計

4. **本地交易**：由於資料可能向外擴展在不同的資料庫系統上，所以雲端服務的資料交易以本地資料庫交易為原則，盡量避免跨資料庫系統的交易。例如：圖 10-2 依租戶的資料來分割與設計，避免跨不同租戶資料交易的應用程式邏輯。圖 10-3 顯示的 eBay 雲端資料庫設計，租戶的購買交易以發生在某交易資料庫為主，避免跨不同資料庫的分散式交易行為。

5. **資料查詢**：由於雲端服務的資料量可能非常的龐大、且散佈在不同的資料庫系統上，因此，應用程式在資料查詢的設計上要非常小心。需要注意的事項為：

(1) 必須避免大量資料查詢方式，如：查詢所有訂單資料。

(2) 查詢時必須注意是否查詢有索引的欄位。

(3) 預藏事先定義的規則，避免使用者查詢過多資料。如：將租戶 ID 放在預設查詢規則中，以避免過多資料查詢。

(4) 簡化查詢語法，避免與多種資料表的關聯。除了在查詢內容的設計上，常見的架構性設計包括：利用索引伺服器查詢、並行查詢多個資料庫等。

三、計算模式

　　為支持高延展性、可用性等特色，雲端運算軟體架構也要仔細規劃計算模式。通常為了雲端服務可以容易地向外擴展，必須採用無狀態 (stateless) 的設計方式。如圖 10-5 所示，透過負載平衡器可以讓計算分散在不同的應用伺服器上 (Web/AP Server)。每一個應用程式在運行時，應將使用者執行的狀態 (state data，如：產品訂購資料、查詢條件、瀏覽頁數) 記錄在資料庫或集中的暫存記憶體中 (Cache)。如此一來，可以隨時依負載狀況，轉移到另一應用伺服器上執行。

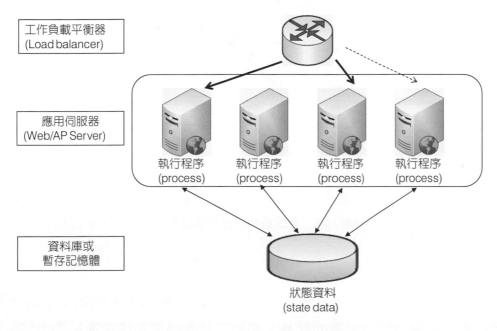

▶圖10-5　無狀態計算模式設計

　　如果處理的伺服器可能跨遠端或不在同一資料中心，甚至是跨雲端服務，很難保證遠端的服務當下正常運行的。如：與遠端的銀行服務進行金融清算交易時，常採用非同步的訊息連結方式來溝通互相獨立的雲端服務。如圖 10-6 所示，服務 A 將欲溝通的資訊，以非同步的方式放在某一訊息列。服務 B 則定期從訊息列取得訊息並進行處理。這也是為什麼在 SaaS、PaaS 服務中常支援訊息佇列 (message queue) 的原因。

▶圖10-6　非同步訊息交換計算模式設計

還有一種計算模式則是處理大量資料的運算，例如：Google 利用 MapReduce 的處理方式，將資料分割與合併，以分散每個資料處理伺服器的負荷量，加速運算作業 (如圖 10-7)。

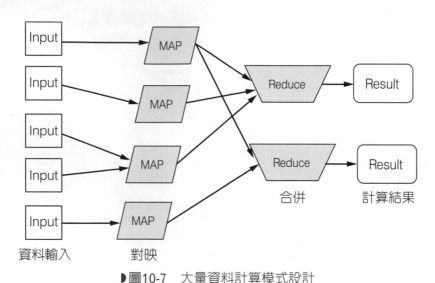

▶圖10-7　大量資料計算模式設計

四、交易模式

前述提到，雲端服務的交易原則上以本地資料交易為主，例如：eBay 的資料交易設計就不允許跨不同伺服器的交易。如果交易非得要牽涉跨遠端的兩個服務或資料，則必須謹慎處理分散式交易的問題。一般的跨遠端服務交易處理原則是採用容忍式操作 (tentative operation)，即當雙方要進行遠端交易時，要允許發生交易失敗而復原的可能。例如：要同時給帳戶 A 與帳戶 B 增加 100 元。帳戶 A 與帳戶 B 可以各自增加 100 元，但是應用程式必須確保未來雙方之一交易失敗時，仍然可以減少 100 元以回復交易；如：不允許各帳戶的餘額低於 100 元。這比起傳統交易模式中，將帳戶 A 與帳戶 B 鎖住 (lock)，不准再進行資料交易的作法更適合遠端交易

模式。如果雲端服務應用程式非得進行遠端的分散式交易，就必須仔細思考這些資料交易的處理細節。

五、整合模式

　　前述內容牽涉到跨遠端雲端服務的溝通與交易，必須考慮到服務間溝通型態與訊息格式。例如：利用訊息佇列的非同步訊息交換方式，而非即時的互動回應方式。在訊息交換的格式上，可以利用雲端服務特有的應用程式介面，讓相連結的服務呼叫。但這樣的作法可能會讓服務間相依性太高，造成應用程式一旦被呼叫的功能改變，則可能必須改變另一個服務的叫用方式。雲端服務供應商漸漸在其服務呼叫介面上支援 Web Services，或利用 SOA (Service Oriented Architeture) 架構設計，以增加服務的可連結性與開放性。下個段落將會更進一步的介紹 Web Services 與 SOA 服務導向架構。

六、資訊安全模式

　　雲端運算集中各種資源在資源池上，讓使用者可以遠端的存取、分享，也因此，雲端運算的資訊安全變得非常受到重視。雲端運算資訊安全牽涉到授權、認證、傳輸加密、資料加密、存取控制、資訊安全稽核等各種議題，以及軟體架構的設計方式。本章先指出雲端資訊安全與傳統網路服務的架構性差異，以作為軟體架構的設計考量。如圖 10-8 所示，傳統在設計網路服務的資訊安全時，大都著重在外部的攻擊，如：網路傳遞訊息的加密、使用者授權的認證、入侵偵測等。這主要考量到使用者、Web 伺服器、應用伺服器、資料庫分散在不同地方而利用網路連結，容易遭受不同地點程式的攻擊。雲端服務則要更進一步的思考不同租戶 (tenant) 可能共享 Web 伺服器、應用伺服器、資料庫等虛擬資源，讓有不良意圖的租戶透過合法管道進入雲端服務，而攻擊或竊取其他租戶的資料，如圖 10-8 所示。

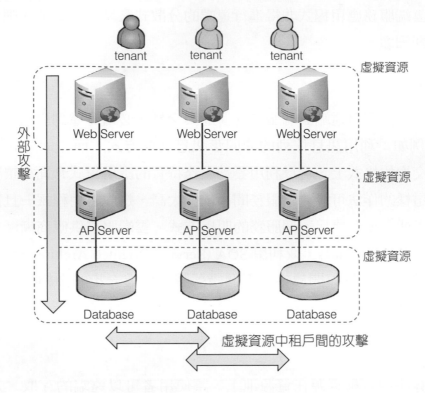

tenant　　　tenant　　　tenant

虛擬資源

外部攻擊

Web Server　　Web Server　　Web Server

虛擬資源

AP Server　　AP Server　　AP Server

虛擬資源

Database　　Database　　Database

虛擬資源中租戶間的攻擊

▶圖10-8　資訊安全模式設計

10-2　多租戶架構的概念與發展

10-2-1　意義

　　雲端運算的主要目的在於提供各個租戶 (tenant) 分享軟硬體資源，如：伺服器、作業系統、資料庫、應用程式等。這樣的分享方式造成許多潛在的問題，雲端運算軟體架構設計者必須仔細規劃，例如：

1. **隔離**：如何使租戶不相互影響？ 如：資料不相互影響、執行效能不相互影響、應用程式升級不相互影響、資料復原不相互影響等。

2. **客製化**：如何讓每個租戶能根據其需求而有不同的使用者介面、商業邏輯、作業流程、資料格式與內容？

3. **安全性**：如何避免惡意的租戶竊取其他租戶的資訊，或造成服務的癱瘓等資訊安全議題？

　　軟硬體資源分享的目的，在於降低每一個租戶資源使用的成本。然而，租戶分享的軟硬體資源愈多，確保隔離、客製化與安全性的軟體設計就愈複雜。雲端服務業者和企業資訊部門在設計多租戶架構時，須仔細權衡降低成本與複雜設計的利弊得失，設計適合自己的多租戶雲端運算架構。

　　簡而言之，多租戶架構即是在各種不同軟硬體資源分享的前提下，設計各種隔離、客製化、安全保護的解決方案。

10-2-2　SaaS成熟模型

　　正由於多租戶架構的複雜性，以及不同設計複雜度的考量，產學界提出各種 SaaS 的成熟模型，以辨別不同的設計方式。雲端服務或 SaaS 服務分為以下幾個階層來分析其成熟度：

1. **資料 (data)**：租戶是否共享同一個資料庫系統、資料綱要 (schema) 或資料表格？

2. **系統 (system)**：租戶在硬體、作業系統、資料庫、應用伺服器、應用程式等系統，是否共享同一個執行緒？

3. **服務 (service)**：租戶享受的服務是否可調配 (configurable) 以及客製化 (customizable)？可調配與客製化的範圍是在使用介面、商業邏輯還是商業流程？其精細程度為何？

4. **商業 (business)**：租戶是否可彈性地訂定服務等級水準 (SLA, Service Level Agreement)？

以下我們將介紹系統、資料與服務等軟體服務層次的多租戶議題。

10-2-3　系統層次

　　多租戶架構可以從租戶共享不同系統階層的軟硬體資源進行分類。如圖 10-9 所示，依照硬體 (HW)、作業系統 (OS)、資料庫平台 (DP)、應用程式平台 (AP)、應用程式邏輯 (Lo) 等軟硬體資源共享與否，分類成以下 6 種多租戶架構模式。

1. **Shared Nothing 模式**

Shared Nothing 模式讓租戶的應用程式運行在各自獨立的應用程式、伺服器系統、資料庫系統、作業系統與伺服器硬體。這種方式僅有分享共同網路頻寬資源、機房基礎設施、機房管理人員等，節省軟硬體成本。

Shared Nothing 模式類似於傳統的代管模式，但有兩個主要差異：

(1) 整個軟硬體仍是服務業者提供，而非企業租戶自有機器。

(2) 在應用軟體上維持同一套軟體，而非代管模式讓企業租戶安裝不同軟體。

這種模式最大的好處是完全隔離企業租戶，容易進行客製化處理。此外，傳統軟體很容易地安裝在這樣的環境下，而不需修改原有的程式。但這樣的模式不能真正稱為多租戶架構，僅是讓租戶感覺共用同一個資料中心服務而已。許多傳統的商業軟體廠商為了快速進入雲端服務市場，首先發展這樣的服務，如：SAP CRM OnDemand、Oracle CRM On Demand Private Edition、E2Open Multi-Enterprise Business Process Platform。

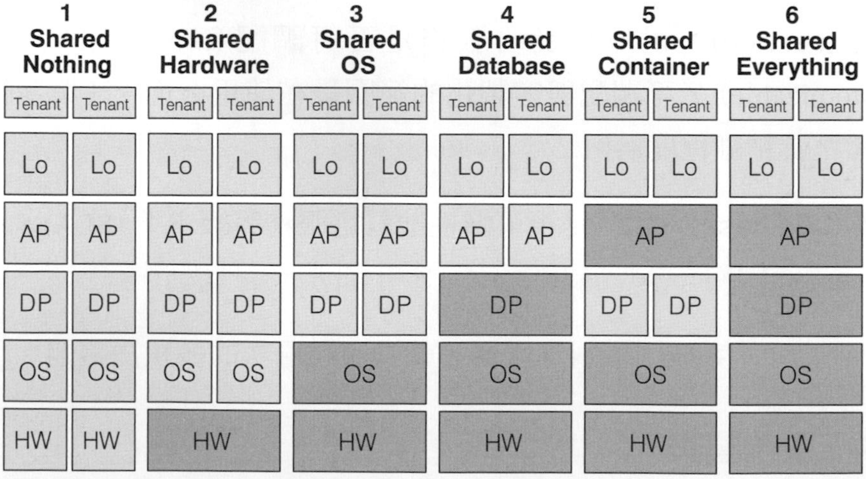

1 Shared Nothing		2 Shared Hardware		3 Shared OS		4 Shared Database		5 Shared Container		6 Shared Everything	
Tenant	Tenant	Tenant	Tenant	Tenant	Tenant	Tenant	Tenant	Tenant	Tenant	Tenant	Tenant
Lo	Lo	Lo	Lo	Lo	Lo	Lo	Lo	Lo	Lo	Lo	Lo
AP	AP	AP	AP	AP	AP	AP	AP	AP		AP	
DP	DP	DP	DP	DP	DP	DP		DP	DP	DP	
OS	OS	OS	OS	OS		OS		OS		OS	
HW	HW	HW		HW		HW		HW		HW	

LO：應用程式邏輯；AP：應用程式平台；DP：資料平台；OS：作業系統；HW：硬體

▶圖10-9　多租戶架構系統模式 (參考資料：Gartner)

2. **Shared Hardware 模式**

   Shared Hardware 模式讓租戶可以共享相同的伺服器硬體，如：x86 伺服器。租戶的應用程式可以各自運行在不同的作業系統、應用伺服軟體、資料庫系統上。這意味著租戶的應用程式能夠隨著運行伺服器的資源不足而自動轉移到另一個伺服器上運行（例如：利用 Microsoft Fabric Controller 自動轉移）。

   然而，這樣的轉移必須把作業系統、應用程式、應用平台、資料平台整個映像複製一份轉移到新的虛擬機器上，造成許多重複的資源浪費。此外，應用程式也必須能夠支援散佈在多個伺服器的作法，如：無狀態的應用程式設計，可以容易地散佈在不同的虛擬機上。但許多虛擬機的執行緒共同存取一個實體資料儲存設備，可能會有讀取資料上的困難。在節省成本上，最大好處是共用伺服器硬體；但作業系統、資料平台、應用平台必須每個租戶各自負擔成本。使用這種類型的服務廠商包括：Microsoft Windows Azure Platform、Adobe LiveCycle Managed Services 等。

3. **Shared OS 模式**

   Shared OS 模式讓租戶可共享在相同的伺服器硬體與作業系統上。相較於 Shared Hardware 模式，Shared OS 模式更可節省作業系統的授權成本，與映像檔複製到另一個虛擬機上的資源重複。

   為了資訊安全或簡化資料處理，不同租戶仍將資料放在不同的資料庫系統上。這種模式讓傳統的應用程式可以立即轉移到虛擬機器運行，不需修改程式。例如：Google App Engine、Heroku 服務是此種作法。

4. **Shared Database 模式**

   Shared Database 模式讓租戶共享在伺服器硬體、作業系統及資料庫系統上，但租戶的應用程式執行於不同的執行緒。不同租戶的資料處理執行在相同資料庫執行緒上，可節省資料庫系統授權費與共享資料庫執行資源。Shared Database 作法是在資料庫上利用租戶識別碼來分離多租戶的不同功能設定與資料，如：Epicor Vantage、Google App Engine、Netsuite 即是這種作法。

5. Shared Container 模式

Shared Container 模式讓租戶的應用程式可執行在相同執行緒中,但各租戶則存取不同的資料庫執行緒或不同的資料庫伺服器。資料庫系統主要是讓租戶資料可以容易隔離且操作,而在應用程式執行上能夠充分地分享資源。

這種讓租戶的應用程式能執行在同一個應用容器 (application container) 的執行緒上,需要支援多租戶的應用伺服平台 -CEAP (Cloud Enabled Application Platform) 來處理。CEAP 可以管理與分配每一個租戶應用程式所能使用的記憶體與 CPU 資源。CEAP 利用後設資料庫 (metadata) 以管理每個租戶的身分、資源運用狀況、優先等級,以及客製化資料等。

Shared Container 的作法必須要修改既有的程式,以處理後設資料庫的設定。程式開發者也必須學習每個 CEAP 所提供的程式設計框架。每個租戶獨立資料庫系統的好處是避免產生資訊安全的問題以及資料遷移、復原時的隔離。例如:LongJump 雲端服務即是這種作法。

6. Shared Everything 模式

Shared Everything 模式讓租戶的應用程式可以執行在相同的執行緒中,且租戶共享相同資料庫系統執行緒。這也意味著應用程式執行與資料庫系統的執行將在前述 CEAP 軟體平台統一管理。

這種分享方式可以節省最多的軟硬體成本,但也必須考量到,將不同租戶放在同一個應用執行緒、資料庫中的資訊安全問題。如何隔離不同租戶資料、應用執行及提供客製化處理,是最複雜的設計考量。例如:Salesforce.com、Rackspace Cloud Sites 即是此種設計方式。

7. 彈性的客製化模式

早期 SaaS 服務設計可能基於設計的複雜度、成本考量、服務對象等,而利用前述的某種多租戶架構模式設計。例如:Salesforce.com 以 Shared Everything 模 式 設 計;Epicor Vantage、Google App Engine 等 以 Shared Database 模式設計。但隨著技術與企業租戶使用日趨成熟,已朝向可提供租戶彈性地選擇不同模式。例如:某企業擔心資訊安全問題,願意付較高的服務費用而選定 Shared Hardware 模式。一般企業則可選擇 Shared

Everything 模式以降低成本。雲端服務業者也可依應用服務屬性設計架構：敏感的 SaaS 應用服務 (如：財務管理應用服務) 可選擇 Shared Container 模式以避免資料外洩；商業邏輯差異化大的 SaaS 應用服務則可選擇 Shared Database 模式，以避免設計過於複雜。

許多應用伺服器廠商，如：RedHat、Oracle 亦紛紛發展支援多租戶的應用伺服器 (CEAP, Cloud Enabled Application Platform)，讓雲端服務業者或企業可以快速地建置各種多租戶架構模式的 SaaS 服務。

10-2-4　資料層次

一、概念與模式

　　系統層次設計的重點在於：如何讓租戶應用程式執行緒運行在軟硬體系統上，進行分享與隔離。資料層次多的租戶架構則將焦點放在租戶資料上，進行資料的分享與隔離。可分為三種型式：

(1) 不同租戶各自擁有不同的資料庫系統 (Separate Database)。
(2) 不同租戶分享相同資料庫系統，但資料放在不同的資料庫綱要 (Shared Database, Separate Schema)。
(3) 不同租戶資料放在相同資料庫系統與相同資料庫綱要下 (Shared Database, Shared Schema)。三種多租戶資料模式如圖 10-10。

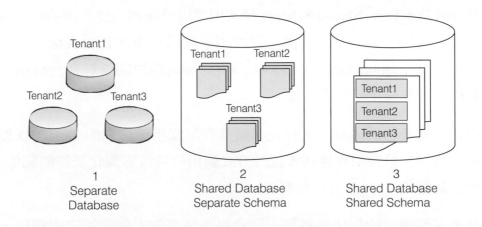

▶圖10-10　多租戶架構資料模式

1. **Separate Database 模式**

   Separate Database 模式讓每個租戶擁有各自的資料庫系統，租戶資料邏輯上與其他租戶分開，這使得每個租戶可以很容易地使用各自擁有的資料而不相互干擾，包括：資料表格的建置與客製化、復原與備份。然而，每個租戶啟動不同的資料庫系統 (資料庫管理系統執行緒)，將造成伺服器資源的負擔過重，甚至超過單一伺服器所能承載的資料庫系統數目。這種模式常設計在對資料敏感的企業或行業，如：金融業、醫療業，以避免資料外洩。

2. **Shared Database, Separate Schema 模式**

   Shared Database, Separate Schema 模式讓租戶運行在同一個資料庫系統下，但各自擁有不同的資料表格群組 (資料庫綱要)。這使得每個租戶可以利用與操作各自的資料庫綱要下的表格與資料，而較不容易干擾其他租戶的資料使用。在常見的資料庫系統中，可以用 SchemaName.TableName 來分隔各租戶使用其各自的資料表格，並限定帳戶可以使用的各租戶綱要的權限。

   由於租戶共享同一個資料庫系統執行緒，較 Separate Database 可節省資料庫伺服器的資源耗費。然而，要進行資料庫系統的維護與復原，要注意是否影響其他租戶的資料正確性。資料庫管理員通常要小心地進行各自租戶資料庫綱要的備份與復原，以減少整體資料庫的復原動作可能造成其他租戶資料的不一致。

3. **Shared Database, Shared Schema 模式**

   Shared Database, Shared Schema 模式則讓租戶在同一資料庫系統、資料庫綱要下分享同一群表格，可節省資料庫系統以及重複資料表格的空間。但由於租戶共享相同的資料表格，如何辨認每個租戶的資料及允許租戶客製化表格，則是一項設計的考量。

   在資料庫表格的設計上，首先必須具有記錄租戶識別的 TenantID 以辨別資料。其次，可利用兩種基本設計方式讓租戶可以客製化表格的欄位：(1) 預設客製欄位；(2) 自訂客製欄位。

   預設客製欄位的作法是將每一個資料表格都加上幾個固定的欄位，租戶可以視其需求在這些欄位填上資料。如圖 10-11 所示，一種作法是在每個表格

加上幾個特定型態的欄位，如：整數 (integer)、字串 (string)，租戶可以根據需要新增特定值。但租戶所需的客製欄位型態可能差異很大，無法符合每個租戶的需求。另一種彈性作法，則是表格均以字串型態儲存，另外再對映到另一個後設資料 (metadata)，以關聯其型態。但這種變動型態的缺點是必須做很多表格關聯 (Join) 進行查詢與更新，租戶多、資料量大，皆會影響整體資料庫的效率。

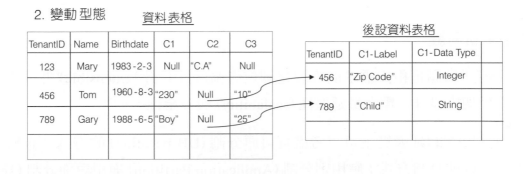

1. 固定型態　　資料表格

TenantID	Name	Birthdate	String1	String2	Integer1
123	Mary	1983-2-3	Null	"C.A"	Null
456	Tom	1960-8-3	Null	Null	10
789	Gary	1988-6-5	"Boy"	Null	25

2. 變動型態　　資料表格

TenantID	Name	Birthdate	C1	C2	C3
123	Mary	1983-2-3	Null	"C.A"	Null
456	Tom	1960-8-3	"230"	Null	"10"
789	Gary	1988-6-5	"Boy"	Null	"25"

後設資料表格

TenantID	C1-Label	C1-Data Type	
456	"Zip Code"	Integer	
789	"Child"	String	

▶圖10-11　預設欄位表格設計方式

　　預設欄位表格的作法較為簡單，只要在資料表格預設特定數目的欄位即可。但對於有些租戶來說，這些預設的欄位數可能不能夠滿足其需求。自訂欄位表格的作法則讓租戶可以動態地依其需求擴增所需的欄位數。如圖 10-12 所示，將客製的欄位獨立成 1 個延伸資料表格，記錄客製欄位的值。租戶需要在主要的資料表格上建立新的關聯到延伸資料表格以及後設資料表格。這種作法就可以讓租戶依其需要，擴展多數量的客製欄位。這種作法的缺點在於設計上的複雜，以及關聯眾多表格的效率問題。如何在設計複雜、查詢效率、彈性客製欄位上進行取捨是一項問題，仍有許多產學界持續進行研究資料擴展的設計方式。

主要資料表格

TenantID	Name	Birthdate	RecordID	
123	Mary	1983-2-3	568	
456	Tom	1960-8-3	119	
789	Gary	1988-6-5	345	

後設資料表格

TenantID	ExtensionID	Label	DataType
123	6543	" ZipCode "	Integer
123	3756	"Child"	String

延伸資料表格

RecordID	ExtensionID	Value	
568	6543	230	
568	3756	"Boy"	

▶圖10-12　自訂欄位表格設計方式

二、其他設計考量

除了前述為滿足租戶需求的客製化欄位與擴展性設計 (extensible) 外，資料層次的多租戶架構設計還需考量延展性 (scalability) 與安全性。

在資料層次的延展性上可以考慮資料庫分割 (DB partition) 的方式。資料庫分割基本上有兩種分割方式：應用別分割 (Application Partition) 與租戶別分割 (Tenant Partition)。應用別分割指將不同的應用服務邏輯資料表分散在不同的資料庫分割區塊，以加快存取與搜尋速度。這主要來自於應用服務的領域知識，例如：將常變動的銷售訂單資料表與進貨資料表放在同一資料分割；主產品資料表則放在另一個分割。在多租戶的環境下，應用別分割代表著同一租戶的資料可能會依應用別散落在不同的資料庫分割上。這可能造成：

1. **效率隔離**：某一租戶大量的資料查詢，可能影響到所有分割上的資料存取，進一步影響到別的租戶的資料使用效率。

2. **可用性隔離**：因為每個租戶的資料分散在不同的資料庫分割上，若某一個資料分割損壞，即可能造成所有租戶的服務失敗。

3. **管理隔離**：管理者要進行資料備份與復原時，考量租戶資料的散落，必須小心管理資料間的一致性。

因此，在多租戶環境下通常採用租戶別分割，讓租戶的資料能彼此相互隔離。為避免租戶某些表格的資料過多，造成資料使用效率差，還可進行表格分割，如：依銷售單的地區別分割表格。此外，管理員也可監視某些租戶資料使用負荷量，而將其資料備份到效率較好的虛擬儲存設備。

在安全設計上，必須對存取權限與資料的安全有所考量。如一般系統的設計，存取權限可以利用認證伺服器、目錄服務來認證登入者的身分，並設定可讀取的資料表格範圍。但在多租戶架構下，必須額外考慮不同組織（租戶）與組織（租戶）內使用者權限的設定來控管權限。在資料安全上，則可採用不同的加密方式來加密各租戶存在資料庫中的資料，以避免被其他租戶或者資料庫管理者查看。

表 10-2 列出三種多租戶架構資料模式在擴展性、延伸性、安全性設計的考量，供讀者參考。

表10-2　多租戶架構資料模式的設計考量

模式	擴展性設計	延伸性設計	安全性設計
Separate Database	不同的租戶可操作與客製不同的資料庫表格	• 視每個租戶使用的資料庫多寡而調配資料庫資源 • 每個租戶的資料庫可再依應用別進行分割	• 資料庫存取權限驗證 • 租戶資料加密
Shared Database, Separate Schema	不同的租戶可操作與客製不同的資料庫表格	• 依租戶別的資料庫分割 • 依應用邏輯的表格分割	• 資料庫存取權限驗證 • 資料庫綱要存取權限驗證 • 租戶資料加密
Shared Database, Shared Schema	租戶共用同一群表格，利用(1)預設客製欄位，或(2)自訂客製欄位等設計以達成客製化的擴展	• 依租戶別的資料庫分割 • 依應用邏輯的表格分割	• 資料庫存取權限驗證 • 資料庫檢視表（View）過濾與存取權限 • 租戶資料加密

當然，上述僅考慮利用傳統關聯式資料庫系統來設計多租戶架構。非傳統關聯式資料庫 (NoSQL) 的設計則有不同的考量與設計方式，將在後續章節陸續介紹。

●10-2-5　服務層次

多租戶架構服務層次可以從兩個面向來檢視：

(1) 如何滿足租戶不同的應用服務的邏輯？

(2) 如何滿足不同租戶的服務整合需求？

本段落介紹如何滿足不同租戶的應用服務邏輯，下一節則介紹 SOA 服務整合。

前一個段落我們主要介紹了硬體、作業系統平台、資料平台、應用伺服平台的分享；本段落則介紹應用邏輯部分 (圖 10-9 的「Lo」)。對於租戶而言，應用邏輯可以分為以下幾個部分：

1. **使用者介面邏輯** (UI, User Interface)：我的應用服務畫面如何規劃？畫面顏色如何？選單如何規劃？操作方式如何？

2. **流程邏輯** (Process)：我的商業流程為何？主管審核與決策的規則與流程？訂單轉發流程？通報主管流程？

3. **服務邏輯** (Service)：我的應用軟體服務功能為何？訂單建立時是否可以多一個功能？是否可以列印報表？是否有各種報表形式？我的組織結構是否可修改？是否可多加一個組織角色？

4. **資料邏輯** (Data)：我的資料邏輯與格式為何？我的訂單是否可以新增欄位？欄位的格式與條件？客戶輸入訂單金額時，是否可以檢查格式的正確？

對於企業租戶而言，自己企業的運作流程、商業規則、操作方式各有不同考量。但雲端服務業者也必須提供一般企業與各行業的標準範本，讓企業租戶有所遵循，進行調配與客製。因此，應用服務邏輯的多租戶架構設計就在於如何記錄標準範本，以及在提供客製化程度上做設計上的考量。如圖 10-13 的 SaaS 架構，需要 UI Generator 產生不同租戶所需的使用介面、Workflow Engine 產生不同租戶所需的流程、Business Service 產生不同租戶所需商業規則與功能、Process Repository 記

錄標準與各租戶不同的商業流程資料、MetaData 記錄標準與各租戶不同的商業規則、功能、介面設定、資料欄位與關係等。Application Data 則記錄各個租戶的實際應用資料。

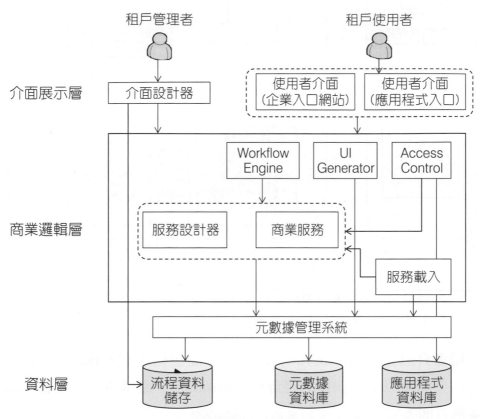

▶圖10-13　SaaS 概念 (資料來源：Kang et al. (2011))

　　愈能支持各種應用邏輯的調配及客製化，軟體架構設計就愈複雜。每一種應用邏輯還有不同的客製化關係與客製化程度，提供愈精細的客製化，愈能讓租戶隨其需求進行調配與客製，但設計複雜度亦隨之升高。圖 10-14 指出各種應用邏輯可能的客製化關係：

1. **資料邏輯 (Data Level)**：可組合 (composition) 多個資料物件、欄位 (field)。欄位間也可設定彼此的查驗規則或衍生關係。同一個欄位可以關聯不同的資料元件。

2. **服務邏輯 (Service Level)**：服務可以呼叫 (invoking) 其他服務。服務可以建立相互依存或排斥的限制性關係 (confinement)。也可以建立前後的循序關係 (sequence)。

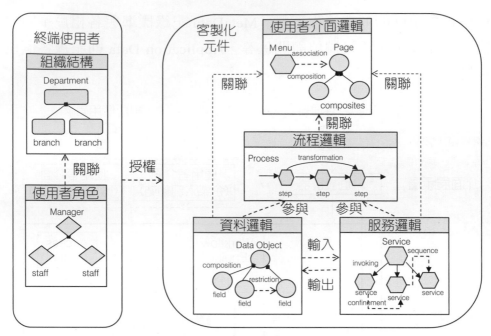

▶圖10-14 客製化關係模型 (資料來源：Li et al. (2009))

3. **流程邏輯 (Process Level)**：資料、服務、角色均可參與流程中。使用者可以客製化流程與資料、服務、角色的關係。

4. **使用者介面邏輯 (UI Level)**：使用者介面包括選單 (menu) 與頁面 (page)。一個頁面可以由多個頁面組合 (composition)、選單也可以關聯 (association) 多個頁面。

此外，應用邏輯間也有其對應關係。資料邏輯與服務邏輯來自於資料的輸入與輸出 (input, output)。資料邏輯與服務邏輯則可以參與 (participation) 流程邏輯：資料邏輯將資訊輸入流程邏輯，並可作為決策方向的判斷；服務則提供流程呼叫功能。資料邏輯與服務邏輯關係著 (associate) 使用者的介面：使用介面可以將資料邏輯與服務邏輯的結果顯示或提供資料輸入、服務啟動的介面。組織結構與使用者角色則提供授權 (permission) 來使用這些應用邏輯。

雲端服務業者可以決定是否提供哪幾種應用邏輯子元件與應用邏輯內、外關係的調配與客製。從商業角度來看，不見得客製化程度愈高的 SaaS 服務就愈能吸引企業客戶使用。有些較小型、微型的企業僅需要標準、快速設定的功能，例如：使用介面設定、新增報表即可，複雜的客製功能反而對其資訊人員是一種負擔。提供服務客製化的程度，視雲端服務業者面對市場以及商業策略的考量。

以下就幾種常見的客製化精細程度 (granularity) 分為四種模式介紹 (參考 Li et al. (2009)。

1. Parameter granularity 模式

   雲端服務業者已經提供各種固定的應用邏輯物件。使用者可以在現有應用邏輯的物件與物件關係下進行參數輸入的調配，如：調整選單選項、頁面顏色、更改欄位標籤等。使用者不需考慮應用邏輯元件內、外的關係。這種方式提供使用者簡易的操作方式，但也犧牲客製化的空間。

2. Object granularity 模式

   企業租戶可以利用模板或精靈工具建立各自所需的資料物件或欄位。租戶必須考慮資料元件的關係，如：建立某個資料元件下的欄位。

3. Cooperation granularity 模式

   企業租戶可以利用客製化的流程，讓多個資料元件與服務參與。租戶必須考慮流程的設計，並能介接多個資料元件的資料輸出、輸入與服務的呼叫與結果。

4. Coding granularity 模式

   服務業者可以提供其開發夥伴利用程式碼撰寫應用邏輯元件。租戶可以利用多樣的客製化應用邏輯元件與關係，享受最大的客製化彈性。

10-3　服務導向概念

10-3-1　意義

服務為導向的架構 (SOA, Service Oriented Architecture) 是一種軟體架構設計的原則，讓軟體功能以服務型態、鬆散耦合 (loosely coupled) 方式相互合作及隔離。所謂服務 (service) 指的是將軟體功能實作的商業邏輯隱藏，以標準的介面 (如：web service 格式) 呈現；服務間即可容易地進行叫用與資料交換。若服務溝通介面沒有改變，即使商業邏輯的軟體實作方式與服務所在位置有所改變，也不會影響服務間整合與溝通，這種服務間相依程度低稱為「鬆散耦合」的設計方式。如圖 10-15 所示，服務消費者 (或叫用者) 透過服務註冊者以尋找並取得所需服務的定義、規則、位置、傳遞方式，然後與所需的服務進行動態的溝通。

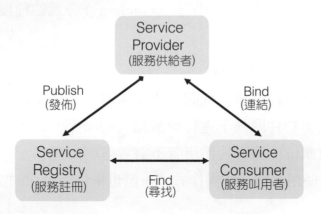

▶圖10-15　SOA基本概念

利用 SOA 的設計，可以讓企業 IT 的軟硬體資源更容易的整合，也更具有彈性。同時，這些軟體功能模組以服務的型態定義與註冊，也更容易重複利用。而透過標準定義的軟體功能模組介面，也讓 IT 部門在管理這些軟體元件時較為方便。

從商業的角度來看，若是 IT 軟硬體的整合容易、也較彈性化，將協助企業更靈活的面對劇烈變動的商業環境。這種彈性化概念與雲端運算想法如出一轍。

◢10-3-2　服務設計的方式

企業設計 SOA 服務的方式可分為兩種途徑：流程導向（或稱由上而下）及應用導向（或稱由下而上）。

流程導向途徑從辨認企業流程與事件開始，並了解企業所需的資訊與需求，然後不斷地解構企業流程，直到分割成各種完整、獨立的服務為止。

應用導向途徑則從既有的應用系統去思考如何劃分為相依性低、可重複利用的核心服務。進一步將現有的應用系統功能利用標準服務介面包覆，並些微修改實作方式，逐一組合成階層架構的服務，直到接近商業流程與作業邏輯。如圖 10-16 顯示出兩種服務設計的途徑，嘗試把真實的商業流程、運作邏輯轉換，對映到應用系統、IT 資源。其中，切割成最基本、獨立的服務稱為「原子服務」（atomic service）。「組合服務」（composite service）則組合各種服務，更接近實際商業流程與作業邏輯。

　　事實上，企業常常採用混合的途徑，從流程由上而下；從實際應用系統由下而上，反覆地思考與設計適合的服務元件。至於如何切割與組合服務元件，則有許多方法持續討論與建構，讀者可進一步詳讀關於服務導向架構設計的參考書。

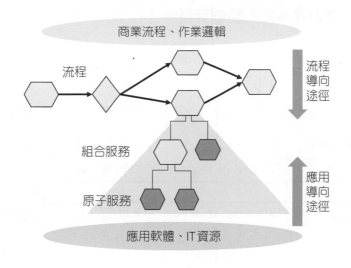

▶圖10-16　服務設計途徑

10-3-3　溝通介面標準

　　SOA 架構的服務間如何利用標準的介面與訊息進行溝通？ Web Services 是實作服務溝通介面最常見的方式。Web Services 是使用標準傳輸、解碼以及協定，來交換資料的應用程式。

　　Web Services 基於一組核心的通訊標準之上，這些標準包括：資料格式的 XML/JSON、資料傳遞方式的 SOAP/REST 通訊協定，以及說明 Web Services 功能的 Web Services 描述語言 (WSDL, Web Services Description Language)。其他的規格共同地稱為 WS-* 架構，定義 Web Services 探索、事件、附件、安全性、確保訊息可靠性、交易及管理等功能。以下簡介 SOAP、REST、XML、JSON。

一、SOAP (Simple Object Access Protocol)

SOAP 是最原始的 Web Services 通訊協定。定義了服務溝通的格式,並透過 HTTP 協定進行訊息的傳輸。圖 10-17 顯示了 SOAP 的傳遞方式,服務叫用者要求服務供應者回應一個訂單編號的詳細資料。

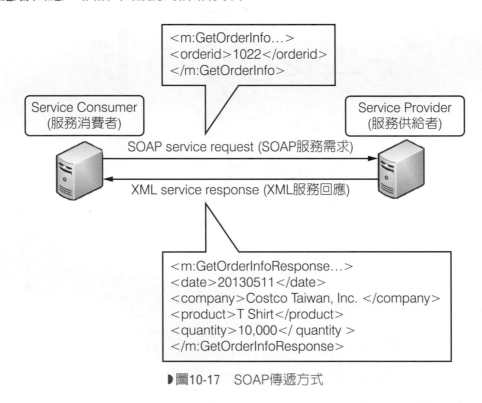

```
<m:GetOrderInfo...>
<orderid>1022</orderid>
</m:GetOrderInfo>
```

Service Consumer (服務消費者)   Service Provider (服務供給者)

SOAP service request (SOAP服務需求)

XML service response (XML服務回應)

```
<m:GetOrderInfoResponse...>
<date>20130511</date>
<company>Costco Taiwan, Inc. </company>
<product>T Shirt</product>
<quantity>10,000</ quantity >
</m:GetOrderInfoResponse>
```

▶圖10-17　SOAP傳遞方式

二、REST (Representational State Transfer)

REST 則利用比 SOAP 更精簡的字元來描述傳遞訊息。如圖 10-18 所示,REST 利用類似 HTTP Request 的格式來要求服務,並取回訂單資訊。

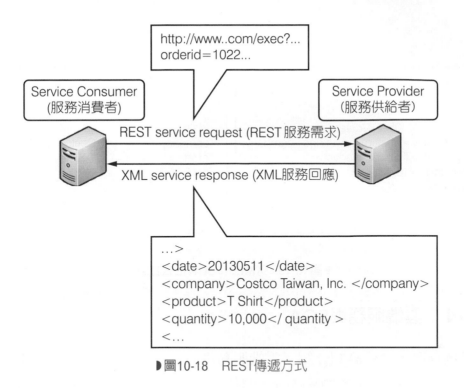

▶圖10-18　REST傳遞方式

三、XML/JSON

　　SOAP/REST 是定義傳遞的方式；XML/JSON 則是定義資料的實際格式為何。早期的 Web Services 主要以 SOAP/XML 格式作為傳遞，如圖 10-19 的傳遞方式。XML (eXtension Markup Language) 定義了如圖 10-19 的資料傳遞格式：以標籤 (tag) 方式作為辨識資料訊息的方式。例如：<product>T Shirt </product>，表示 T Shirt 的產品。

　　JSON (JavaScript Object Notation) 則以 NAME/VALUE 來表現資料，以更簡潔、節省字元的方式來溝通，如圖 10-19 所示。

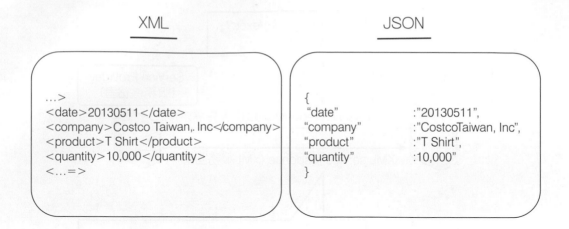

▶圖10-19　XML與JSON格式比較

10-3-4　雲端服務與SOA

在前述章節，我們詳細介紹了雲端服務供應商提供雲端服務給使用者的例子、架構等。事實上，早期雲端服務的軟體架構與實現方式並不是服務導向架構。主要的原因在於早期 SOA 服務導向的軟體架構設計複雜，且服務間的叫用與資料傳遞，比直接透過應用程式介面呼叫的效率差。因此，早期的 SaaS 雲端服務廠商，如：Salesforce.com、NetSuite 等 SaaS 服務的軟體架構，以非服務為導向的架構設計方式實現。為了與外界整合便利性，利用 Web Services (SOAP, REST) 等方式包裹應用程式介面，與外界雲端服務或其他軟體系統進行整合。然而，隨著雲端運算技術發展與商業模式的成熟，PaaS 服務廠商 (如：AWS, Microsoft) 為了滿足企業更有效率、更節省的運用雲端運算資源，大力發展容器式 (container) 的微服務架構 (microservices architecture)，亦即是前述「Shared Container」多租戶架構模式與 SOA 架構的結合。這種微服務架構成了現今雲端服務導向架構的主流。

10-4 微服務興起與發展

10-4-1 意義

甚麼是微服務呢？顧名思義，它是一種軟體架構形式，將應用軟體切割與組合成多種微小服務，以共同完成應用需求。每個微服務是一個能獨立完成工作的小型服務，並能與其他微服務進行鬆散連結。微服務間可以透過 Web Services 服務介面，例如：REST (Representational State Transfer)、JSON (JavaScript Object Notation) 等進行連結。綜合來說，微服務具有以下特性：

1. **專注特殊任務**：微服務應該能設計成可獨立完成的單一工作，並盡量地微小。例如：Amazon 採用微服務架構的電子商務廠商，將其商品目錄、訂單處理、庫存查詢、運送服務等服務設計為不同的微服務，各自獨立完成使用者的各項商業需求。

2. **鬆散式連結**：每一項微服務應該是各自獨立並鬆散的結合。亦即微服務進行版本修改、編譯、重新佈署時，不會影響其他微服務運作。這項特性使得微服務能更快速地進行修改與升級，以滿足變動的商業需求。例如：商品目錄服務的升級調整，不會影響訂單處理服務。

3. **程式語言獨立**：不同微服務間可以透過 API 或 REST 等標準介面進行訊息傳遞，意味著每個微服務可利用不同程式語言開發，互不相影響。

4. **業務邏輯獨立**：微服務間不應該有業務邏輯上的依賴，進而影響微服務專注特殊任務，或是影響升級修改作業。例如：查詢庫存會因為不同使用者權限，限制其可查詢範圍，就應該把使用者權限、庫存查詢分為不同微服務。

5. 如圖 10-20 所示為傳統單體架構 (monolithic architecture) 與微服務架構 (microservices architecture) 的示意圖。單體應用服務架構將使用介面、商業邏輯、資料處理等功能一齊開發與部署，微服務架構則拆成更小的服務，進行開發、部署與連結。

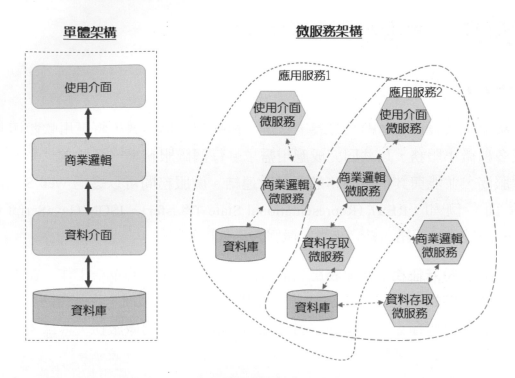

▶圖10-20　傳統單體架構與微服務架構比較

　　從應用上來說，最早期發展微服務的是網路服務廠商，如：電子商務 Amazon、網路影片串流 Netflix、電子商務淘寶等服務商。在 Amazon、IBM、Microsoft 等雲端服務平台商大力提倡微服務發展與運行後，許多企業亦開始思考，將面對顧客／夥伴或創新業務等應用服務，以微服務方式設計，運行在雲端服務平台上，以滿足快速發展、彈性擴展、容易維護等需求。例如：聯想電腦近年來極力支持穩態、敏態的「雙模 IT」混合雲模式。穩態主要指的是 ERP、MES、PLM 等傳統企業軟體，仍然以單體式架構、傳統伺服器或私有雲部署方式存在。敏態則是電子商務、行銷管理、線上智慧客服等，放在公有雲服務上，以微服務架構進行開發與部署。

　　此外，微服務微小的特性，也適合運行在計算資源較低的智慧型手機、物聯網設備上，使得許多物聯網服務商，如：GE、Siemens、Microsoft 積極地推廣微服務應用。這也讓微服務技術成為製造業將其設備、產品運行雲端服務，朝製造業服務化、數位轉型方向的重要技術架構之一。例如：新加坡廚具商 Zimplistic 發展智慧薄餅烘焙裝置，能夠透過 WiFi 聯網方式，連結雲端服務，以偵測設備故障並自動聯繫客服。此外，用戶並能利用智慧型手機遠端控制烘焙裝置的啟動、關閉等。

10-4-2 容器微服務架構

　　微服務發展的目的，是希望將應用服務切割為專注特殊工作的微小服務，並在雲服務環境下運行以共享服務資源。因此，新興的「容器」(container) 技術成了許多微服務運行的環境。如圖 10-21 所示，容器技術是讓微服務運行在容器引擎中，而不像虛擬機技術，應用系統運行在客戶端作業系統上。這意味著微服務運行時所需載入作業系統函式庫負擔更小，但同一容器中微服務分享函式庫亦較多，管理上要愈精細，以避免彼此相互影響。更進一步，如果跨越不同容器、不同虛擬機的微服務要進行訊息傳遞，管理上更加複雜。

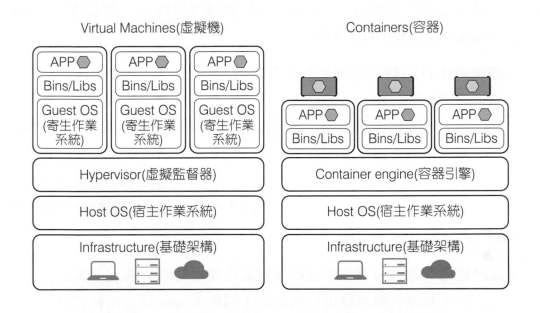

▶圖10-21　虛擬機與容器架構比較 (資料來源：AWS)

　　目前有許多雲端服務商、開源廠商發展容器技術架構，提供雲服務商、企業採用，以簡化這些管理上的挑戰。Docker 就是一個廣為使用的開源容器技術架構，協助將微服務應用程式容器化開發與部署。許多雲端服務廠商亦基於 Docker 開源技術，提供相關容器化服務。諸如：AWS、Google、Microsoft Azure PaaS 雲服務。這些開源容器技術架構及開源軟體工具，具備以下微服務協作與管理機制：

1. **微服務協同 (Orchestration)**：微服務分散式運行在不同虛擬機器、容器上，以減輕單一虛擬機器資源的負擔，也可提供微服務因應臨時高用量需求而擴展到不同容器、虛擬機器上進行運行。

2. **API 閘道器 (API Gateway)**：API Gateway 具備認證、資安政策、負載平衡等功能，以滿足外界使用微服務的需求。AWS、Microsoft Azure 等 PaaS 服務商均提供 API Gateway 服務。

3. **服務網格 (Service Mesh)**：Service Mesh 主要在於協助服務與服務間溝通，滿足服務間負載平衡、服務呼叫繞路規則、重試、錯誤管理、安全控管等，使得微服務整合起來，能提供更好整體應用程式效率。例如：Istio 是著名的 Service Mesh 開源軟體工具。

4. **無伺服器運算服務或功能即服務 (Serverless or Function-as-a-Service)**：無伺服器運算服務 (Serverless) 或功能即服務 (Function-as-a-Service) 是 Amazon 於 2014 年提出的 Amazon Lambda 服務的新概念，成為微服務的新應用模式。無伺服器運算服務意味著使用者不再需要租用雲端服務平台虛擬機、容器等，僅需租用 Amazon Lambda 函式功能服務，更精細地租用雲端資源。無伺服器運算服務可以對比為本章第二節多租戶架構系統模式的應用程式邏輯 (Lo) 共享的實作方式。

5. **微服務管理**：微服務管理主要確保微服務運行的效率與安全等，許多雲端服務平台、開源軟體均提供相關功能。例如：aqua 是一家新創資安公司，發展可以保護虛擬機、容器乃至於功能即服務等各個層次的威脅管理、授權管理、弱點掃描、規範遵循、連線加密等多方資訊安全服務。Prometheus 是一個著名的微服務監視管理開源軟體，可以監視容器、微服務運行狀況，以快速偵測效率、錯誤問題，進而與其他繪圖、儀表板及警示軟體結合，提供管理員分析與改進。

●10-4-3　微服務案例

一、Uber

　　汽車服務商面對不斷變動新服務發展需求，使得資訊人員面對有效率服務發展、上線新功能、修改程式錯誤及連結全球營運系統上的挑戰。Uber 原來單體式的服務架構如下：

1. 乘客或駕駛者運用 APP 或雲端服務，透過 REST API 連結到單體式服務架構。

2. Uber 雲端服務主要有帳務 (billing)、付款 (payment)、文字訊息 (text messages) 三大功能，透過 REST API 連結。

3. 具備一個 MySQL 資料庫。

4. 所有功能均寫在單體式架構的功能中。

　　因此，Uber 決定打破單體式的服務，轉為微服務架構。每個團隊發展各自功能的微服務，如：乘客管理、駕駛管理、旅程管理、付費等，每一個微服務間，則透過 API Gateway 連結。目前，Uber 全球已經建立了 1,300 個微服務進行連結，帶來以下好處：

1. 每一個開發團隊負責特定幾個服務，具備清楚任務，並能快速、有品質地完成開發服務。

2. 每個服務可以獨立更新而不會影響其他微服務。

3. 每個服務間能夠針對需求而進行資源擴展。

4. 提升服務的可靠性與容錯性。

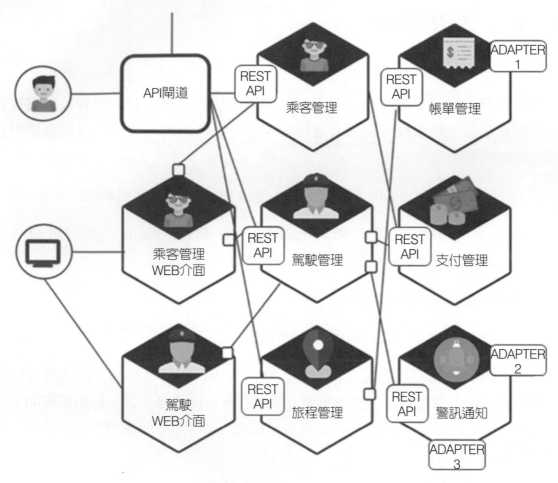

▶圖10-22　Uber微服務架構 (資料來源：Uber, Kappagantula)

二、Coca Cola

　　Coca Cola(可口可樂) 公司在全球擁有 3,800 家分公司，不同分公司間如何共用服務與資料，以避免重複開發及快速回應當地服務需求，成了 Coca Cola 公司 IT 部門的重要任務。Coca Cola 公司決定利用微服務架構設計及應用程式介面 (API, Application Programming Interface)，一方面可以快速發展新服務，一方面可以逐步取代老舊軟體。藉由微服務架構設計，Coca Cola 公司建立共享服務模組的平台，讓不同新應用服務開發進行共享。如圖 10-23 所示，Coca Cola 公司根據不同顧客載具使用來源、不同流程以及不同內部系統連結等，劃分成不同微服務領域。IT 部門開發新應用服務可以依據不同業務需求，從不同領域的微服務進行調用與組合。

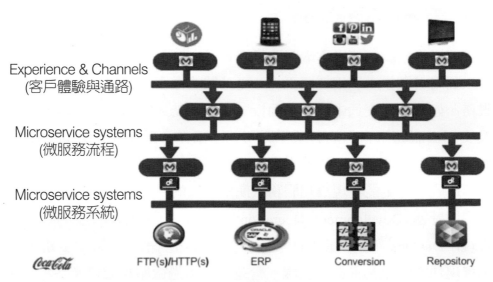

▶圖10-23　Coca Cola公司微服務架構 (資料來源:Coca Cola)

　　此外，Coca Cola 公司在智慧販賣機領域服務，也面臨微服務租用的新挑戰。智慧販賣機主要提供顧客快速地進行付款交易以購買飲料。智慧販賣機運用到的微服務，僅僅是確認交易資料正確性。Coca Cola 原本運用容器即服務方式，需要租用較大的雲服務資源，每年約需要 1.3 萬美元的雲租用費用。Coca Cola 公司改換利用 Amazon Lambda 函式功能即服務後，費用降為每年 4,500 元的費用。此外，每一次的交易，從顧客購買至顧客收到購買成功訊息的回應時間降到 1 秒鐘以下。

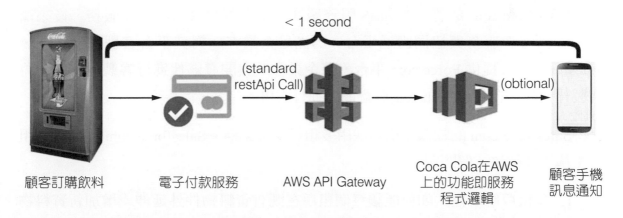

▶圖10-24　Coca Cola公司功能即服務架構 (資料來源:Coca Cola)

🔴 10-4-4 雲端服務與微服務

　　微服務架構的發展，使得雲端服務又進入了一個新的階段。微服務架構使得雲端服務得以利用更微小、利用資源更少、更分散的微服務共同協作，以完成各項智慧商業服務。如：智慧交通中，汽車面板、交通號誌、路面上偵測器、智慧型手機 APP 以及交通雲服務平台上的各項微服務共同協作，以完成智慧的即時偵測、警告、分析等。微服務架構也可以讓雲端服務業者更容易實現極致的資源分享、降低雲端服務營運成本，更能實現雲端服務依使用計價的目的。此外，微服務架構的發展，也讓開發營運 (Development, Operations) 一體化的「DevOps」的軟體開發過程更容易實現。DevOps 希望軟體的開發、測試、部署、維護、版本更新，能夠無縫的接軌，實現快速的服務開發、上線、營運等。透過微服務架構及各種 DevOps 工具的協助，讓企業能更快速地發展，彈性調整各項雲端服務，滿足內外部客戶的服務需求。

⚪ 10-5 雲端軟體架構實現實務

🔴 10-5-1 Salesforce.com

　　Salesforce.com 是著名的 SaaS 服務廠商，早期提供 SaaS CRM 服務，後來漸漸延伸到客戶服務與協同溝通平台。為滿足企業客戶對其平台客製化的需求，Salesforce.com 提供 Force.com 平台，讓企業客戶與開發夥伴進行客製化，並可將客製化元件放在 AppExchange 軟體商店進行販售。

　　Salesforce.com 的軟體架構是採用多租戶支援架構。Salesforce.com 認為，多租戶架構主要解決 4 個問題：

1. 多租戶應用程式如何能讓每個租戶在既有資料物件外延伸或增加新資料物件？

2. 如何確保共享資料庫的多租戶資料安全？

3. 每個租戶更改使用介面或商業邏輯後，如何不會影響其他租戶使用應用程式？

4. 當應用程式套件升級時，如何不會影響租戶既有的客製化功能？

Salesforce.com 設計 Meta-Driven 架構以解決上述問題。Force.com 利用特製多租戶執行引擎動態，來解讀記錄在共享資料庫中，每個租戶的軟體功能與資料的定義，並應用資料提供每個租戶客製化的功能與資料。如此一來，每個企業可在執行引擎運行時，取得所需的客製化軟體功能、流程、資料欄位或結構，而不會影響其他租戶的使用。

如圖 10-25 所示，Force.com 設計了 Metadata Tables，記錄每個租戶所自訂的功能物件 (Objects)、資料欄位 (Fields)；實際應用資料則放在 Data Tables 上，儲存大量的結構化或非結構化資料。每個租戶使用的資料表、欄位、資料型態各不相同，Force.com 利用 Pivot Table 來處理索引、主鍵、表格關聯等問題，以加快關聯與搜尋速度。

大量仰賴 MetaData 的處理必須耗費很多資料搜尋與資料存取的時間，Force.com 利用記憶體暫存 (Cache) 架構、獨特的資料搜尋語言 (SOQL, SOSL)、不同的租戶資料放在不同資料庫分割上 (租戶別分割) 等各種作法以提升效率。

Force.com 亦提供圖形化介面，讓企業使用者可以客製化應用程式邏輯，例如：

1. **描述性流程**：資料新增或更新事件時，觸發某些動作，如：E-mail 通知、資料欄位更新等。

2. **欄位加密或遮罩**：讓使用者加密或遮罩某些資料欄位。

3. **校驗規則**：針對欄位資料進行校驗，例如：某欄位值不能超過 10,000 元等。

4. **公式欄位**：增加公式計算的欄位。

5. **摘要欄位**：可以彙整多個資料物件的值。

此外，Force.com 提供特殊的 Apex 語言，讓使用者或開發夥伴可以客製化商業邏輯元件 (Apex Class)。這些元件可基於資料物件的新增 / 更新事件、自訂時間或使用者介面的事件 (如：某個按鈕按下時) 而觸發執行。Force.com 支援 SOAP、REST Web Service 形式的 API。

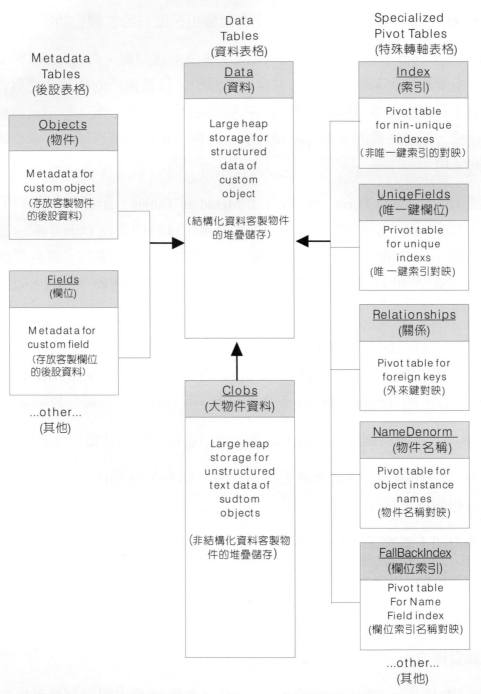

▶圖10-25　Force.com資料架構 (資料來源：Weissman and Bobrowski(2009))

●10-5-2 AWS

　　AWS 提供 Amazon EC2 Container Service (ECS)，可以協助微服務的開發、運行、部署與管理。如圖 10-26 所示為 Amazon ECS 容器服務架構。Amazon ECS 服務奠基在 Amazon EC2 虛擬機 IaaS 雲端服務上，建立微服務運行的容器執行緒 (container instance)。用戶可以發展微服務，並放置在 AWS Docker 容器上執行，每個微服務同時建立許多工作 (Task) 進行執行。每一個工作會佔有 CPU、記憶體資源，並可定義執行時間、是否可擴展或是負載平衡等。如果用戶發現單一工作執行服務的效率太差，可以擴展多個工作執行，甚至可以要求工作在不同的虛擬機的容器執行緒上執行。因此，微服務可以容易地擴展、進行叢集運算及備援。ECS Agent 即是協助容器建立、排程、叢集運算等，向 Amazon ECS 服務要求分配虛擬機上的資源。Amazon ECS 的服務定價基於用戶運用的微服務執行時所消耗的 CPU、記憶體資源與磁碟空間進行計價。

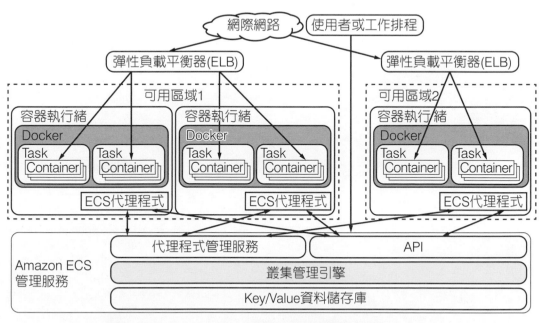

▶圖10-26　Amazon ECS容器服務架構 (資料來源：AWS)

● 10-6　小結

　　從本章的介紹，可以了解雲端運算軟體在設計上的原則、多租戶架構設計以及微服務架構的發展。雲端運算軟體架構設計要特別注意幾個設計方向：多租戶架構、資料模式、計算模式、交易模式、整合模式與資訊安全模式。多租戶架構設計要從系統層次、資料層次、服務層次考量不同的設計方式，特別要注意如何共享資源，又能提供不同租戶的可調配與客製化。微服務架構延續 SOA 設計的概念，讓彼此獨立的微小雲端服務可以鬆散連結、相互協同以完成商業運作邏輯所需的雲端服務。如此一來，微服務得以在不同設備、載具中運行以完成各項智慧服務，亦可以滿足企業彈性地適應外在需求，快速地進行微服務開發、修改的雲端服務應用趨勢。

習 題

● 問答題

1. 雲端運算軟體設計的需求為何？請從技術面與服務面說明。
2. 請說明利用租戶別的資料分割與應用別資料分割的意義。
3. 請說明無狀態計算、非同步訊息計算與大資料計算的意義與適用時機。
4. 請說明 6 種多租戶架構系統層次設計模式及設計考量。
5. 請說明 3 種多租戶架構資料層次設計模式及設計考量。
6. 請說明 4 種客製化程度模式。
7. 請說明 SOA 架構意義與服務叫用模式。
8. 請說明並比較 SOA 溝通介面標準。
9. 請說明 SOA 與雲端運算軟體設計的關係。
10. 請說明微服務概念與應用案例。

● 討論題

1. 您是雲端運算軟體架構設計師，請問以下幾種應用服務，您會建議採用
   何種多租戶架構設計？請從系統、資料、服務層次分析並說明理由。(提
   示：可從共享、客製化、安全等需求考量)
   A. 辦公室軟體，如：Word、Excel。
   B. 企業資源規劃軟體 (ERP)。
   C. 協同軟體，如：線上會議服務。

行動運算的技術與實務

透過行動設備連結雲端服務，使用者更可無所不在地享受雲端服務，並藉由智慧行動設備上的感測器結合地點、位置、使用者動作，乃至於 AR、VR 等技術情境，產生創新的應用與服務。

本章從技術與產品角度介紹行動運算特性、架構、發展趨勢、創新應用、開發與管理議題等。從本章的閱讀，讀者不但可以瞭解開發行動運算基本概念、行動應用趨勢，也可以了解企業開發、佈署、管理行動應用程式與設備的功能需求。

● 11-1　行動運算概念與發展

◕ 11-1-1　行動運算技術概念

一、意義

隨著科技的進步，人類愈來愈希望智慧型的設備能隨身攜帶以改進生活、提供工作生產力。早從 2000 年左右，網際網路蓬勃發展時，產業界即不斷的嘗試改進行動設備、行動應用、行動網路等科技，以協助使用者無所不在地利用網際網路資源。例如：2000 年時，宏達電發展第一部掌上型電腦 iPAQ，曾被列為金氏紀錄上最強的個人數位助理 (PDA, Personal Digital Assistant)。PDA 更可追溯至 1990-2000 年間蘋果電腦發展的牛頓作業系統 (Newton)、Palm 發展的 Palm 掌上型電腦、微軟發表的 Windows CE 嵌入式硬體作業系統。

早期的 PDA 並不具有上網的功能，純粹著重在取代筆記本的手寫輸入與辨識。在區域網路與無線網路 (Wi-Fi)、2G、2.5G、3G 電信網路陸續發展後，才逐漸

與網路相互結合。Apple iPhone 的智慧手機發展，則將行動運算推上另一個境界。現今，我們稱行動運算是：「利用行動設備連接網路，取得網路運算資源的一種運算架構」。

二、特性

行動運算的特性可以歸納為以下幾點：

1. **行動性**：行動運算最重要的特性在於滿足使用者無所不在地使用網路資源。這取決於行動設備能否容易攜帶？是否具有高度運算能力？網路環境是否良好？

2. **網路環境複雜**：使用者隨身攜帶行動設備，依使用者身處的環境，連結的網路環境而不同。例如：咖啡廳、辦公室的 Wi-Fi 無線區域網路環境；或者在路上使用 3G 電信網路等無線環境。

3. **時常斷線**：行動運算連線的狀況也可能因為網路環境的變化而時常斷線。

4. **低可靠性**：行動設備在各種不同網路或不同的實體環境中使用，必須考慮各種資訊安全與實體安全 (如：竊盜)。

5. **個人化**：行動設備也是相當個人化的。使用者會依個人的喜好而選擇不同廠牌、螢幕尺寸、應用程式、網路服務。為了符合不同種類的行動設備硬體規格、軟體架構、服務應用，也增添行動運算的複雜性。

三、架構

結合行動運算的移動運算架構與雲端運算的資源分享，稱為行動雲端運算 (Mobile Cloud Computing)。如圖 11-1 所示，行動雲端運算架構與傳統利用個人電腦、筆記型電腦使用雲端運算的方式似乎差異不大。但如果考慮各種不同類型的行動設備、複雜的網路環境、低可靠度、時常斷線等特性，行動雲端運算架構則要考慮許多設計的細節。例如：如何發展支援多種行動設備的應用程式？ 如何結合智慧手機上的 GPS、震動感測器等嵌入式硬體元件？ 如何避免網路斷線而中斷正在進行中的作業？ 如何依網路環境的變化而無縫隙地切換網路？ 如何確保行動設備上留存的資料、帳號密碼的安全性？ 如何管理不被授權的行動設備連接雲端服務？ 這些問題即為本章所要談論的各種行動運算技術與應用。

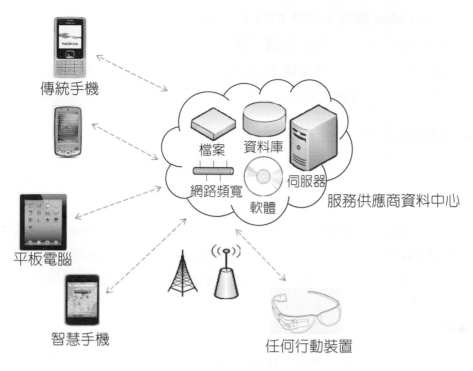

▶圖11-1　行動雲端概念

●11-1-2　行動運算技術發展

一、發展歷史

隨著行動設備、寬頻網路的發展，行動運算的模式也隨之發展，可分為以下幾種模式：

1. **客製應用的軟體模式**：早期 PDA 與行動裝置的運算能力較弱，為符合企業行動運算應用的需求，系統整合廠商客製開發各種的行動應用。如：工程人員在 PDA 上接收與更新派工單、監控油罐車的行經路線、警政署亦利用 PDA 來隨時查詢可疑車輛的狀況、在 PDA 上記錄各個銷售點貨物狀況，而減少多繞路的油料消耗。此時，聯網技術還不發達，PDA 就像是隨身數位筆記本。

2. **行動商用的軟體模式**：當行動設備的運算能力逐漸提升，企業即開始在員工行動設備上安裝商用套裝軟體，如：協同軟體、ERP 軟體、E-mail 軟體等。這些行動商用軟體主要連線回企業內部，存取企業內的應用軟體資料。

3. **Push Mail 模式**：這是 RIM BlackBerry（黑莓機）率先採用的模式，主動將公司的信件發送到黑莓機手機上，讓企業員工可以隨時隨地，且自動地接收公司的郵件。黑莓機 Push Mail 的運作架構解決時常斷線的行動運算環境，並減少商務人士必須主動檢查信件的困擾。

4. **瀏覽器模式**：當行動網路的速度提升，使用者可以利用瀏覽器瀏覽網際網路上的資料。如：利用 2.5G 的 GPRS (General Packet Radio Service) 連上網路。

5. **行動 App 應用模式**：2007 年蘋果電腦推出的 iPhone 智慧手機，結合 App 應用軟體，發展了新的行動 App 應用模式。使用者可以上網下載 App 軟體至終端，結合智慧型設備的感應器並連結網路，提供多元的行動應用。

二、發展趨勢

隨著晶片及智慧型手機硬體技術不斷發展，提高了行動設備運算能力及嵌入式感測器發展，使得行動運算設備相關技術不斷創新。以下整理相關行動運算技術發展趨勢：

1. **行動設備**：行動設備持續發展高運算能力、效率更好的設備，並能使得行動設備更加微小與多樣化。例如：Apple Watch 手錶、AR/VR 穿戴式設備、醫療感測等穿戴式設備陸續發展。各種尺寸、功能強大的智慧型手機或折疊式手機持續發展。例如：Babylon 新創公司提供慢性病患自我量測、判斷，以即時瞭解病情，並減少到醫院以減輕醫療資源負擔。使用者利用可接收穿戴式裝置回傳生理量測數據，並結合雲端資料庫比對 3 億種以上病症，透過 APP 可以給予病人初步診斷，也可以進一步透過 APP，與護理師進行線上諮詢。

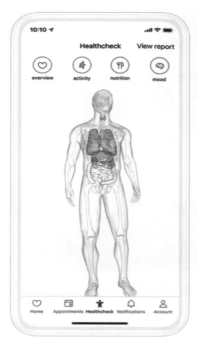

▶圖11-2　Babylon健康自我檢測App (資料來源：Babylon)

2. **嵌入式硬體**：行動設備將加入更多、更精密的感測器，並發展新型應用。
例如：智慧型手機加入多鏡頭、高像素的攝影機，發展更多圖形辨識或美
妝 APP 等。近端通訊 (NFC, Near Field Communications) 標準化並發展更多
行動消費、付費結合的應用。Beacon 藍牙微定位技術，促使更多行動商務
應用可以追蹤消費者位置。例如：ShopKick 新創服務商結合 Beacon 微定
位設備及智慧型手機，傳送各種折扣與促銷活動訊息，吸引顧客光臨零售
店，並進一步利用遊戲鼓勵顧客觸摸商品、試衣間試穿、結帳等 (圖 11-3)。

▶圖11-3　ShopKick微定位應用 (資料來源：ShopKick)

3. **行動作業系統**：行動作業系統持續改版，以提供多樣化的使用介面與感測器相互結合，並能增強運算效率及降低開發 APP 難度。此外，除了 Apple iOS、Andorid、Windows Mobile 外，其他領域的廠商也發展不同行動作業系統以競爭，如：大陸阿里集團、小米，均發展各自作業系統與智慧型手機。

4. **行動網路**：行動網路持續發展可傳輸更高頻寬的技術，如：4G、5G 等。高頻寬的行動網路嵌入在智慧手機上，使得智慧手機成為行動運算的中心，以控制各項物聯網設備、穿戴式設備等。例如：智慧手機 APP 開啟家用冷氣機、掃地機器人等。

5. **行動開發**：行動開發技術產生原生 (Native) APP、Web 介面或跨平台開發模式。Native App 穩定且安全性較高，且容易運用設備上的感測器。Web 應用則更適合消費者進行網路搜尋、運用較低的手機運算資源等。此外，隨著智慧手機串聯設備愈多，行動開發愈複雜，也愈講求讓使用者以低程式碼開發方式 (low-code) 發展行動應用。

6. **行動安全**：愈來愈多的消費者運用智慧手機乃至於穿戴式設備聯網應用的同時，也產生了愈來愈多的資安威脅。資訊安全防護軟體從桌上型電腦轉而重視智慧手機、物聯網設備防護，也產生輕量級、端點對端點、群眾智慧等不同資安管理趨勢 (請見第十五章「雲端運算的資安管理與實務」)。

三、應用發展趨勢

隨著智慧手機設備、穿戴式設備、行動網路不斷地發展，讓行動應用開枝散葉，擴及人們的生活、娛樂、商務、企業應用等。據統計，人們 90% 的移動時間都在滑手機或平板。以下整理幾個行動應用發展趨勢：

1. **行動商務**：行動商務已經佔電子商務的 7 成以上，即使消費者在實體零售店內，也會利用行動商務搜尋比價，使得零售商店實體購物受到衝擊。商業界進一步結合 AR/VR 穿戴式設備，產生更真實體驗的虛擬商店，讓顧客在虛擬世界中購物。例如：Obsess 新創公司利用 VR 和 AR 技術，讓品牌能夠在網站、應用程式和社交媒體上，建立可互動的線上虛擬商店和展廳，提供消費者 360 度的購物體驗。

▶圖11-4　Obsessv虛擬商店 (資料來源：Obsessv)

2. **行動客戶服務**：除了行動商務的銷售外，企業運用更多行動運算技術，滿足商品查詢、客戶諮詢、產品搭配等各式應用。例如：運動品牌 Under Armour 推出 UA Record APP 及認知教練系統，可以在使用者睡覺、健身、活動與進食的時候，隨時扮演個人健康顧問、健身教練與助理的角色，並與眾多相似用戶的數據進行分析，即時提供使用者健康與運動建議。Sephora（絲芙蘭）化妝品牌公司發展虛擬彩妝 APP，讓客戶可以透過 APP，將虛擬口紅結合臉部進行虛擬彩妝，並進一步建議合適彩妝產品。

▶圖11-5　絲芙蘭虛擬化妝APP(資料來源：Sephora)

3. **行動支付**：不論是用 APPLE Pay、Line Pay、街口支付等，利用智慧行動手機的行動支付已經成為電子商務消費的最重要一哩路。金融業、零售業或品牌業搶占行動支付應用，以掌握消費者的購物行為。

4. **語音助理**：不論 Android 或 iPhone 手機，或者是 Apple Watch、小米手錶，都可呼叫語音助理來喚起應用程式或傳送訊息。語音助理也可以與各項物聯網設備結合，例如：BMW 與 Amazon 合作，讓駕駛人可以利用語音助理驅使車庫門開啟、點亮家中電燈等。語音助理成了智慧行動手機、穿戴式設備的新互動式人機介面。

5. **AR/VR 應用**：由於電腦視覺 3D 技術、圖形運算技術發展、5G 技術發展等，使得 AR/VR 應用更為可行，並與智慧手機結合，成為下一波行動應用的重點。例如：TheyssenKrupp 電梯設備商，利用 VR 虛擬實境技術，讓現場維修人員不需手持智慧手機，即可透過 VR 眼鏡與遠端技術人員協同解決電梯故障問題。

▶圖11-6　TheyssenKrupp 虛擬實境VR電梯維修 (資料來源:TheyssenKrupp)

6. **企業行動應用**：企業行動的應用，如：工作流程協同、社群協同服務、業務銷售行銷應用、商業資料分析、行業別應用等相關 APP 也更廣泛地應用在企業中。然而，相較於消費領域，企業行動 APP 應用模式更為複雜。如表 11-1 所示，企業行動 APP 的應用範圍、客製化需求、管理需求將較為複雜。企業行動 APP 應用需要常常連線至企業內系統或雲端服務上，以取得各種運算資源、雲端服務。這些需求也衍生了行動應用管理服務或平台的發展。

表11-1 企業APP與消費APP差異

類型	企業APP	消費APP
應用範圍	員工、夥伴、客戶使用	個人
購買者	企業IT部門、企業業務部門、企業員工個人	個人
客製化需求	可能需要。客製、內部系統整合	較少
生命週期管理	需要。APP發展、測試、部署、版本更新等生命週期管理	無
後端服務連結	智慧設備端透過網路，以連結企業內的系統、資料庫或雲服務	智慧設備端APP執行為主，後端連結以取得資料為主
安全需求	需要。必須限制使用者，避免企業資料、系統外洩或被侵入	較少
設備管理需求	需要。需要多種設備存取與管理	無

綜合來說，隨著智慧型手機、穿戴式設備、物聯網設備的運算能力愈來愈強，以智慧型手機為中心，搭配雲端運算的行動雲端運算，提供使用者更多元、豐富的虛實整合應用。表 11-2 整理行動雲端運算技術與應用發展趨勢。

表11-2 行動雲端運算技術與應用發展趨勢

類型	發展趨勢
技術	• 行動設備：整合多樣化穿戴式、物聯網設備 • 嵌入式硬體：嵌入感測器愈來愈多，功能愈多樣 • 行動作業系統：持續支持多樣功能與感測器，並提高效率、降低開發APP難度 • 行動網路：朝更高頻寬、低延遲的4G、5G發展 • 行動開發：支援更多種設備串聯、低程式碼開發 • 行動安全：行動設備、穿戴式設備資安管理愈來愈重要
應用	• 行動商務：行動商務成為最主要的電子商務載具，商務應用持續發展 • 行動客戶服務：結合各項人工智慧、物聯網技術，提供更好客戶服務 • 行動支付：多樣化行動支付滿足客戶需求 • 語音助理：語音助理設置在手機、穿戴式設備，成為新的人機介面 • AR/VR應用：結合AR/VR，發展虛實整合應用，提供更好體驗 • 企業行動應用：企業行動應用相較消費應用，更重視管理、安全

11-2　行動裝置平台類型與環境

11-2-1　行動裝置

相機模組

觸控螢幕

電池

高密度印刷電路板

| 陀螺儀、加速器等感測器 | LCD 驅動IC |

相機鏡頭

微麥克風　　　羅盤

聲音編碼　喇叭　IC 載板

▶圖11-7　智慧型手機的主要元件 (參考資料：Gartner)

　　行動設備發展至今日已經成為智慧化的行動電腦平台。如圖 11-7 顯示智慧手機的主要元件，包括：觸控螢幕、相機模組與鏡頭、感測器、羅盤、麥克風等。嵌入在高密度印刷版的 CPU 是核心，提供了高運算、低能源消耗的能力，使得小型尺寸的設備能有效率地執行各種應用程式。本書將不再進一步的介紹行動裝置各個硬體元件功能，有興趣讀者可翻閱相關行動裝置硬體設計書。

11-2-2　行動裝置嵌入式硬體

行動智慧裝置最受矚目的是感測器或其他嵌入式元件，可以讓 App 應用程式利用，以提供使用者各種創新應用。表 11-3 列出常見的行動裝置嵌入式元件與應用方式，如：GPS 提供定位、Camera 提供照片與即時周遭影像、陀螺儀偵測設備的翻轉、加速器偵測設備的位移等。行動 App 透過行動作業系統而利用這些行動嵌入式硬體。

表11-3　行動裝置嵌入硬體元件與應用

硬體元件	應用方向
GPS (衛星定位)	偵測使用者的所在地而提供情境相關服務，如：列出附近的加油站
Camera (照相機)	整合照相機可以上傳照片或者結合周邊的即時影像，如：結合周邊大樓的即時影像，顯示各個大樓的公司行號與商家
Gyroscope (陀螺儀)	利用陀螺儀偵測行動裝置的移動而發展特殊功能，如：使用者翻轉行動裝置而顯示展示物品的立體影像
Accelerometer (加速器)	偵測行動裝置的加速，取得位移的值而給予特殊功能，如：根據行動裝置的位移而上下左右翻閱文件
GPU (圖形計算)	利用行動裝置的圖形計算功能，強化顯示影像
Bluetooth (藍牙)	利用藍牙與其他設備連結
設備資訊	可偵測行動裝置的連網類型而給予下載的服務，如：行動裝置是3G連線則給予提醒是否大量下載檔案
訊息提醒	當有特殊事件時，可發出訊息提醒使用者，如：行事曆重要日期提醒

11-2-3　行動作業系統

一、作業系統架構

智慧行動裝置作業系統執行 App 應用程式、利用行動裝置資源，提供使用者良好的行動使用者經驗。目前三大主流行動作業系統包括：Google Android、Apple iOS、Microsoft Windows Phone。

以 Android 系統為例，其作業系統架構如圖 11-8 所示，主要元件包括：

1. Linux Kernel：Android 作業系統使用 Linux 作為記憶體管理、網路等核心作業系統功能。

2. Libraries：Android 原生函式庫 (ANL, Android Native Libraries) 由 C/C++ 語言撰寫，提供行動裝置共享函式庫，並可讓行動裝置硬體廠商載入原生硬體介面函式庫。

3. Android Runtime：在函式庫上為 Android 執行引擎，包括：核心 Java 語言與 Dalvik Virtual Machine。Dalvik VM 是 Google 為行動裝置發展，具執行效率、節省能源的虛擬機器。所有在作業系統上運行的應用程式將在此虛擬機器上運行。

4. Application Framework：Application Framework 提供高階的應用程式，可由 Android 作業系統或設備廠商於出廠前提供，亦可由開發者開發並安裝。

5. Applications and Widgets：最高階則是 Application and Widget 層。使用者可以從此層使用 App 應用程式與操作介面。

▶圖11-8　Android作業系統架構

二、程式開發環境

　　行動作業系統除了提供使用者使用行動設備與 App 應用程式外，更可以提供 App 程式設計師開發各類型的應用程式。行動作業系統通常提供程式開發套件 (SDK, Software Development Kit)，包含各種開發與偵錯工具，以及作業系統應用程式介面 (API)，提供設計師開發各類型的應用程式。

　　利用 Apple iOS SDK 發展 iPhone、iPad 應用程式 App，必須購買 Apple MAC 電腦，才能使用 OS X 作業系統開發 App。Android 基於 Java 語言，可以利用各種類型電腦開發。由於智慧型手機或平板的尺寸不同，應用程式開發的介面或體驗均不相同，必須仰賴程式發展工具協助開發。

　　對於程式設計師而言，最困擾的莫過於要開發各種不同作業系統、行動載具上的 App，必須熟悉不同作業系統平台的 SDK、程式語言、偵錯方式等。因此，有許多軟體公司開發一系列工具，讓程式設計師可以較容易地開發 App 應用程式。例如：Kony 發展跨平台工具，讓使用者可以開發各種平台 App。AppBreeder 提供程式設計師可以上網開發 iOS App 應用程式，而不需購買 MAC 電腦。App Inventor 可讓程式設計師利用網路瀏覽器開發 Android 手機應用程式，開發完成的程式則可下載到實體手機或在模擬器上執行。

　　此外，有許多應用程式開發工具，基於原廠的程式發展介面，提供模擬工具，讓程式設計師可以模擬各種作業系統版本、設備尺寸，而有利開發適合各種設備上的應用程式，或者提供效能偵測器，以測試應用程式 App 執行效能與運作順暢度。

　　早期 Apple iOS App 需要利用 Objective-C 開發、Android App 則是利用 Java 語言開發，對於初學者較為困難。現在則流行簡單程式碼的低程式碼開發方式，如：Apple Swift 語言、Google Kotlin 語言等，有效降低 App 開發難度。

表11-4　行動作業系統應用程式開發環境

類型	iOS	Android
廠商	Apple	Google
程式開發套件 (SDK)	iOS SDK	Android SDK
語言	Objective-C/Swift	Java/Kotlin
程式發展介面	Xcode IDE發展	Android Studio
開發電腦	MAC系統	Windows, MAC或Linux平台均可
應用範圍	iOS相對封閉，只能在Apple產品上，載具較少，但執行結果相對穩定	Android可運用在各種硬體規格載具上，但也由於種類複雜，每種硬體上均要再測試一遍

11-3　行動開發與管理議題

　　企業面對更多樣、更複雜的行動應用開發，面臨了不少挑戰。因此，軟體服務商發展出各種類型工具，協助程式設計師能較容易地開發、管理行動應用。以下介紹行動應用開發、行動應用與設備管理議題，以及應運而生的行動應用雲端平台。

11-3-1　行動應用開發議題

　　對於企業而言，首先面臨到 iPhone iOS、Android 作業系統，及不同廠商智慧型手機的跨平台應用程式開發的問題。

　　在智慧型手機上的應用軟體開發，可以粗分為原生碼、Web 式等二種方式。如表 11-5 所示，設備原生碼式的 App 開發，最能配合智慧設備上的 GPS、震動、照相機等功能，亦可將資料儲存在智慧設備端。但設備原生碼式的應用程式開發較複雜，也必須針對 iOS、Android 等作業系統開發不同的程式。此外，將 App 上架到 Apple Store 或 Google Play 等 App Store，必須要申請上架與受到規範的限制。

　　Web 類型開發利用 JavaScript、CSS、HTML5 等 Web 技術開發，透過瀏覽器進行編譯執行，能跨越不同作業系統，但較難使用到智慧設備特性與支援離線操作、儲存資料等缺點。此外，需要根據不同智慧手機設備的尺寸進行網頁設計。不過，Web 類型開發的智慧手機應用，好處是可以讓 Google Chrome、Apple Safari 等搜尋引擎搜尋，以作為行銷曝光。Web 類型應用程式也佔據較少智慧手機的儲存空間。

儘管許多企業內的流程可以利用簡單 Web 式設計即可，然而隨著行動應用的成熟，企業希望結合智慧設備的特性而能增加創新功能，例如：現場工程師 App 應用可以讓工程師立即計算至工作地點的距離、可以檢視地點附近的夥伴以共同解決問題等，需要運用相關 GPS 感測器。此外，許多企業開發的 App 提供給顧客使用，要運用到 Beacon 微定位、照相機、主動訊息通知等各種功能，以滿足客戶服務或偵測客戶行為等。亦需要發展能充分運用智慧手機相關感測器功能的 App 應用程式。

因此，不論原生碼 (Native)、Web 式應用程式，仍各有其行動應用發展的利基。各個軟體服務廠商也提出不同的補強方案：

1. **跨平台開發框架**：可以撰寫一次性 App 應用程式，在 iOS 或 Android 作業系統上執行，如：React Native、Flutter 等開發框架。

2. **混合式 Web App**：又稱為「漸進式增強網頁」(PWA, Progress Web App)，將 Web 內容以類似 App 方式進行包裝，可以進行安裝、安裝在手機桌面上、支援離線使用、具備訊息推播通知、自動調校設備螢幕尺寸的響應式網頁等功能，以補強 Web 式類型的功能不足。

表11-5　企業行動App應用程式開發類型與需求

特性	原生碼 (Native)	Web式
應用情境	需要充分利用智慧設備的應用，如：遊戲、擴增實境、環境偵測	少用智慧設備應用，以連結後端企業內應用為主，如：CRM、ERP
開發困難性	複雜：必須受到App Store審核才上架 (如: Apple Store)	簡單
應用的技術	利用智慧設備作業系統原始程式語言或框架進行編譯，並直接運行於作業系統上	Web技術(如：JavaScript、CSS、HTML5等)；Google Chrome、Apple Safari等各式瀏覽器上運行
跨平台性	低	高
離線操作	可，可儲存在設備上	否
占用手機空間	高	低
解決方案	跨平台開發框架：React Native、Flutter等	混合式Web App：Progress Web App (PWA)

11-3-2　行動應用管理議題

除了行動應用開發之外，行動應用管理亦是企業在行動運算上的一個重要議題。行動應用管理包含以下方向：

1. **發佈行動應用**：如何將行動應用程式發佈到特定的員工、夥伴，甚至不是企業所控管的智慧設備上。

2. **控制行動應用**：控制執行中的 App，使得不需要重新安裝或佈署，即可更新 App 或雲端服務的版本。

3. **管理行動應用**：管理使用者對於 App 或雲端服務的使用行為與存取限制。

特別在 App 發佈管理的部分，如何把 App 發送到不同群組的使用者手上、如何限制不同群組的使用者存取不同 App、如何建立 App 目錄搜尋機制，以方便使用者存取等均是挑戰。許多解決方案公司提供不同的管理方式，滿足企業行動應用管理需求。例如：Partnerpedia 公司提出 App Zone 的概念，可讓特定群組的人只能根據政策使用不同 App Zone 中的 App。如：面對客戶的 App、面對員工的 App 將放在不同的 App Zone 環。Enterproid 從設備端著手，將生活、工作環境的 App、資料加以區隔，以避免相互干擾或資訊安全的問題。MobileIron、AirWatch 等解決方案商則提供行動 App 程式的授權管理、安全、軟體更新的功能等。

11-3-3　行動設備管理議題

除了行動應用外，企業對於行動設備亦有管理上的考量：(1) 記錄企業需要管理的設備、App 程式。(2) 依據政策攔截或限制有安全疑慮的行為。(3) 更新設備或 App 的修補程式或版本。(4) 掃描設備或 App 的病毒等。

因此，許多解決方案商發展不同管理機制來協助，如：MobileIron 可以管理到不同作業系統平台的設備生命週期，並提供完善的管理報表與動態儀表板，監視設備的狀況。AirWatch 提供行動設備安全控管，包括：設備密碼政策的限制、連線的加密、限制使用者能使用設備的功能、限制使用者的特殊設備使用行為（如：連上具有病毒感染風險的網站）、限制文件的下載等。

11-3-4　行動應用雲端平台

由於智慧行動應用連結雲端服務的行動運算愈來愈成熟，許多軟體服務廠商，如 SAP、Microsoft Azure、IBM、Amazon AWS 均發展行動應用管理雲端平台，協助企業管理行動應用與設備。如圖 11-9 所示為 SAP 行動應用管理平台架構，提供行動應用程式的跨平台開發、佈署到不同智慧行動終端、上架到 APP Store 上及管理行動應用與設備的安全等服務。此外，還可以整合企業 CRM、ERP 內部系統或雲端服務，提供企業容易地連結各式內外部服務。這樣的行動應用雲端平台又被稱為「行動後端即服務」(MBaaS, Mobile Backend as a Service)。

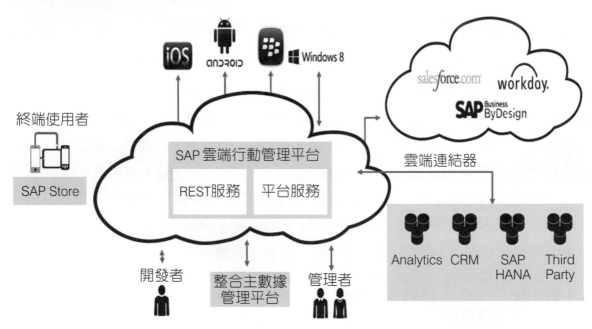

▶圖11-9　行動應用管理平台 (資料來源：SAP)

此外，由於行動電子商務的發展，除了上架到 MOMO、PCHome 等商城外，為了減少上架商城的費用及自主銷售掌控，企業亦可能自行發展行動商務 App 以面對客戶。企業發展行動商務 App，不僅要具備開發 App 程式的能力，還要具備電子商務行銷、銷售、金流、物流等服務能力。因此，出現行動電子商務平台來協助企業行動商務的發展、運營與管理等。如：國內 91App 即是著名的行動電商平台。91App 具備品牌 App 開發、品牌官網 Web 及訂單管理、商品管理、金物流整合、紅利點數、促銷購物以及會員管理、數據分析等雲端服務，滿足企業行動商務營運的各項需求，可說是專注於行動電商領域的行動應用雲端平台。

11-4　行動運算產品與實務

11-4-1　SAP

SAP 是全球企業 ERP 軟體大廠，除了 ERP 發展雲端化 SaaS 服務外，也積極發展行動應用平台。

SAP 行動應用平台具有以下幾項行動應用服務：

1. **SAP SDKs**：提供基於 Android、iOS 原生碼開發的 SDKs 開發服務，以協助企業發展原生碼 App 能連結到後端的雲端服務，包括行動端到雲端的安全保護、連結 SAP ERP、雲服務的數據和業務流程及其他數據源、支援離線應用、使用日誌記錄和使用報告等。

2. **行動開發工具 (Mobile Development Kit)**：SAP Mobile Development Kit 主要提供低程式碼到專業程式碼開發的跨平台 Web 應用程式。使用者利用開發工具開發後，可以佈署到 SAP 雲端服務上，並會重新加載頁面進行更新。

3. **SAP 行動卡 (Mobile Cards)**：SAP 行動卡是 SAP 提供簡單的低程式碼開發工具。使用者可以從 App Store 或 Google Play 商店下載 SAP Mobile Cards App。基於 SAP Mobile Cards App 上的卡片範本，各企業可以設計卡片介面、授權管理、連結後端數據等，快速地發展行動商業 App 應用。

4. **行動後端服務**：行動後端服務提供後端應用服務開發的工具、連結後端數據、整合其他服務工具以及安全管理服務等。

11-4-2　AWS

隨著行動運算愈來愈重要，Amazon AWS 提供多種行動運算相關服務：

1. **行動開發**：AWS 提供 AWS Amplify 跨平台行動開發框架與工具，可以讓企業發展 iOS、Android、Web 以及 React Native、Flutter 各種類型行動應用程式。AWS Amplify 具備身分驗證、儲存、語音助理、人工智慧、物聯網、推送通知、連結 API 等功能，滿足企業開發相關行動應用需求。此外，AWS 提供 Amazon Chime SDK，可以呼叫桌面的音訊或視訊。Amazon Location Service 可以將位置資訊放入應用程式中。

2. **行動佈署與測試**：AWS Amplify 亦可以提供 Web 應用程式的佈署以及雲端上的運行。此外，AWS 提供 AWS Device Farm 服務，可以進行行動裝置的效能測試。Amazon CloudWatch 可以監測應用程式的效能。

3. **互動服務**：AWS 提供 Amazon Pinpoint 服務，可以透過跨電子郵件、短訊服務、訊息推送等，進行主動的訊息推播，滿足企業進行主動式行銷。

11-5　雲端運算數位轉型案例

● 11-5-1　案例：Fender線上音樂課程服務轉型

一、背景與挑戰

　　Fender 是世界上卓越的吉他製造銷售公司之一。自 1946 年以來，Fender 幫助了搖滾、爵士、鄉村、流行等許多音樂流派發展。然而，由於電子舞曲和嘻哈等興起，使得吉他作為熱門歌曲關鍵樂器的角色被削弱。但 Fender 並沒有犧牲製作吉他的品質，仍被視為高品質吉他製造的品牌廠商。

　　Fender 發現，儘管吉他被電子音樂設備、音樂製作軟體等新興技術取代，市場上仍有一些增長趨勢，例如：全球吉他銷售額還是從電商平台、社群平台等雲端平台中銷售了 19 億美元。這意味著吉他仍有市場，只是轉型到新的雲端平台上。

　　Fender 決定任命新的執行長穆尼，進行數位創新與轉型。穆尼一開始先蒐集客戶數據，以尋找增加銷售額和利用數位轉型的機會。穆尼發現了幾個市場訊息：(1) 有 45% 的 Fender 樂器購買來自首次演奏者。(2) 這些首次演奏者中，有 90% 在前 12 個月內放棄了該樂器。(3) 承諾繼續學習的 10% 成為終身客戶，且會購買多把吉他、放大器和其他設備。(4)50% 的新吉他購買者是女性，而且女性更有可能在網上購買而不是實體吉他店。(5) 新買家在音樂課上的花費，是他們在設備上花費的四倍。因此，Fender 認為，線上音樂課程是一個新的轉型方向。

二、如何運用雲端運算轉型

　　Fender 發展 Fender Play 的綜合性線上音樂課程平台，以提高初學者成功的可能性。用戶只要每月付費 9.99 美元，就可以學習一整套全歌曲教程、課程、和弦說明等，每個影片和練習都以高品質方式拍攝，並使學習互動且更容易掌握。Fender Play 也會基於使用者的音樂偏好，讓初學者根據他們想要學習的音樂類型，獲得個人化的課程和教程。Fender 並利用行動運算 APP，發展 Fender Tune 以及 Fender Tone APP，讓用戶可以利用 APP 即可進行調音、控制數位放大器等，更容易地學習與享受吉他。

　　Fender 利用 Amazon AWS 雲端服務中的 AWS Lambda、Amazon DynamoDB、Amazon API Gateway 等，儲存超過 700 TB 的影片與 490 萬堂課程。此外，Fender 也利用 AWS IoT 服務監視工廠吉他製作時的狀況、利用 Amazon SageMaker 機器學習技術進行 AI 選吉他木頭等。Fender 還發展了倉儲貨架上的 IoT 按鈕補貨看板系統，可以讓工廠的人員即時補貨，節省人員利用 ERP、智慧手機打單的時間。Fender IoT 按鈕系統是利用 AWS Lambda 無伺服器的運算服務，可以執行程式但卻不必佈建或管理伺服器，節省 Fender 雲端服務訂閱成本。

　　如圖 11-10，在倉儲櫃位上設置小型按鈕，透過聯網的方式，告訴倉儲人員進行補貨。倉儲人員可以在手機即時接到訊息，也可以知道是哪一個倉儲櫃位的哪種木材需要補貨。

IoT Button KANBAN replenishment

▶圖11-10　Fender IoT按鈕補貨看板系統 (資料來源：AWS)

三、成果與未來發展

　　2020 年，Fender Play 應用的會員人數從 13 萬人增加到近 100 萬人，其中大部分是新玩家，能帶來 10 億元的營收。Fender Play 並舉辦 Find Your Fender 的線上首次購買者指南體驗，幫助人們完成購買哪種吉他類型決策過程。Fender 並啟動 Fender Play 基金會，利用各種教學、示範活動，激勵學生們學習音樂。Fender 利用面對消費者的 Fender Play 線上教育訓練雲端服務、Fender Tune 以及 Fender Tone Apps 等，成功地吸引新客戶，帶動吉他持續購買，邁向數位轉型之路。

　　▶ (參考資料:AWS個案集)

● 11-6　小結

　　本章的介紹，讓讀者可以了解行動運算的概念、架構、趨勢、創新應用，以及行動開發與管理議題。行動裝置應用程式連上雲端服務的主要特性包括：行動性、低可靠度、網路斷線，以及多樣的行動裝置設備。隨著晶片及智慧型手機硬體技術不斷地發展，提高了行動設備運算能力及嵌入式感測器發展，使得行動運算設備相關技術不斷地創新。此外，隨著愈來愈多企業使用者利用智慧終端設備，連結企業內部系統或雲端服務，管理行動應用程式開發、軟體佈署、設備管理、資訊安全等議題也應運而生。

習 題

● 問答題

1. 請說明行動運算的意義與特性。
2. 請繪圖並說明行動雲端的意義。
3. 請說明行動運算的技術與發展趨勢。
4. 請比較消費行動 App 與企業行動 App 的差異。
5. 請列出三項常見的行動裝置嵌入式硬體，並說明可能應用方式。
6. 請說明智慧型的行動作業系統 SDK 的模擬器與效能偵測器的功用。
7. 請比較原生碼、Web 式行動應用程式開發的架構與優缺點。

● 討論題

1. A 公司為引進行動運算來協助企業發展各種行動應用程式，以提供各國的業務部門使用。請問以下情境，您會建議採用何種行動管理平台？
   A. 跨行動終端的程式開發。
   B. 避免使用者行動設備的遺失。
   C. 協助使用者行動設備下載、佈署與升級行動軟體。
   D. 監督使用者是否合法下載其他軟體。
   E. 管理使用者行動設備上的資料安全。
   F. 提供使用者可以自由下載行動運算公用程式的環境。

12

巨量資料技術與實務

　　本章從技術與產品的角度來介紹巨量資料的意義、特性、架構、發展趨勢以及巨量資料模型、檔案系統、處理引擎、資料分析的技術類型與應用。閱讀本章，讀者可以了解巨量資料的基本概念與架構，也可以根據不同巨量資料的需求，思索實現巨量資料的技術與處理方法。

12-1　巨量資料處理技術的概念與發展

12-1-1　巨量資料處理技術的概念

一、意義

　　巨量資料處理的目的，在於滿足多樣性與不同速度的存取，以及大量的資料處理需求。多樣性的資料需求包括：傳統的交易資料及非傳統的影像、聲音、社群媒體活動紀錄等各式企業活動的資料。不同速度的需求來自於：批次、事件、即時影像處理、即時事件判斷、即時資料查詢等應用情境。大量的資料需求則是要處理 terabytes (1,000 倍 gigabytes) 以上的資料。

　　巨量資料處理的技術與雲端運算互為因果關係；由於雲端服務的興起，例如：Google Search、Amazon Cloud 等服務廠商，必須利用特別的資料處理技術來處理數以億計的大量資料。雲端服務的發展也使得企業必須關注散落在網路上的 Facebook、YouTube 等非典型消費者的資料以協助行銷。另一方面，雲端運算中的運算資源集中處理特性，也可讓企業利用雲端服務來處理巨量資料，以降低購買運算與儲存設備的成本。這種互為因果的關係，使得雲端運算與巨量資料處理的關係密不可分。

二、特性

一般來說，巨量資料處理可歸納為「4V」，主要特性如下：

1. Volume（大量）：處理大量的資料。從「巨量資料」的字面意義來看，大量的資料處理是其重要特性。但實際的資料處理數字端視企業的容忍程度而定，不同的行業，處理資料的特性也不同。例如：金融業必須處理上百萬筆的交易資料，但每筆資料的資訊量可能不多；醫療業處理上萬筆的醫療影像資料，每筆資料夾帶的影像檔案量卻相當大；服務業處理電子郵件的客訴問題分析，也可能耗掉公司大量的伺服器運算資源。

2. Variety（多量）：處理結構化與非結構化等各種型態的多樣性資料。結構化的資料可能是傳統的 ERP、CRM、銷售點資訊系統 (POS) 紀錄等關聯式資料庫的資料；半結構化的資料可能來自文件、電子郵件、網頁等資料；非結構化資料則來自於社群網站、影像、聲音等資料。混合處理結構化與非結構化的資料更是資料處理技術的一大挑戰，例如：如何從客戶的購買紀錄與社群網站資訊中找出未來可能購買某一商品的機率？

3. Velocity（速度）：處理不同速度需求的資料。不同巨量資料對處理速度的需求可能不同，例如：季度銷售分析可以容忍運行一個晚上而整理出的報表結果；網路搜尋資料可以一頁一頁的展示，不需要即時回應所有資料；犯罪偵防應用則要即時警示有問題的資料。企業根據不同速度的需求來進行資料分析的應用，使用適合的巨量資料處理技術以協助處理。

4. Value（價值）：投入巨量資料的處理要權衡成本與價值。各種巨量處理的技術已存在一段時間，如：影像分析、天氣預測、科學研究等。近期雲端運算與相關巨量資料處理自由軟體的發展，使一般企業可以使用較低成本，而不需購買昂貴的軟體。使用的企業仍須考量投入的成本（時間、人力、硬體成本等）與方式（使用雲端服務或自行購買軟硬體），以及巨量資料處理帶來的價值評估。

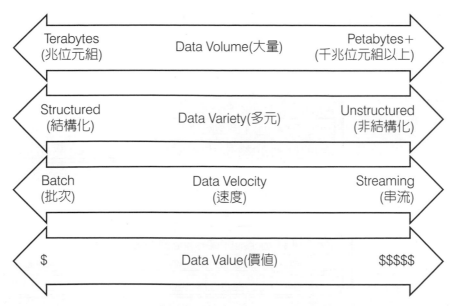

▶圖12-1　巨量資料的4個特性 (資料來源：IDC)

三、架構

如圖 12-2 所示，巨量資料處理的技術架構可以粗分為以下幾個部分：

1. **基礎建設 (Infrastructure)**：巨量資料處理技術所需的基礎建設包括伺服器、網路、儲存設備、虛擬監督器等。儘管這些軟硬體設備的處理速度與容量愈來愈大，但單一設備仍可能無法處理龐大的巨量資料，需仰賴計算處理與資料處理設備的延展性。例如：多台伺服器共同運算巨量資料處理，延展多台儲存設備以儲存大量資料。

2. **資料組織與管理 (Data Organization and Management)**：資料組織與管理層主要為進行蒐集、整理、轉換、整合資料等處理工作的軟體。資料來源、處理方式、儲存方式可能根據前述結構化 / 非結構化資料、批次 / 即時資料等特性，而有不同的資料組織結構與處理方法。儲存結構包括：結構化 / 非結構化資料模型、檔案系統；處理引擎包括：Hadoop、MapReduce 等各種處理方法。

3. **分析 (Analytics)**：將處理好的資料進行分析與視覺化的呈現。分析的方式包括利用各種演算模型進行統計、預測、模式尋找。最後，利用不同的視覺化呈現，並解釋分析結果。

4. **應用與服務** (Applications and Services)：資料分析完的結果可應用在適當的行業與各種應用情境，如：醫療業、犯罪偵防、科學模擬等。

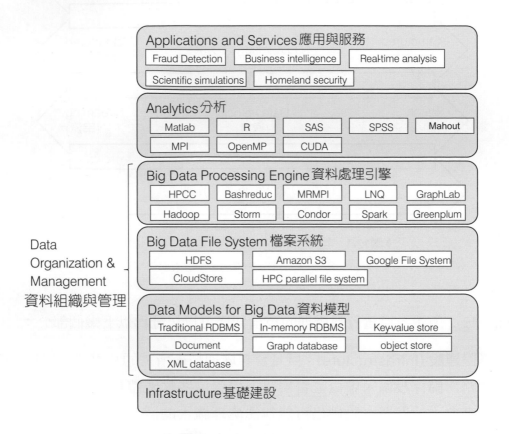

▶圖12-2　巨量資料的技術架構 (資料來源：IDC)

12-1-2　巨量資料處理技術的發展

一、應用現況

　　據 Gartner 對全球企業巨量資料處理採用程度的調查結果顯示，目前約 7 成的企業已關注到巨量資料處理的重要性。其中，12% 的企業在過去兩年之內已經採用巨量資料處理技術；而 31% 的企業正在建置巨量資料處理；另外 25% 的企業雖仍未有明顯的應用實例，但事業單位已要求 IT 部門進行評估。

　　企業期望巨量資料處理的分析主要以市場機會的決策為主，而非以過去傳統商業智慧應用的營運面分析。引進巨量資料處理的障礙則以缺乏技能、成本考量，以及缺乏事業單位的支持等較多。顯示出企業仍須發掘巨量資料處理對企業的效益，且仍待市場的推廣與教育。

　　企業目前處理巨量的資料類別主要以結構化 (傳統資料庫表格)、半結構化 (網頁、XML 文件) 資料為主；社群資料、感測器來源等資料則較少數。從企業的應用角度分析，這些非傳統結構資料的應用模式與商業價值，仍有待發掘。

二、發展趨勢

巨量資料處理技術與產品的發展趨勢有以下幾點：

1. **結構化 / 非結構化資料處理的結合**：近期巨量資料處理技術發展大多以非結構化資料的處理方式為主。對於企業而言，如何結合傳統結構化資料與新興的半結構化和非結構化的資料處理，將是企業採用巨量資料處理關鍵。例如：結合結構化 ERP 應用軟體的資料，與非結構化的社群網站資料，以分析消費者購買的嗜好與趨勢。

2. **雲端服務**：巨量資料處理技術需要消耗大量的伺服器與儲存設備。採購這些軟硬體設備對於中小型企業而言是一項負擔；對於不常使用巨量資料處理應用的大型企業亦是一種不必要的採購。因此，處理與分析巨量資料的雲端服務將提供企業低成本的選擇。未來將會有愈來愈多的雲端服務業者提供巨量資料處理與分析的服務。

3. Appliance (**應用伺服器**)：巨量資料處理技術可以利用軟硬體技術的結合，形成一種巨量資料處理的應用伺服器 (Big Data Appliance)。這種伺服器專門處理各種結構化 / 非結構化資料的分析、轉換與儲存，可以加快資料處理與分析作業的效率，也可以簡化企業或雲端服務業者整合各種軟硬體設備的困難。如：資料庫大廠 Oracle 推出 Big Data Appliance，可結合傳統關聯式資料庫與非結構化資料的處理。未來將會有愈來愈多的企業或雲端服務業者採用巨量資料處理的應用伺服器。

4. **資料分析專家的需求**：巨量資料處理技術的發展與應用需求的浮現，也引起市場對於資料分析專家的需求。資料分析專家可能來自於熟悉各應用領域的專家，如：醫療領域、製造業領域，或者熟悉各種演算法的資料分析專家。

5. **標準化**：巨量資料處理技術的步驟與軟硬體的規格將隨著需求與產品的競爭，逐漸發展成較一致的標準步驟與規格。

6. **處理效能**：巨量資料處理技術的效能也將隨著技術的發展與產品的競爭而提升。效能改善的方向包括：硬體設備的強化、演算法的改善、伺服器的效能，以及結合雲端技術與服務。

12-2　巨量資料模型的類型與應用

　　SQL 技術是目前常用來處理結構化資料的處理技術，例如：Microsoft SQL Server、Oracle Database、IBM DB2 皆是此種資料處理的產品。SQL 技術搭配關聯式資料庫的資料模型，可以利用簡單的 SQL (Structured Query Language) 語言，將資料以結構化的方式放在關聯式資料庫中進行存取。資料在進行儲存時，也必須符合正規化 (normalization) 原則，讓資料可以不重複地放在資料庫中，並符合 ACID (Atomicity、Consistency、Isolation、Durability) 的交易原則。SQL 處理技術主要的目的為處理交易性的資料 (新增、刪除、修改等動作)。

　　SQL 或關聯式資料庫的缺點，在於查詢時必須關聯很多不同的資料表格，一旦資料過於複雜或龐大，查詢速度將大受影響。基於 SQL 技術之上，開放社群或廠商設計了 Advanced SQL (如表 12-1 的 Disk Cluster DB 與 In-Memory 這兩種解決方案) 來加快查詢的速度。

　　NoSQL 則有別於 SQL 技術，是以處理非傳統關聯式、半結構化或非結構化資料為主的技術。以下將介紹 Advanced SQL 及 NoSQL 的處理方法與應用。

表12-1 SQL與NoSQL資料模型處理技術列表

資料模型處理技術(註1)	類別	說明	產品舉例
Advanced SQL	1. Disk Cluster DB	利用多個資料庫平行擷取與處理資料	Teradata, Greenplum, Sybase IQ, SQL Server Parallel
	2. In-Memory	將資料分散在1或多個記憶體,平行擷取與處理	HANA, TimesTen, memcached
NoSQL	3. Key Value store	資料庫沒有關係綱目(schema),將索引放在資料內容中,可處理無一定結構的訊息資料	Bigtable, HBase, Redis, Dunamo, memcached, MongoDB
	4. Tabular store	以欄為主的儲存方式,提升資料延展性	Bigtable, HBase, Hypertable
	5. Object store	物件導向方式儲存資料結構,適合處理圖形、財務資料	ObjectStore, GemStone, Starcounter DB
	6. Graph database	用來記錄與處理聯結關係,如:社群網路	Neo4J DB, InfiniteGraph
	7. Document database	文件式資料處理	CouchDB, MongoDB
	8. XML database	處理與儲存XML形式的文件格式	MarkLogic, Exist

▶ (註1:上述資料模型處理技術命名可能依資料處理方式或資料模型來命名,故相同的產品可能橫跨不同技術類型)

12-2-1 Advanced SQL:Disk cluster DB

Disk cluster DB(磁碟叢集資料庫)技術主要利用多個資料庫伺服器,以平行地處理大量的資料,提升關聯式資料庫的處理速度。如圖 12-3 所示,利用多個資料庫伺服器同時存取資料。目前主要有兩種技術的實施架構:一種是將資料存放在不同伺服器本地端的 Shared Nothing 式;另一種則是將資料集中在相同儲存設備的 Shared Disk 式。

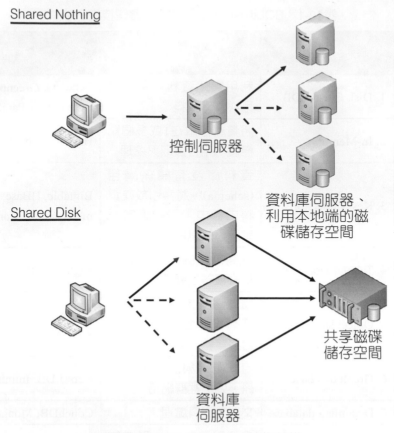

▶圖12-3 Disk Cluster DB技術架構

●12-2-2 Advanced SQL：In-Memory

In-Memory 的概念是將常使用的資料紀錄檔暫存在記憶體 (memory) 中，以加快存取的速度。如此一來，多個租戶查詢相同的紀錄時，即不需要每次都存取硬碟而降低存取效率。這常被使用在分析型的應用場景，以加速資料分析的速度。如圖 12-4 所示，in-memory 技術處理引擎可以整合在資料庫伺服器中，稱為 IMDB (In-Memory DataBase，記憶體資料庫)；安裝在獨立的應用伺服器中以存取各種資料庫系統，稱為 IMDG (In-Memory Data Grids)。傳統關聯式資料庫大廠，如：IBM、Oracle、SAP (Sybase) 將 IMDB 與硬體整合，成為一種應用伺服器 (Appliance)，提供企業快速地安裝與應用 IMDB，例如：Oracle TimesTen Appliance。

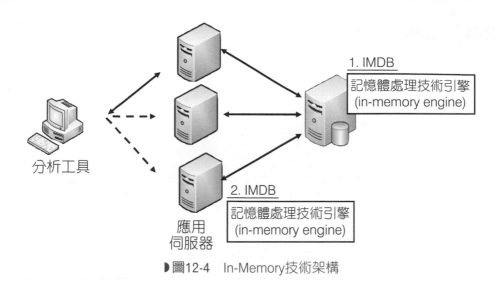

▶圖12-4　In-Memory技術架構

●12-2-3　NoSQL：Key Value Store

　　Key Value Store 技術相較於傳統的關聯式資料庫模型，可以彈性、動態地設定表格、欄位等資料結構。這種資料模式的處理方式可應用在不確定結構的網頁與網路資料搜尋情境。如：Amazon 提出 SimpleDB 的架構，利用 domain 作為承載多個項目的單位 (類似關聯式的「表格」)。每一個項目則是一組屬性與值 (key and value) 的組合。如圖 12-5 所示，不像關聯式表格必須事先定義屬性、欄位，Key Value Stone 技術只要新增一筆「屬性與值」的組合即可。

Domaon Product

名稱	類別	顏色	尺寸	
產品1	汗衫	藍, 白	S, M	

→

名稱	類別	顏色	尺寸	材質
產品1	汗衫	藍, 白	S, M	
產品2	外套	黑, 紅	S, M	防潑水

PutAttribute(domain=>"product", name==>"產品2",
class=>"外套", color=>"黑, 紅", size=>"S,M",
material=>"防潑水")

▶圖12-5　Key-Value Store模型設計範例 (Amazon SimpleDB)

12-2-4 NoSQL：Tabular store

Tabular store 是以欄位 (column) 為主的設計方式，讓資料紀錄可以很容易的延伸到不同的伺服器上，以處理大量資料。圖 12-6、12-7 即為兩個著名的 Tabular store 類型的 NoSQL 資料模式：Bigtable 與 HBase。

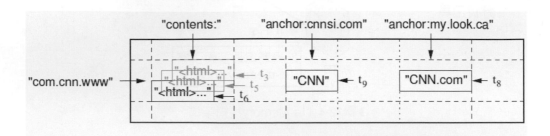

▶圖12-6　Bigtable資料模型 (資料來源：Google)

Bigtable 是由 Google 發展的 NoSQL 資料模型與儲存方式，可用來做網頁的資料處理。如圖 12-6 所示，Bigtable 的列 (row) 主要依 URL 的名稱存放網頁資料，如圖例中的 CNN 網站位址，為了把相鄰 URL 名稱的網頁放在一起，將 URL 名稱以由後往前的方式放置，如：com.cnn.www、com.cnn.news。欄位 (column) 則記載網頁的不同屬性，如："content:" 指網頁的內容、"anchor" 則指連結到該網頁的其他網頁。如圖 12-6，cnnsi.com、my.look.ca 分別在各自網頁內容中以 "CNN" 與 "CNN.com" 指到 CNN 網頁。這些相近屬性欄位稱為 "column family"，可以作為存取權限的控制，允許 (或不允許) 使用者連結存取。

Bigtable column 與 row 的交集處稱為 "cell"，為實際存放資料的地方。如：com.cnn.www 列與 "content:" 交集則為 CNN 網頁內容。cell 可以依據不同時間的戳記，記錄各種時間戳記版本的網頁資料，系統可訂定留存多久時間內的網頁資料版本。列則可以動態地群組成 "tablet"，讓使用者可以有效率地查詢某一範圍的網頁資料，管理者可將資料放在相近的儲存位置，以降低資料查詢的運算資源消耗。

HBase 是由自由軟體計劃 Apache 發展的 Hadoop NoSQL 計畫的 NoSQL 資料模型。如圖 12-7 所示，HBase 的資料模型概念類似 Bigtable，以 column 導向、cell 具有版本、row 可組成群組、column 亦可組成群組。

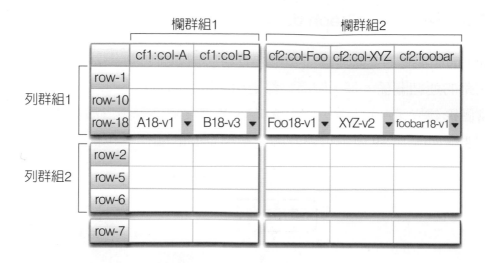

▶圖12-7　HBase資料模型 (資料來源：Cloudera)

12-2-5　NoSQL：Document database

處理文件類型的資料如 mongoDB，是一個自由軟體文件型的 NoSQL 資料庫。mongoDB 的資料模型結構包括：database、collection、document、record。每一個 documents 可以利用 key-value 式自訂屬性的方式來建立文章的欄位、內容。這可讓使用者彈性地定義各種類型文件以存取。

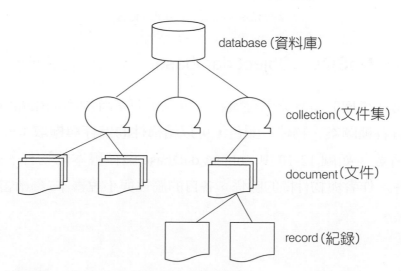

▶圖12-8　Document DB資料模型 (資料來源：mongoDB)

12-2-6　NoSQL：Graph database

　　Graph database 主要處理關係類型的資料。例如：社群網路利用圖形的方式顯示社群網路的連結關係。每一個節點都是相同型態的資料，如：社群網路的每一個「人」，當圖形建立後，可以利用最短路徑、多維度關係等圖形演算法擷取具有關聯性的資料群。如圖 12-9 所示，建立聊天室網友間的關係，包括：私密簡訊、聊天關係等。

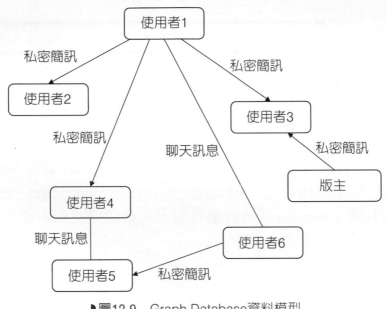

▶圖12-9　Graph Database資料模型

12-2-7　NoSQL：Object database

　　利用物件導向的方式來儲存資料，可以很有系統地擷取相關資料與屬性。如：一張圖中有各種圖案、物件、顏色，可以結構性的儲存與擷取；一本書有章節、出版社、作者等。如圖 12-10 中，object database 儲存書本的物件、章節的物件、出版社的物件、作者與物件間的關係、各自的屬性與小說書本/藝術書本的繼承關係。

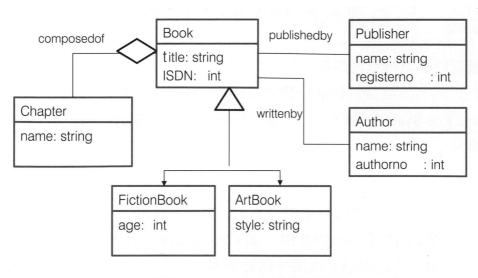

▶圖12-10　Object DB資料模型

12-2-8　NoSQL：XML database

XML DB 可以儲存、擷取各種 XML 格式的文件。如圖 12-11 所示，documents 可以儲存各種 XML 格式的文件。

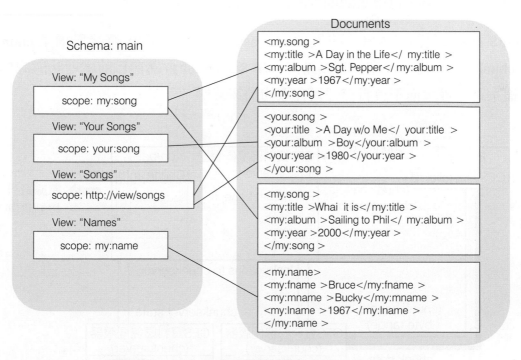

▶圖12-11　XML DB資料模型 (資料來源：MarkLogic)

12-3 巨量資料檔案系統的類型與應用

巨量資料必須將資料儲存在分散式與可延展的檔案系統上，以處理大量且分散的資料。著名的巨量資料處理檔案系統有：Google File System (GFS)、Hadoop Distributed File System (HDFS)、Cloud Store 等。以下將介紹 GFS 與 HDFS 的檔案系統架構。

GFS 是由 Google 發展的分散式檔案系統，主要處理大量的網頁資料，其架構重視檔案讀取 (read) 與檔案新增 (append) 的處理速度，對於檔案的修改速度較不重視。如圖 12-12 所示，GFS 由一個 GFS master 以及多個 GFS clients 與 GFS chunkservers 組成。每個檔案以被分為數個固定大小的 chunk 區段 (64MB) 的方式儲存在 chunkserver 上。chunkserver 間可以彼此備份 chunk 的資料，以避免檔案資料的遺失 (預設抄寫到 3 個 chunkserver 上)。

GFS master 主要維護所有檔案系統的後設資料，包括：檔案路徑名稱、存取控制、檔案與實體儲存區段對映、chunks 所在位置、chunks 的轉移、chunks 的回收等工作。GFS master 也會定期地詢問每個 chunkserver 的狀況。

GFS client 則利用 API 去詢問 GFS master 檔案的位置，直接與檔案 chunks 所在的 chunkserver 進行檔案的讀寫動作。GFS client 僅會儲存目前處理狀態的檔案資訊與檔案路徑等，而不會暫存任何存取的檔案資料。

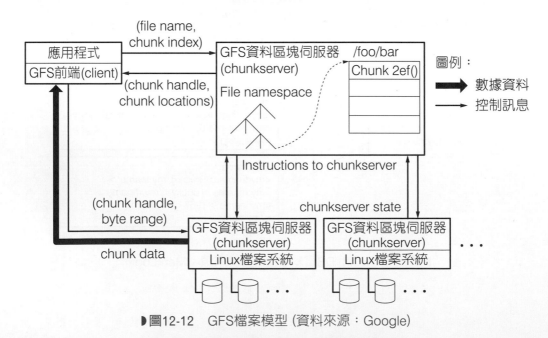

▶圖12-12　GFS檔案模型 (資料來源：Google)

　　HDFS 由 Hadoop 自由軟體專案發展，提供批次型的檔案讀取應用，亦即檔案的讀與寫會是以批次進行，寫 1 次／讀多次（"write-once, read-many"），而非傳統隨機挑選使用者的讀寫資料方式。HDFS 架構如圖 12-13 所示，與 GFS 一樣採取主從式（master/slave）架構，由一台 master 伺服器（稱為 namenodes）與多台資料伺服器組成（稱為 datanodes）。檔案分成數個區段資料（block、64MB），散落在多個資料伺服器上。namenodes 則控制權限、檔案路徑與 block 位置，以及資料抄寫等動作；clients 取得 namenodes 的後設資料後，直接與 datanodes 進行讀寫的指令。

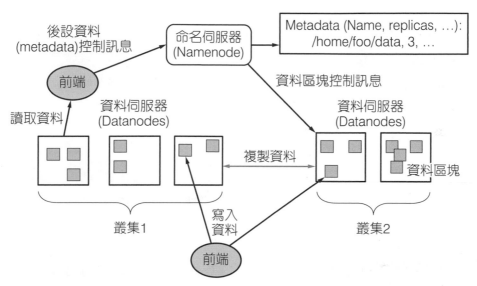

▶圖12-13　HDFS檔案模型 (資料來源：Hadoop Project)

12-4　巨量資料處理引擎的類型與應用

　　資料處理引擎將儲存在資料檔案與資料模型的資料，進行整理、轉換、整合資料等處理工作，以作為下一個步驟分析工作的準備。當然，面對不同的資料結構類型，如：網頁、文件、圖形、社群網路等，需要不同的處理引擎處理。

　　目前最受矚目的是處理大量網頁式的檔案資料，與批次處理的 MapReduce 處理方法。MapReduce 是由 Google 發展的分散式檔案處理方法，自由軟體計畫 Apache Hadoop 亦依照 MapReduce 處理概念發展為 Hadoop 處理 HDFS 檔案資料的核心程式架構。許多軟體廠商如：IBM、VMWare、Oracle，均支持 Hadoop 架構而大力發展 MapReduce 相關的處理程序與套裝軟體。

MapReduce 資料處理架構如圖 12-14 所示，讀取 HDFS datanodes Data Block 上的檔案，進行 Map、Reduce 作業。以比較各個網頁檔案城市的某日最高溫度為例，其作業舉例如下：

1. **資料讀取**：將各個網頁檔案上關於城市的氣溫資料以 Key-Value 形式取出，如：

   Toronto, 20

   Whitby, 25

   New York, 22

   Rome, 32

   Toronto, 4

   Rome, 33

   New York, 18

   此時，key 是城市、value 是氣溫。由於城市氣溫不斷變化，網頁檔案的資料亦隨時更新；所以，網頁檔案依不同時間點呈現多組城市 - 氣溫的 Key-Value。

2. **Map 對映**：將各個網頁檔案的城市 - 氣溫的 Key-Value 利用 Key 搜尋比對，尋找各個城市的最大氣溫，如：

   (Toronto, 20) (Whitby, 25) (New York, 22) (Rome, 33)

   結果將放在暫存的 Shuffles 檔中。其他網頁檔案對映結果可能是：

   (Toronto, 18) (Whitby, 27) (New York, 32) (Rome, 37)

   (Toronto, 32) (Whitby, 20) (New York, 33) (Rome, 38)

   (Toronto, 22) (Whitby, 19) (New York, 20) (Rome, 31)

   (Toronto, 31) (Whitby, 22) (New York, 19) (Rome, 30)

3. **Reduce 工作**：將各個 Shuffles 暫存檔再比較對映，找出各城市最大氣溫。如：

   (Toronto, 32) (Whitby, 27) (New York, 33) (Rome, 38)

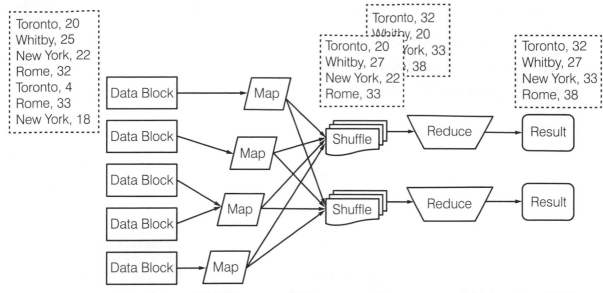

Data Block：資料區塊；MAP：對映；Shuffle：暫存；Reduce：合併；Result：計算結果

▶圖12-14　MapReduce資料處理架構 (參考資料：IBM)

　　Hadoop 計畫以 HBase、HDFS、MapReduce 框架為主，並發展各種相關的處理技術與程式語言架構，提供程式設計師組織與處理非結構化資料。表 12-2 列出 Hadoop 計畫主要的框架與相關的資料處理技術。

表12-2　Hadoop計畫主要的框架與相關的資料處理技術列表

框架與處理技術	說明
HBase	欄位導向資料模型處理架構
HDFS	分散式檔案處理架構
MapReduce	大量檔案資料處理引擎架構
Big	類似SQL處理語法以擷取、轉換資料作業
Hive	類似SQL處理語法以分析、綜整的資料倉儲作業
Mahout	一系列資料探勘的演算法
Apache Zookeeper	協調眾多處理程序的作業
Apache Sqoop	將關聯式資料庫匯入至Hadoop檔案與資料庫
Apache Flume	將log紀錄資料匯入至Hadoop檔案與資料庫
Apache Ooize	工作流程排程系統以排序與監控資料處理作業

MapReduce 主要處理網頁檔案資料的 Key-Value 對映與合併作業，其他非結構化的大量資料處理則仰賴其他處理引擎與資料模型、檔案結構的配合。事實上，發展 MapReduce 的 Google 也發展不同的資料處理方法以解決其他非結構化 / 半結構化、大量資料處理的難題，如：

1. Percolator：處理搜尋索引 (index) 的更新問題。

2. Pregel：處理網頁或社群網站連結關係搜尋與建立的問題。

3. Dremel：處理巢狀式文件結構 (nest) 資料的搜尋問題。

除此之外，即時資料的處理也可能與上述批次資料處理的方式截然不同。例如：IBM 的江河運算平台 (InfoSphere Streams) 處理即時資料的擷取與分析，可以應用在電信業的詐騙電話偵防、交通流量的即時疏導、醫療業即時偵測病人生理狀況等。

在快速處理大量資料與即時資料運算的需求下，2013 年 Apache 亦納入由 UC Berkeley AMPLab 發展的 Spark 開源叢集運算框架。相較於 Hadoop 利用 HDFS 分散檔案的資料合併與對應 (MapReduce) 運算架構，Spark 架構則充分利用叢集電腦中的記憶體進行運算 (In-Memory Computing)，大幅降低檔案存取的 I/O 時間。這使得 Spark 架構處理速度遠高於 Hadoop，更適合處理即時資料或互動資料存取。Spark 亦可透過 HDFS 或 Apache Cassandra 資料庫系統將資料寫回儲存媒體中，以避免運算途中或最後結果的遺失。此外，Spark 提供 map, filter, flatmap, sample, reducebykey, union, join, sort, count, collect 等多種資料處理操作方式，而非 Hadoop 的 Map 與 Reduce 兩種做法，讓資料處理工作更為彈性與容易。事實上，Hadoop 倚賴叢集電腦分散式檔案運算的穩定、批次、成本低與 Spark 仰賴叢集電腦分散式記憶體運算的快速、彈性、即時，常被企業混合運用，以處理不同資料運算需求並考量成本效益。其他 Apache Spark 重要相關軟體模組如下所示，有興趣讀者可以參考相關書籍進一步研究與操作：

(1) Spark Streaming：提供處理連續型事件或資料的即時處理架構與資料操作指令。

(2) Spark SQL：提供類 SQL 語法，進行查詢或操作結構化與非結構化資料。

(3) Spark Mllib ：提供機器學習相關函式庫 (如基本統計、相關、線性回歸、決策樹、群組等分析類型)，以提供程式設計師發展資料分析程式。

(4) Spark GraphX ：提供圖形計算架構，可協助處理與分析關係型資料。

12-5　巨量資料分析類型與應用

　　巨量資料分析階段的主要工作，是把資料處理引擎處理的結果進一步進行模式的分析、統計、預測等工作。資料分析方式與前述巨量資料處理的資料類型、資料分析回應的速度等需求具有關係；例如：批次的處理、即時決策查詢、數字資料分析、圖形資料分析、文件資料分析等。更重要的資料分析類型的差異來自於企業決策應用的不同。從企業解決營運的決策需求來看，則有 4 種不同的分析模式：

1. **描述性分析**：了解目前發生什麼事。如：各地區這一季的銷售成績、不同產品庫存狀況、產品良率狀況等。

2. **診斷性分析**：了解問題發生的原因。如：銷售不如預期原因、產品良率低落原因、庫存節節升高原因、客戶流失的原因等。

3. **預測性分析**：預測未來事件或問題發生的可能性。如：下一季的銷售預測、未來產品良率、設備未來耗損機率、促銷後銷售預測等。

4. **最佳化分析**：企業建立最佳化模型並自動化決策。如：銷售預測最佳化模型、設備維護最佳化模型等。企業不僅可以根據模型預測事件發生，更可以提前控制因素，以降低風險與成本，進一步增加利潤。例如：企業根據歷史數據與各種分析，了解影響設備壽命長短的原因來自於工廠溫溼度、原料規格及馬達轉速等，企業可以控制這些因素，使得設備能延長壽命，並使生產線運作更流暢等。

　　描述性分析與診斷性分析需求可以利用現有的標準報表、商業智慧分析或簡單敘述統計等協助分析，並配合企業人員的經驗進行問題解決。但隨著資料量愈來愈大、資料多元性愈來愈高，企業人員很難再用傳統方式進行判讀與分析。以目前企業需求來看，預測性分析方法最受矚目。預測性分析 (predictive analysis) 主要能協助企業預測未來事件或問題發生的可能性，如：下一季的銷售預測、未來產品良率、設備未來耗損機率、促銷後銷售預測等。

表12-3 巨量資料分析類型

3V	描述性分析	診斷性分析	預測性分析	最佳化分析
意義	了解目前發生什麼事	了解問題發生的原因	預測未來事件或問題發生的可能性	建立最佳化模型
問題	What happened?	Why did it happen?	What will happen?	What should I do? How can we do it better?
案例	營運績效檢視 設備錯誤預警	根源分析 良率變異分析	預測維修 良率預測 銷售預測	最佳化設備維運 最佳化製程設計
分析方法	敘述統計分析	規則描述、變異性分析、統計檢定	資料探勘、預測分析	資料探勘、預測分析、最佳化模型
支援工具	批次報表、商業智慧	商業智慧、統計工具、資料探勘	資料探勘、預測分析工具	最佳化調整與自動化處理

　　預測性分析可採用不同類型的資料挖掘、預測分析演算法或模型進行協助，如：線性迴歸分析、決策樹、群組分析、時間序列、邏輯迴歸、關聯法則等。一般商業用途的預測分析模型可以分為幾大類型：

1. **群組分析 (Cluster Analysis)**：從資料集中找出相似的資料並將其分成不同的群組。例如：依據消費者的年齡、性別、消費金額等屬性，進行市場區隔；依據設備的機型、廠商、異常原因，分為不同群組進一步探究異常原因。

2. **關聯分析 (Association Analysis)**：發現資料子集或資料屬性間的連結關係。例如：購物籃分析顧客買尿布亦會常買啤酒；設備的溫度、壓力、馬達轉速等參數同時發生異常的機會。

3. **分類與預測分析 (Classification & Prediction Analysis)**：發現資料集中，因變屬性對於應變（預測）屬性的影響程度，進一步預測發生可能性。例如：依據年齡、性別、消費金額等屬性，預測周年慶促銷消費者購買的可能性或消費金額多寡。依據設備的溫度、壓力、馬達轉速等參數及設備異常狀況，預測哪些參數到達何種臨界值後，可能會使設備異常。

4. **時間預測 (Time Series Analysis)**：根據歷史資料找出變化規律，預測未來資料屬性的值。例如：根據過去銷售紀錄，預測未來第三季銷售值；根據過去設備異常與維修紀錄，預測未來時間點，設備發生問題的機率。

　　其他著名的模型類型尚有分析病人或設備、會員未來留存時間的存活分析 (Survival Analysis)、發現事件或資料出現順序規則的循序分析 (Sequential Analysis)、發現文字中的模式與意義的文字探勘分析 (Text Analysis)、發現社群網路關係的社群網路分析 (Social Network Analysis) 或圖形分析 (Graph Analysis) 等，有興趣的讀者可以進一步翻閱預測分析或資料挖掘相關書籍。事實上，這些演算法已經發展數十年，由於巨量資料處理技術、Hadoop 等開源軟體發展、雲端服務發展及大量與多樣資料分析需求，使得它更受到矚目，也更能符合企業巨量資料分析的成本效益考量。

　　此外，分析之後的結果如何視覺化展示，亦有各種方法。一般性的預測分析模型，運用特有的資料展現方式，協助分析師或決策人員進行判讀。例如：決策樹的決策樹模型、時間序列分析的時間預測圖形。

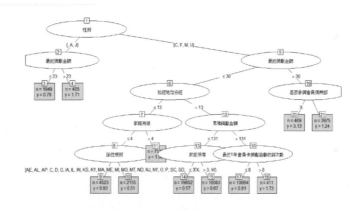

▶圖12-15　決策樹模型分析與展現

　　有些則視覺化展現非結構資料的特有趨勢，例如：展現資料文字出現頻率的文字雲 (Tag Cloud)、叢集分析圖 (clustergram) 以展現叢集歸類數目與分配規則、空間資訊流 (spatial information flow) 以展現地理位置間資訊的流動關係等等。有興趣的讀者可進一步了解這些演算法與分析展現的內涵。

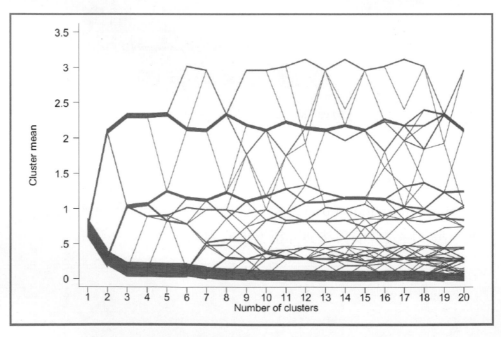

> ▶圖12-16　文字雲視覺化展示 (資料來源：McKinsey)

> ▶圖12-17　clustergram視覺化展示 (資料來源：McKinsey)

　　預測分析牽涉到多種資料探勘或預測模型應用，以及各種資料處理過程，分析師須借助預測分析工具及預測模型協助處理。預測分析工具包含各種資料轉換、資料抽樣、資料前置處理、模型建立、模型評估與發佈等功能，以協助分析師進行資料探勘或預測。此外，具備視覺化圖形展示，可協助分析師透過各種圖形快速地探索與理解資料。更進一步，將資料探索、資料準備、模型建立、模型評估的一系列步驟，利用圖形化程序流程串連，讓分析師容易的分析與校調（如圖 12-18 所示）。現今著名的分析工具包括 SAS Enterprise Miner、IBM SPSS、Microsoft Azure HDInsight 雲端服務等商用軟體，以及 R 語言、Weka、KNIME、Python 等開源碼工具。

　　其中，R 語言是最為著名的開源碼工具，具有資料處理、資料統計、資料視覺化等優勢，並具有 5,000 個以上社群貢獻不同領域的資料集或演算法套件。Python 則是後起之秀，除了具有數種資料處理、資料分析、可視化圖形呈現的開源模型函式庫與工具外，並容易與其他程式語言整合。

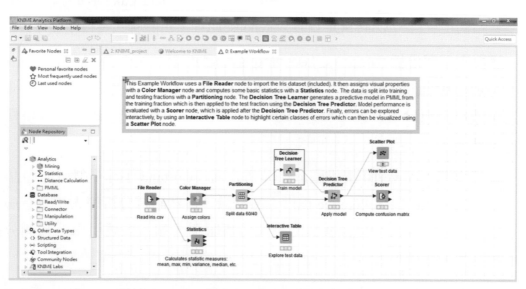

▶圖12-18　圖形化預測分析工具 (資料來源：KNIME)

12-6　巨量資料產品實務

12-6-1　Microsoft

微軟是辦公室生產力軟體與企業開發工具、資料庫軟體大廠。近幾年，微軟積極轉型雲端服務，除了前述將開發工具轉爲 aPaaS 的 Azure 服務外，也積極發展巨量資料儲存、處理、分析乃至於人工智慧雲端服務。

微軟巨量資料、人工智慧服務方案稱爲 Cotrana Analytics Suite，包含以下幾個產品：

1. **資訊管理** (Information Management)：Azure Data Factory 處理結構或與非結構化資料的整合服務、Azure Data Category 協助企業建立資料資源目錄與管理、Azure Event-Hub 處理即時事件型處理。

2. **巨量資料儲存與分析** (Big Data Store)：Azure Data Lake 協助儲存結構化與非結構化資料、Azure SQL Data Warehouse 處理大量關聯式資料庫儲存與存取。

3. **機器學習與分析** (Machine Learning & Analytics)：Azure Machine Learning、Azure HDInsight 結合 R、Python 語言，提供圖形化的機器學習、數據挖掘模型建立與分析介面。Azure Stream Analytics 提供 SQL 式的即時事件查詢工具。

4. **應用服務**：PowerBI 提供圖形化分析介面、Cortana 小冰是微軟數位語音助理。Perceptual Intelligence 提供人臉辨識、自然語言分析等人工智慧服務。Business Scenarios 提供套裝的商業分析服務，如：推薦引擎、預測分析、顧客流失分析等。

5. **物聯網**：微軟 Azure 平台提供 Azure IoT Central，作爲 IoT 應用程式與連結裝置之間的訊息中樞，可以連結數百萬個 IoT 裝置。Azure IoT Hub 則可以進行裝置連結、監視與管理。Azure 串流分析則可以分析來自於裝置的即時數據，進行快速的分析。Azure IoT 套件則安裝於 IoT 裝置，用來開發小型程序，並與 IoT Central 連結。Azure Edge 則作爲邊緣的伺服器，可以在 IoT 裝置與雲端服務間進行訊息的傳遞、數據處理與儲存等。

微軟進一步也將上述雲端服務方案落實在實體伺服器上，讓企業可以在企業資料中心中，自建巨量資料解決方案。

▶圖12-19　Microsoft PowerBI、HDInsight介面 (參考資料：Microsoft)

12-6-2　AWS

一、產品實務

Amazon AWS 除了提供 IaaS 服務、滿足協銷夥伴的 SaaS 雲端服務以及開發的 PaaS 服務外，也積極地發展機器學習、人工智慧、物聯網、AR/VR 等服務。AWS 將其分為資料庫、機器學習、物聯網、擴增實境與虛擬實境等，以下介紹幾個與巨量資料相關的服務：

1. **非結構化資料服務**：AWS 提供 MongoDB 文件式資料庫、支援 Key Value Store 的 DynamoDB、欄位為主設計的 Amazon Keyspaces，以及適用於物聯網時間序列的 Amazon Timestream 資料庫服務、Amazon Neptune Graph database 資料庫服務。

2. **結構化資料服務**：AWS 提供 RDS 關聯式資料庫服務，以及 ElastiCache、Amazon MemoryDB for Redis 等 In-Memory 記憶體資料庫。

3. **機器學習** (Machine Learning)：AWS 機器學習服務提供巨量資料分析服務，以及人工智慧相關應用服務，如：AWS SageMaker 提供建立、訓練與部署巨量資料分析模型、Amazon Lex 可以建置聊天與語音機器人以及 Amazon Rekognition 搜尋與分析影像、Amazon Translate 翻譯及其他製造業、零售業或醫療業等基礎的巨量資料分析應用服務等。

4. **物聯網**：物聯網可以讓企業將設備、資產的數據傳遞並進一步分析。AWS 提供 IoT Core 服務，作為設備資產的管理，將數據傳至雲端。IoT Greengrass 則安裝在設備上，可以執行程式碼，以作為簡單資料處理或儲存。IoT Analytics 則在雲端提供數據的過濾、處理、分析等服務。

二、AWS SageMaker

AWS SageMaker 是一系列的工具服務，提供資料準備、處理、建置、訓練與調整以及部署與管理等服務，讓商業分析師或是資料科學家可以透過此工具，發展巨量分析模型及應用服務。AWS SageMaker 具備 Studio、RSudio 工具，滿足資料科學家發展 Python、R 語言的預測模型或是 Canvas 工具等，滿足商業分析師利用模型進行資料分析等。

▶圖12-20　AWS SageMaker主畫面

　　使用此工具已經屬於巨量資料分析或大數據分析課程的練習，建議有興趣的讀者可以參閱相關資料。或者也可參考 Amazon 線上說明內容 (https://aws.amazon.com/tw/getting-started/hands-on/build-train-deploy-machine-learning-model-sagemaker/)。如圖 12-21 所示，利用建立筆記本執行個體，可以呼叫出 Python Jupyter 編譯器進行分析模型建立與執行 (註：請注意執行完後要停止，以免被計算資源費用)。

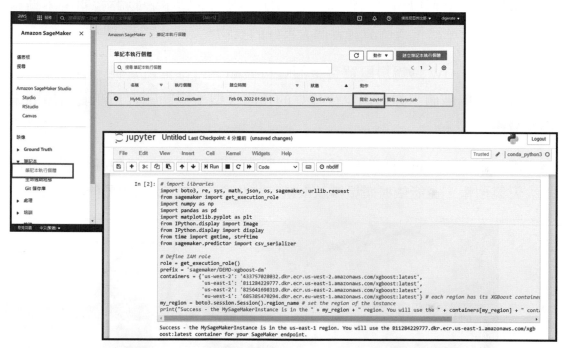

▶圖12-21　AWS SageMaker - Jupyter Python程式撰寫環境

12-7 巨量資料應用案例

　　巨量資料應用已經十分廣泛，從食、衣、住、行，乃至於各行業，均陸續採用巨量資料處理與分析技術，協助增進生產力、發展新價值。本段列舉幾個生活與行業案例。

12-7-1 生活

　　從食衣住行等生活方向思考，可以發現眾多巨量資料應用機會。以下舉幾個例子提供參考：

1. **食**：Yelp 是美國使用者評價網站，利用各個網友對於餐飲、購物、牙醫等商店的評價資訊，進一步推薦消費者適合的美食。每天可以產生 2 萬 5 千條評價資訊。

2. **衣**：STITCH FIX 是美國女性購物網站。顧客給予 20 美元預付款，即根據喜好寄送 5 件衣物。顧客可以退回不喜歡的衣物，透過個人身分／喜好資料填寫、分析場所／事件與喜好猜測、退回與留下衣物等資訊，不斷修正模型，精準給予每個消費者個人喜好的衣物。

3. **住**：ZILLOW 透過房屋買賣金額資料與顧客自行更新資料，估算每一個房屋的市場價值，亦透過自行建立的預測模型，協助顧客預測其房屋的未來價格。

4. **行**：車廠 Renault 提供 R-Link 車載服務，讓駕駛者可以根據位置接受當地天氣預報，並能依據衛星導航系統，提供即時塞車狀況與最佳路徑建議。

▶圖12-22　STITCH FIX預測消費者喜好 (參考資料：STITCH FIX)

12-7-2　醫療業

醫療業巨量資料應用機會可以從臨床診斷、醫療支付、醫藥研究、個人健康等方向思考。以下舉幾個例子提供參考：

1. 美國越戰退伍軍人協會利用會員的診斷資料、藥物刪減資料庫進行分析，提供會員病人照護建議、就醫建議以及藥物治療建議等。

2. 義大利藥物管理局利用診斷資料、用藥紀錄以分析新藥的成本與建議價格。

3. Asian Health Bureau 醫療機構利用 Hadoop 非結構化資料處理技術來查詢、比對多個影像資料，以發現異常、不規則影像，而發現可能存在的疾病，並利用遠距醫療的查詢，讓遠在各地的醫生共同會診。

4. PatirntsLikeMe.com 提供病人線上交流與分享平台，並可提供病人健康紀錄以提供藥物研究分析。

12-7-3　零售業

零售業巨量資料應用機會可以從顧客體驗與行銷、商店營運、商品管理、供應鏈管理等方向思考。以下舉幾個例子提供參考：

1. Walmart 連鎖賣場利用 App 結合社群網站、購買歷史紀錄、天氣狀況，當顧客進入不同分店時，即刻傳送建議購買產品、產品組合搭配、折扣商品、朋友搭配購買商品等訊息至顧客手機。

2. 梅西百貨分析 730 萬項產品以及各種商品類別、價格、庫存量、交易量等 2.7 億個影響因素，在 20 分鐘內即可分析各產品最佳化價格，動態調整價格。

3. Netflix.com 線上影片網站利用顧客個人資訊、顧客購買影片紀錄、觀看影片行為等資料，推測顧客喜好並推薦影片。進一步分析顧客喜歡的題材、導演、影院，推出原創電影。例如：Netflix 推出「紙牌屋」自製電影，大受好評。

4. iinside 零售定位服務公司協助零售店業者利用購物籃或購物車的微定位系統，蒐集與分析消費者的購物行為，如：顧客一周來店頻率、顧客店內駐留時間、商品擺放位置是否吸引顧客等，以提供零售店各種商品陳設或促銷活動建議。

●12-7-4 工業

製造、物流、能源等工業巨量資料應用機會可以從研發設計、供應鏈管理、生產管理、售後管理等方向思考。以下舉幾個例子提供參考：

1. 自動化設備大廠西門子智慧工廠示範自動監視與檢測產品組裝問題、分析製程問題、即時蒐集設備問題等，以提高生產良率。

2. SandvikCoromant 是瑞典工具機大廠，研發生產線上會運用的切割機器。SandvikCoroman 運用切割機器上的大量感測器，追蹤零件正常與否，並進行設備維護預測，以確保客戶生產線正常運作。

3. 物流大廠 DHL 利用攝影機掃描以分析進貨物品是否損壞、監測倉儲溫溼度、偵測出貨數量即時通知庫存系統、最佳化貨品流動動線、貨物運送系統預測維修等。

4. Joy Mining 採礦設備提供銷售客戶設備的遠端監控與分析服務，如：水深、壓力等感測器設置，即時監視客戶設備狀況、遠端參數控制與監控、設備損壞分析等。

5. Centrica 是英國最大瓦斯與電力公司。2011 年開始在各家庭裝設智慧電表，藉此可以每 30 分鐘自動化蒐集用電資訊，節省抄表的人力與錯誤。進一步可以掌握尖峰時段電力需求、根據時段或電力需求訂定不同收費方案，並能預測未來電力需求。

6. Monsanto（孟山都）是生化技術公司，生產農業專用除草劑、農藥、種子等產品。Monsanto 利用天氣與農作預測，提供各項服務，包括即時分析某農地區域天氣狀況與預測、農作物健康諮詢、農作物品種推薦、預計產量分析、每季預期收入等建議。

▶圖12-23　孟山都農業預測服務 (參考資料：Monsanto)

12-8 雲端運算數位轉型案例

12-8-1 案例：BMW數據驅動服務轉型

一、背景與挑戰

BMW Group 總部位於德國慕尼黑，是高級汽車和摩托車的全球製造商，旗下品牌有 BMW、BMW Motorrad、MINI 以及 Rolls-Royce。BMW Group 透過使用資料預測分析，維持汽車產業界中數位轉型的領先地位。2015 年，BMW Group 建立集中化的資料湖，以收集車輛中各式的匿名感測器資料，並進行即時性預測。BMW Group 為消費者提供即時的車輛存取資訊，例如：速度、位置、溫度、電池、煞車及引擎狀態等。

BMW Group 需要一種敏捷方案，可支援事業單位部門的數據分析需求，還可讓公司快速發展滿足客戶所需的各項數據分析應用。該公司希望將分析和機器學習技術整合至資料湖中，以加快服務創新的速度。

二、如何運用雲端運算轉型

為因應上述的挑戰，BMW Group 決定將原本部署在公司內部的資料湖移至 Amazon Web Services (AWS) 雲端平台中。該公司資料湖可處理企業銷售的數百萬

車輛的感測器和其他來源的匿名資料，以便提供內部團隊輕鬆存取，並能建立面向客戶和內部使用的數據分析應用。

BMW Group 利用混合式的 AWS 管理服務，包含：Amazon Athena、Amazon Simple Storage Service（Amazon S3）、Amazon Kinesis Data Firehose 以及 AWS Glue 等等，以滿足資料工程師開發需求的環境。此外，開發團隊可以擁有自己的開發運營工具，滿足快速開發與調整需求。此外，BMW 也建立數據分析入口網站，可以協助團隊使用者透過進階搜尋演算法，探索值得信任的資料集，並輕鬆查詢資料以產生新的想法。

BMW 每日運用 AWS 服務來擷取、處理、分析 TB 級以上的匿名感測器資料。公司並運用數據分析來監控車輛本身健康指標，例如：檢查控制錯誤以辨識車輛中可能潛在問題，並在影響客戶之前，快速地提醒客戶及解決問題。這樣提升了滿意度，也降低了潛在車輛駕駛危險的發生。

為了妥善管理這些大量的資料，BMW Group 發展了「資料提供者」和「資料消費者」概念，以提高其數據分析與軟體工程團隊的敏捷發展。資料提供者可以使用 Amazon Kinesis Data Firehose、AWS Lambda、AWS Glue 以及 Amazon EMR，此類 AWS 服務進行資料擷取和資料轉換。「資料消費者」可以運用 Amazon Athena、Amazon SageMaker、AWS Glue 以及 Amazon EMR 等服務，將資料運用在應用程式中。

這些大量資料並儲存在 Amazon S3 資料庫中，數據結構並定義在 AWS Glue 的資料目錄中。AWS Glue 資料目錄可以滿足團隊容易查詢，並具有數據入口網站，可以清楚顯示各項資料來源，提供公司內 500 多名團隊使用者「人氣索引」排名，提高資料分析師、資料科學家及工程師生產力。

此外，資料湖透過 AWS AppSync 服務運用 GraphQL，為資料提供者和使用者建立容易連結與擴展的 API，提高開發的靈活性。不同於傳統 REST API，建立在 GraphQL 之上的 API 介面非常適合發展創新服務需求，例如：開發人員可以靈活定義數據分析結構和查詢參數，以擷取應用所需的資料，並更快速地發展各項數據應用程式。

三、成果與未來發展

　　本個案中顯示，集中化的 AWS 資料湖形成了 BMW Group 進行數據驅動 IT 解決方案開發的基礎，並讓公司團隊可以快速開發應用程式。相較於內部部署解決方案，創新速度更加快速，且促成團隊內的合作。展望未來，BMW Group 持續擴展資料湖平台功能，進一步加速其數位化轉型，並在整個業務中推動附加價值，進而提升創新客戶體驗、全新行動服務以及內部業務洞見。

●12-8-2　案例：達美樂線上預測性訂購服務轉型

一、背景與挑戰

　　達美樂披薩佔據全球披薩極大的市場份額，總部位於澳洲的布利斯班，在全球擁有 2,600 多家門市。

　　達美樂披薩業務日益數位化，其中 70% 以上的銷售額來自線上訂單。達美樂的數位和技術長 Michael Gillespie 說：「我們對技術的投資，是我們業務增長的關鍵因素。」、「我們努力利用技術降低取餐和送餐時間，因為我們發現，越早將披薩送到客戶手中，他們的滿意度就越高。」

　　為了加快取餐和送餐速度，該公司啟動了 3TEN 專案，亦即在 3 分鐘內準備好披薩、10 分鐘內安全送達到目標。這包含透過高效烹飪方法和交通方式，以及透過開設更多靠近顧客的門市，並透過預測技術來協助減少披薩的製作和交付時間。Gillespie 說：「我們可以使用技術來提高烤箱速度，並為配送員提供更高效技術，例如電動車，但是我們還需要研究如何協助門市預測客戶訂單。」

二、如何運用雲端運算轉型

　　達美樂與 Amazon Web Services (AWS) 和 AWS 夥伴合作，建立一套預測性訂購解決方案。該公司將 Amazon Simple Storage Service (Amazon S3) 用於資料儲存，並將 AWS Glue 用於資料查詢，來建立儲存關鍵訂單資訊的資料湖。達美樂還使用 Amazon SageMaker 建置和訓練機器學習模型，以預測下訂單的可能性，因此門市可以在顧客下訂單之前就開始製作。以下是主要運用的 AWS 服務：

1. Amazon SageMaker：爲每位開發人員和資料科學家提供快速建構、訓練和部署機器學習模型的能力。

2. Aws Glue：AWS Glue 提取、轉換和加載 (ETL) 資料處理服務，讓客戶可以輕鬆準備、加載數據以進行分析。

3. Amazon S3：Amazon Simple Storage Service (Amazon S3) 是一種儲存服務，可提供可擴展性、數據可用性、安全性和高效率處理。

　　達美樂先在澳洲的某些門市中部署了預測性訂購解決方案。門市員工可以查看訂購螢幕，該螢幕顯示特定披薩與各種顏色指示器，指示這些披薩被訂購的可能性。Gillespie 說：「這並不是先做好披薩，然後在熱箱中放置半小時，而是按順序做好披薩，在顧客下單之後立即可以將披薩從烤箱中取出。」該方案爲門市縮短取餐和送餐時間，例如，達美樂在澳洲的一間門市，在整週內的平均配送時間（從顧客下單到送到顧客家門）不到 5 分鐘，打破了業界的紀錄。

三、成果與未來發展

　　達美樂已將該方案部署到其他許多國家／地區的門市中。達美樂透過該專案，在市場上取得了競爭優勢。達美樂澳洲和紐西蘭行銷長 Allan Collins 表示：「這就是我們的市場差異化因素。當我們可以在下訂單後的 10 分鐘或更短時間內送達披薩時，我們的一些競爭對手仍然需要 45 分鐘到一個小時才能送達。這確實給我們的客戶留下了深刻的印象。」另一個優勢是，加盟商不需要花費很多時間來接受培訓。達美樂的技術團隊與營運團隊緊密合作，以確保順利推出各項數據創新服務方案，並確保所有新流程都無縫地融入現有營運流程中，持續將客戶服務提高到更好的水準。

▶ (參考資料：AWS個案集)

● 12-9　小結

　　本章的介紹可以了解巨量資料的概念、架構、趨勢及巨量資料處理模型、檔案系統、處理引擎、資料分析的類型與應用。資料處理模型包括：Disk cluster DB、In-Memory、Key-Value Store、Document database、Graph database、Object database、XML database 等處理傳統 SQL 結構化資料、文件半結構化資料、社群或圖形／影像等非結構化資料的各種資料模型實現。

　　巨量資料檔案系統目的則在於如何將資料延展至不同資料伺服器以同時處理大量資料。巨量資料處理引擎則將儲存在資料檔案、資料模型的資料，進行整理、轉換、整合等工作；目前最受矚目的是處理大量網頁式檔案資料、批次處理的 MapReduce 處理方法。其他即時資料處理、圖形資料處理方法也日漸受重視。巨量資料分析類型則包括各種分析與預測演算法，以及視覺化展示方式。預測性分析主要能協助企業預測未來事件或問題發生的可能性，成為巨量資料分析最重要的方向。

習 題

● 問答題

1. 請說明巨量資料處理技術的意義與特性。
2. 請說明巨量資料處理的技術架構及各層的意義。
3. 請說明巨量資料處理的技術與發展趨勢。
4. 請比較說明 Disk cluster DB 的兩種實現架構。
5. 請列出三項巨量資料模型的架構與應用情境。
6. 請說明 GFS 檔案模型與處理方式。
7. 請說明 MapReduce 的資料處理方式。

● 討論題

1. A 公司為引進巨量資料技術來協助企業發展分析各種類型資料，請問以下資料形式，您會建議採用何種巨量資料模型或處理方式？
   A. 文件資料。
   B. 網頁資料。
   C. 社群資料。
   D. 大量銷售點資料。
   E. 圖形資料。

2. A 公司為引進巨量資料分析方法來協助解決各種商業問題，請問以下商業問題，您會建議採用何種分析模式（如：商業分析、分群、關聯等）？
   A. 分析上一季哪一地區的銷售量最高。
   B. 預測下一季的銷售量。
   C. 區隔出哪一類型顧客對於銷售有幫助，進行特別行銷。
   D. 分析哪些產品具有搭配銷售的益處。
   E. 區隔出哪群顧客喜好一致，給予相同的銷售建議。

13

人工智慧的應用與案例

本章介紹人工智慧科技的意義、特性、架構、發展趨勢、應用案例及機器學習、深度學習基本知識。從本章的閱讀，讀者不但可以理解人工智慧的概念、組成與趨勢；並可從案例與產品介紹中，思考如何結合雲端運算、巨量資料、物聯網等，發展認知智慧應用。

● 13-1 人工智慧概念與發展

● 13-1-1 人工智慧概念

一、意義

在雲端運算、巨量資料、物聯網等相關技術的發展下，推動了人工智慧 (AI, Artificial Intelligence) 新一波浪潮的發展；也成為產業界、學術界，乃至於政府競相發展與投資的標的。

事實上，近代計算機科學的肇始，就是人類對於人工智慧發展的追尋。1900 年代初期，數學家即開始爭論數學／機械化運算是否能模擬世界現象，包括人類的智慧。1940 年代，數學家圖靈 (Alan Turing, 1912-1954) 即嘗試發展機械化運算的電腦理論原型——圖靈機。1950 年，圖靈發表了「機器能思考嗎？」的文章，提出了「圖靈測試」的標準，透過人與機器的對話，以驗證機器是否具有「智慧」。1945 年，馮 · 紐曼 (John von Neumann, 1903-1957) 則從基礎數學理論轉向工程應用領域，而發展了早期電腦 EDVAC 的原型設計。由以上的發展可知，人工智慧發展與計算機科學的發展一直是不可分離的。

　　簡單來說，「人工智慧指的是利用機器或電腦展現人的智慧」。然而，人的智慧是什麼？計算機應該要模擬人類腦中的運算過程或直接達到預期人類智慧的結果等，成爲各方學派爭論不休的議題。在不同學派相互辯證與發展過程中，因爲無法突破許多關鍵點，而導致政府或私人機構投資減少，人工智慧度過幾次發展起伏期（松尾豐，2016）。

1. **第一次熱潮**：1950 年代後半至 1960 年代，主要針對特定問題，如迷宮、河內塔等，進行問題探索與解決。人工智慧研究者主要利用程式語言、演算法進行規則式的命令，以解決特定問題。例如：設計規則，讓機器人根據許多「IF…THEN…ELSE」條件執行命令。但由於無法解決複雜的、整體性的人類智慧問題，1970 年代即進入寒冬期。

2. **第二次熱潮**：1980 年代，主要以「專家系統」發展爲首。專家系統概念是將許多「專家知識」放入電腦系統中，透過推理，模擬專家問題的解決。例如：醫療診斷系統、電腦交談系統等。專家系統主要問題是如何萃取專家知識（許多知識是專家經驗，無法口語表述）、知識展現問題，使得 1995 年左右，人工智慧研究又進入寒冬期。

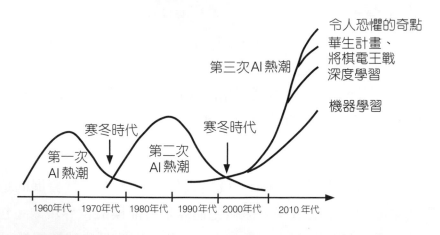

▶圖13-1　人工智慧的三次起伏期 (資料來源：松尾豐，2016)

3. **第三次熱潮**：2000 年之後，因網際網路的發展而累積大量資料，使得 Google 等網路服務商利用巨量資料的數據驅動方式，發展人工智慧技術與應用，而有了近期的發展。此外，深度學習 (Deep Learning) 的多層次類神經網路的技術結合大量數據，使得機器學習、深度學習成爲新人工智慧技術發展方向。

以此來看，巨量資料累積、處理與分析，是造成這一波人工智慧成爲顯學的重要推動因素。例如：Google 翻譯服務運用大量網路上累積的各國文章翻譯數據，進而學習、比對與分類，使其能快速地翻譯（但不一定百分百精確或優雅）。Alpha Go 運用眾多既有人類棋盤對弈的盤勢，進而學習如何針對不同盤勢進行攻防。Apple Siri 運用網友搜尋的數據，進而在語音辨識中推測可能關鍵字與用語。

事實上，現今許多成功的人工智慧應用或技術，均結合了機器學習、深度學習以及傳統的專家知識庫、邏輯演算法而發展。更精確地說，現今人工智慧的發展是結合過去種種數學、統計學、計算機科學、生物學研究累積而發展；大量數據累積、深度學習技術及雲端運算能力，則是讓人工智慧得以解決更複雜的問題。

二、特性

人工智慧嘗試模擬「人的智慧」。一般來說，「人的智慧」指的是具有學習與解決問題的能力，包含三大能力。

1. **認知與互動**：人類具有語言理解、影像辨識、產生具體行爲等能力。

2. **推理與規劃**：人類具有能夠建構邏輯、解釋世界現象、進行決策、處理不預期狀況等能力。

3. **學習與適應**：人類能夠不斷地學習並調適等，以適應環境。例如：小孩不斷地辨認、學習，即可辨識貓、狗的差異。

當然，「人的智慧」具體有哪些仍然有許多爭議。例如情感、美感、自我意識等，也是人類的智慧或思維。人工智慧能夠達到哪些能力，也還有探討空間。無怪乎 Facebook 創辦人佐伯克說：「某種程度上，人工智慧比我們想像的更近，也更遠。AI 愈來愈接近能做到比多數人預期的更強大是：駕駛汽車、治療疾病、發現行星、理解媒體。這些都將對世界產生巨大影響，但我們仍在找尋真正的智慧是什麼」。

在本書，我們聚焦在「人工智慧協助人們、企業解決複雜、模糊不清的電腦視覺、語音辨識、自然語言等人類的認知問題」上。IBM 將解決人類認知問題的相關人工智慧系統技術稱之爲「認知運算」(cognitive computing)。IBM 將計算機時代分爲，1990 年代電腦爲處理與計算資料、2011 年代認知系統則爲感知資料 (make sense)，亦即如同人類般能根據資料群的蛛絲馬跡進行判斷、建議與預測。

三、架構

認知／人工智慧系統是模擬人類智慧的系統，隨著應用領域、對人類智慧的定義不同，而有多樣的形式與結構。她可以是與人對話的電腦軟體系統或虛擬助理、可以是嵌入在機器手臂、醫療儀器、車載系統上的人工智慧晶片、也可以是仿生機器或機器人、甚至是連結多個雲端服務的虛擬大腦。如果將其概括性的分層，可以分解成如圖 13-2 的基本要素與元件。

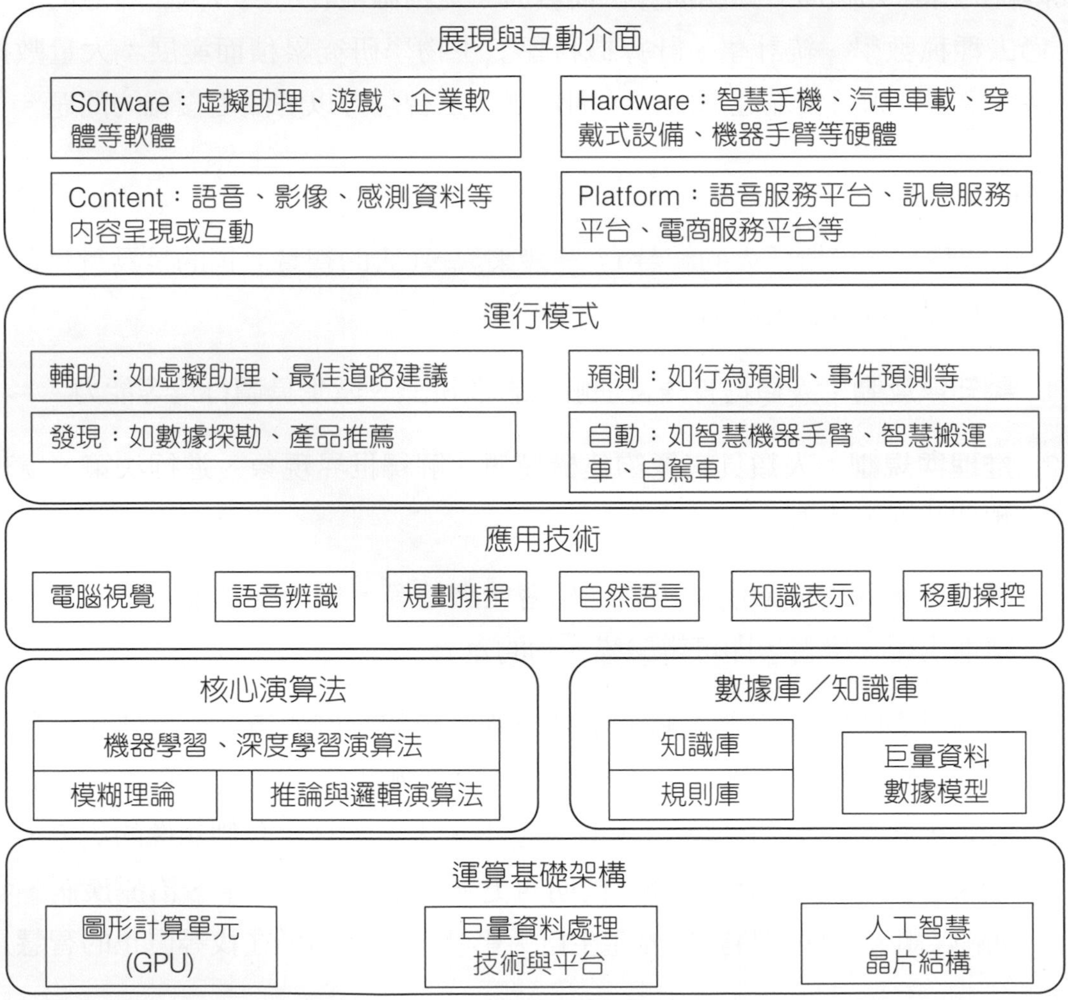

展現與互動介面

- Software：虛擬助理、遊戲、企業軟體等軟體
- Hardware：智慧手機、汽車車載、穿戴式設備、機器手臂等硬體
- Content：語音、影像、感測資料等內容呈現或互動
- Platform：語音服務平台、訊息服務平台、電商服務平台等

運行模式

- 輔助：如虛擬助理、最佳道路建議
- 預測：如行為預測、事件預測等
- 發現：如數據探勘、產品推薦
- 自動：如智慧機器手臂、智慧搬運車、自駕車

應用技術

電腦視覺　語音辨識　規劃排程　自然語言　知識表示　移動操控

核心演算法

機器學習、深度學習演算法
模糊理論　推論與邏輯演算法

數據庫／知識庫

知識庫
規則庫
巨量資料數據模型

運算基礎架構

圖形計算單元 (GPU)　巨量資料處理技術與平台　人工智慧晶片結構

▶圖13-2　認知／人工智慧系統架構

1. **展現與互動**：人工智慧系統可以運用軟體、硬體、內容、服務平台等各種形式，與使用者產生不同的展現與互動介面。

2. **運行模式**：人工智慧協助人們的方式，可以包含輔助用戶、發現新事物以及預測、自主判斷進行操作等。

3. **應用技術**：隨著運行模式及應用不同，人工智慧系統會運用不同的應用技術，包括：電腦視覺以辨識、理解圖像；語音辨識以辨識語音；自然語言處理 (NLP, Nature Language Processing) 以理解人類語意；知識表示以展現知識結構作為推論等。

4. **核心演算技術**：由於巨量資料的發展，使得機器學習、深度學習等演算技術，近期被用來作為進行人工智慧系統發展的主軸。推論與邏輯演算法、模糊理論等過去發展的演算技術，仍然被結合在現今的人工智慧系統中。

5. **數據模型與知識庫**：運用機器學習、深度學習建立的訓練數據模型 (trained model)，成為現今人工智慧系統的主要模型庫。但許多成功的人工智慧系統，仍會同時參照知識庫、規則庫等，以發展更精確的推論與預測。例如：Apple Siri 仍會參考網路累積的常識庫與字義庫—— Wordnet 進行語音辨識與用戶意圖推論。

6. **運算基礎架構**：現今人工智慧系統利用大量數據的機器學習、深度學習系統，仰賴巨量資料處理系統及雲端運算分散式架構。此外，圖形計算單元 (GPU)、人工智慧晶片架構也能提升人工智慧計算效能。

從架構中也可以理解，近期人工智慧的熱潮來自於雲端運算技術、巨量資料處理技術的發展以及運算晶片的效能提升。

13-1-2　人工智慧技術發展

人工智慧的技術突破，主要來自於巨量資料（大數據）、深度學習演算法等，使得它可以應用在電腦視覺、自然語言處理 (NLP) 等人類認知領域。從前述系統架構來看，人工智慧技術的發展可以從核心演算法、應用技術、運算基礎架構分析。

1. **核心演算法——深度學習**：人工智慧演算法影響人工智慧發展的興衰。近期，由於深度學習 (Deep Learning) 的發展結合巨量資料，使得各種人類認知的模擬更加準確，而使得各項應用紛紛被發展。深度學習是一種多層次的類神經網路機器學習方法，與前章巨量資料分析所述的各種預測性分析方法的途徑類似，透過大量資料進行訓練與學習。2009 年，Hinton 教授帶領團隊，利用深度學習進行語音辨識競賽，錯誤率較其他團隊少 25% 而聲名大噪，也激發近期人工智慧發展。其他著名的深度學習應用包括：GoogleX 實驗室從 YouTube 視訊庫中提取 1,000 萬張靜態圖片，讓其人工智慧演算法自我辨識「貓」、AlphaGo 智慧圍棋機器人等。

   深度學習的特色在於演算法能自動從龐大資料中，辨認特徵（變數）值。因此，深度學習特別可以應用在圖形辨識、語音辨識、自然語言處理、生物資訊學等領域，具備複雜特徵或人類不易定義特徵的處理上。然而，需要龐大資料則是深度學習的缺點。展望未來，新興「增強學習」、「遷移學習」、「生成對抗網路」(generative adversarial networks) 等學習演算法搭配深度學習，朝較小量資料、動態訓練、多重認知等方向發展。

2. **應用技術——自然語言處理**：語言是人類溝通的基礎。然而，不論何種語言，隨著人類的使用，包含了許多社會意涵與慣用規則，使得電腦不容易理解。藉由巨量資料累積、深度學習演算法及統計推論方法（如貝氏網路、隱藏馬可夫模型等）等，使得自然語言處理大幅地提高精確度，如：Google 翻譯（文字自然語言處理）、Apple Siri 語音助理（語音自然語言處理）。在商業上，也運用自然語言處理解析在 Facebook、Twitter、論壇等上面的網友留言，分析網友對公司、產品的意見、情緒等分析 (Sentiment Analysis)。Amazon Echo、微軟小冰等各項產品，則提供語音助理，協助人們運用語音訂購商品、操作系統等。展望未來，自然語言處理將朝更能從上下文、人們說話情境理解語言意涵、理解人們語言上的情緒等方向發展。

3. **運算基礎架構——AI 晶片**：深度學習以及結合大量資料的運算，需要高度的運算資源。現在主流的作法是運用雲端運算，搭配巨量資料處理、平行運算等電腦架構，進行大量資料的運算。然而，現今運用 CPU 電腦運算架構的伺服器，不夠滿足人工智慧大量數據處理需求。此外，仰賴遠端

雲端服務運算，無法滿足即時反應、網路斷線或連線不穩等諸多問題（例如：自動汽車駕駛、工廠機器人等環境）。現今半導體計算的發展，使得 AI 晶片技術協助解決上述問題。例如：NVIDIA 的圖形運算晶片 (GPU, Graphic Processing Units) 滿足大量資料在晶片中平行計算的效能，成為熱門的人工智慧處理晶片。其他如 Field Programmable Gate Arrays (FPGAs)、Application Specific Integrated Circuits (ASICs) 等不同架構的晶片亦在發展中。這些晶片各有滿足機器學習／深度學習或邏輯推論、運算效能、耗能程度、製造難易等考量。晶片商如 Intel、AMD、NVIDIA、IBM 等激烈地進行競爭。AI 晶片的發展將有助於人工智慧演算法或軟體、應用等，置入在機器、物聯網設備中，推升機器智慧的未來發展。

13-1-3　人工智慧應用發展

從應用的角度來看，人工智慧應用是智慧科技 (smart technology) 應用的一環，可以運用在智慧城市、智慧企業、智慧家庭等諸多領域。在這裡，我們把人工智慧聚焦在協助人們或企業解決複雜、模糊不清的電腦視覺、語音辨識、自然語言等人類認知問題上。從協助人類認知的角度上，可以列舉以下幾項人工智慧的應用。

1. **輿情分析**：針對消費者在社群網站上的發表意見，利用自然語音分析消費者對於公司品牌、產品的意見、情緒等。

2. **智慧客服系統**：利用自然語言問答分析，建置虛擬客服介面。消費者可以透過訊息傳遞或語音電話與虛擬客服互動，以提升客服效率、增加顧客滿意度。

3. **智慧語音助理**：利用語音辨識、自然語言處理等，讓消費者可以利用語音進行商品搜尋、商品下訂，或者語音命令家中各項家電的使用等。

4. 購物行為視覺化分析：利用監控攝影機獲取消費者的面容、表情，以分析其購物過程中的喜好、感受，進一步分析購物經驗，以改善零售店商品配置、貨架擺放、路徑規劃等。

5. **客戶服務機器人**：在商場、銀行櫃台等，設置客戶服務機器人，與顧客問答互動，增進顧客互動以及蒐集互動體驗資訊。

6. **視覺化檢測系統**：在工廠的進貨、製程、出貨過程中，利用攝影機擷取影像，自動檢測不良物料、半成品或成品，取代人工檢測錯誤或人力成本。

7. **機器人自動決策與操作**：在工廠設置智慧機器人（或機器手臂、機器搬運車等），可以根據環境掃描、製程狀況分析，自動操作、彼此協調以完成作業。

事實上，人工智慧的應用常常搭配巨量資料蒐集／處理與分析、感測器、物聯網設備等，使其能滿足各種情境、人機互動的需求。未來人工智慧的應用亦是與各種科技產品的結合，甚至嵌入在各種設備以及各項作業流程中。以零售為例，就可以理解人工智慧如何與各項設備、流程結合。

1. **辨認顧客**：顧客一進零售店大門，透過服務機器人進行顧客臉部辨識，並與顧客進行購物引導對話。

2. **個人化顧客推薦**：經過臉部辨識顧客身分後，運用巨量資料分析顧客交易紀錄、顧客屬性，並結合物聯網 beacons 了解顧客所在位置，即時推送促銷訊息給顧客智慧手機。

3. **智慧產品策略**：蒐集網路上顧客對於產品文字評價及競爭者的產品促銷、價格等，綜合分析以定期改變零售櫃上的智慧標籤價格。

4. **顧客購買行為分析**：透過監視攝影機的顧客影像及顧客所在位置、停留時間等，分析顧客產品購買偏好、產品猶豫原因，進行即時促銷、調用服務機器人進行現場服務等。

5. **智慧補貨**：服務機器人定期巡查貨櫃架上狀況進行補貨資訊更新。倉儲機器人根據補貨資訊、商品遞送需求，自動掃描倉儲環境、貨品搬運路徑規劃等，進行商品補貨或將商品送上運貨棧板。

6. **智慧物流**：智慧物流運送飛行器根據周邊影像、遞送地址、顧客喜好等，進行最後一哩的商品遞送。

13-2 機器學習概念與類型

13-2-1 機器學習概念

　　不論是本章的人工智慧，或第十二章的巨量資料分析、預測性分析，均仰賴機器學習 (machine learning) 這種資料分析方法。究竟機器學習是什麼方法？為何會在巨量資料時代產生這麼重大的影響？

　　從字面上解釋，「機器學習」就是「讓機器或程式，從大量資料中學習各種人類行為、機器運作的模式，進而建立規則或分類」。待新的行為／運作資料輸入時，就可以進行分類或預測（即推論）。例如：發現顧客買尿布亦會常買啤酒的機率很高，就可以透過將尿布與啤酒擺在貨櫃鄰近，增加購買機率。根據過去幾季的銷售成長狀況，預測下一季的銷售金額。綜合來說，機器學習就是一種將大量數據進行歸納、分類，進而進行預測（推論）的方法。研究者運用不同機器學習方法來解決各種分析問題，包括第十二章提及的線性回歸分析、決策樹、群組分析、時間序列，以及本章提及的深度學習都屬於機器學習的實現演算方法。

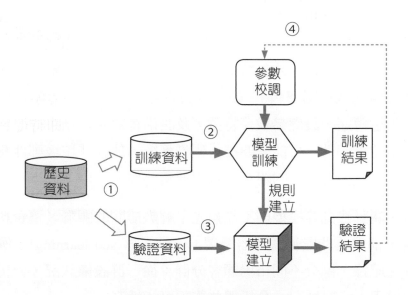

▶圖13-3　機器學習訓練程序

機器學習的訓練程序如圖 13-3 所示，可粗分為四個步驟：

1. 將蒐集來的資料分為訓練資料集與測試資料集，通常利用隨機抽樣或分層抽樣方式來進行。

2. 將訓練資料集放入模型演算法進行訓練，分析師可適時根據結果校調參數，並完成訓練模型。

3. 將測試資料集放入訓練模型，驗證訓練模型預測結果的可靠度與誤差程度。

4. 若驗證結果仍有改善空間，分析師進一步校調參數、比較表現較佳的模型演算法，並重新建立模型與評估。

當評估可行的訓練模型建立後，即可運用新的資料進行分析、預測，或者讓機器人執行各項任務。以現在機器學習發展狀況而言，研究者或系統發展者，仍需根據不同的問題與資料蒐集狀況，運用不同的訓練模型，甚至整合或搭配其他規則、知識庫輔助以解決各種領域問題。因此，AlphaGo 演算法僅能解決智慧圍棋算法、Apple Siri 演算法實現語音助理功能。亦有研究者持續開發能解更多領域問題的通用算法，例如：AlphaZero 為 AlphaGo 進階版，不僅能下圍棋、也能下象棋、西洋棋。

●13-2-2　機器學習類型

機器學習途徑可被分類為兩大類型：「監督式機器學習」(supervised learning)、「非監督式機器學習」(unsupervised learning)。第十二章所述的迴歸分析、決策樹分析模型，必須先輸入變數（或稱特徵）與目標變數（或稱標籤）的配對數據作為訓練，被稱為「監督式機器學習」。如：針對設備進行剩餘壽命預估，需要一系列設備的溫度、馬達轉速、設備參數等特徵，及設備實際年限結果的組合數據進行訓練與預測。過濾垃圾郵件，可能需要被人們標籤後，放在「垃圾郵件箱」的許多郵件標題文字（文字作為特徵）的組合進行訓練與分類。

群組分析、關聯法則等模型則不需預先了解數據間的關聯，讓資料從演算法中自動歸納呈現，稱為「非監督式機器學習」(unsupervised learning)。例如：從顧客屬性、購買商品紀錄，區分不同市場顧客分群；從一群設備狀況，分析哪些是異常設備；從顧客信用卡交易狀況，分析哪些詐騙可能性高。

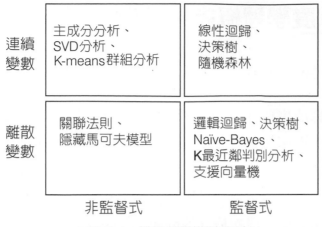

	主成分分析、 SVD分析、 K-means群組分析	線性迴歸、 決策樹、 隨機森林
連續 變數		
離散 變數	關聯法則、 隱藏馬可夫模型	邏輯迴歸、決策樹、 Naïve-Bayes、 K最近鄰判別分析、 支援向量機
	非監督式	監督式

▶圖13-4　機器學習模型類別

　　如圖 13-4 所示，利用非監督式／監督式、連續變數／離散變數，可以畫分 4 種類型機器學習模式，各有數種演算法以解決不同類型分析問題。運用大量資料歸納的機器學習方法最大的困擾，來自於資料累積是否足夠及完整。如果累積資料不足或不完整，可能會使得訓練模型無法準確分類或預測新的資料。例如：銷售分析預測僅有去年第 1 季到第 3 季資料，若要預測今年第 4 季的銷售，可能會欠缺第 4 季聖誕假期銷售資料（通常與第 1 季、第 3 季銷售模式不一樣），而不具備完整預測性。此外，究竟需要蒐集哪些輸入變數（或稱特徵）與目標變數的配對數據作為預測，則是數據分析師或資料科學家建立不同領域問題機器學習模型的最大障礙。

　　近年流行一種新興的學習途徑稱為強化學習 (reinforcement learning)。強化學習的標籤是動態的，根據各種回饋狀況而調整標籤值（稱獎勵函數）。例如：強化學習運用在遊戲或下棋，演算法可評估目前盤勢，找尋最大標籤值的下個位置或動作（即不同特徵值）以取得勝利。強化學習適合在可評估情勢，並可找出適當獎勵函數的應用情境下運用。

13-3 深度學習概念與類型

13-3-1 深度學習概念

深度學習的演算法來自於模擬人類大腦神經元的運作。大腦由數十億神經元平行接受刺激、反應，而產生各種記憶、思考、創造。深度學習模擬人腦，將各個神經元設計為小型電子轉換功能，透過大量電子神經元的平行運算，而能解決許多複雜的認知問題。深度學習最主要突破，來自於解決傳統專家系統或機器學習不能解決的特徵萃取、知識表現、層次概念等問題。

一般機器學習將資料抽取，轉換為可適用於特定機器學習演算法的訓練樣本時，需要數據分析師、資料科學家的人為介入。如圖 13-5 所示，傳統機器學習的步驟分為：感測、預處理、特徵萃取、特徵選取、模型建立。中間 2-4 步驟稱為「特徵工程」，亦即將雜亂的資料，轉換成可表達的知識概念，進而運用模型進行學習與預測過程。例如：預測體脂重，需要將人的生理特徵，如腰圍、臀圍、手肘寬度等進行感測、衡量，並轉換為適當單位，進一步運用迴歸分析模型進行預測。預測房貸提前還款的風險機率，需取得房貸利率、貸款人所得、房貸金額等房貸資料，並進行特徵選取進而訓練與學習。從電信業顧客關係管理系統資料，預測客戶流失的可能性。選擇顧客電信方案種類、顧客性別、顧客年資、顧客通話頻率等特徵，而將地址、Email 等資料捨去，建立模型。數據分析師或資料科學家不僅要熟悉資料轉換方法、模型演算法，更要理解哪些特徵足以影響標的物或預測物。例如：在某一類型的工廠中，哪些設備參數、材料變因，會影響產品製造的品質良率。這類型的「特徵工程」工作需要具備領域知識、機器學習技術雙方面技能的專家協助處理。

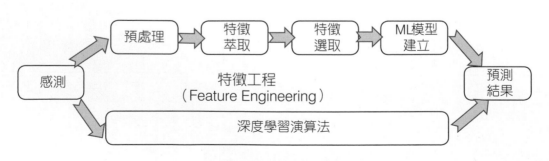

▶圖13-5 機器學習與深度學習特徵工程

如果是較為明確的商業問題，領域資料科學家還較容易地辨認與衡量特徵變數；但如果需要從影像中辨別動物、從文字中辨認語意等，則顯得模糊不清與複雜。例如：辨別動物，人類專家要如何確認動物的眼睛位置、耳朵大小範圍、身體形狀等，以衡量貓、狗的特徵？辨認語句意圖，要從單詞、句子、整篇文章，進行語意判讀。傳統機器學習運用規則、機率統計方式來定義影像、語言的特徵變數進行訓練，預測結果正確率差強人意。

13-3-2　深度學習原理

深度學習演算法則希望讓系統從訓練樣本中自動抽取特徵，並藉由模擬大腦神經元運作方式，多層次地不斷地抽象化特徵概念。例如：圖 13-6 顯示 Google 從大量圖檔中辨認貓的概念，即時從辨識線／角、圓形／矩形，乃至於貓臉、人臉的不斷地特徵抽象化的過程，讓人工智慧系統能持續學習與辨識。人類專家可適度地輸入結構化知識（告訴她何種就是人臉、貓臉），以提升辨別率。

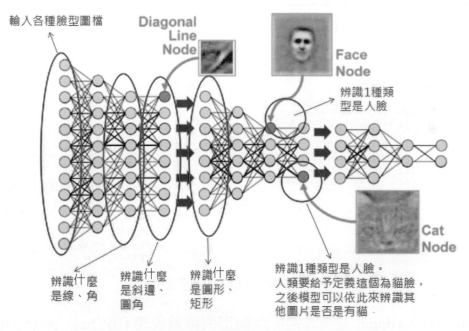

▶圖13-6　深度學習運作概念（資料來源:Google）

事實上，人類感知或行動本來也是利用這種多層次特徵抽象。例如：辨別一個人，我們從臉型、眼睛、嘴巴乃至於背影進行辨認。理解說話意涵從單詞、句子、前後文，乃至於說話情境。穿襯衫例行行動會自我形成固定步驟的動作等。科學家亦從神經生物學中發現，人類大腦神經中樞的運作即是從原始信號做低級抽象，逐漸向高級抽象的迭代過程。人類的邏輯思維，是高度抽象化後的概念。

因此，學者運用多層次的類神經網路的深度學習 (Deep Learning) 來模擬人類大腦特徵萃取、多層次的特徵概念抽象化、辨識，乃至於認知的過程。事實上，單層次的類神經網路 (ANN, artificial neuron network) 在 1980 年代就受到矚目。類神經網路的主要原理是模擬人類大腦神經元（細胞）接收到來自樹突的不同刺激而觸發，利用軸突傳遞訊息，進而產生視覺、聽覺等感知原理。如圖 13-7 所示，類神經網路每個類神經元模擬為具備資料轉換函數（能力）的處理單元 (PE, processing element)。每個類神經元受到不同類型、程度的刺激而產生處理單元的運作，運用權重 $(W_1,...W_n)$ 進行調節刺激大小；處理單元則運用激活函數 (activation functions) 以控制輸出結果；最後輸出刺激結果 $(Y_1,...Y_n)$。類神經網路即在給定期望輸出結果、給予輸入資料下，計算出各個處理單元的函數、權重等。

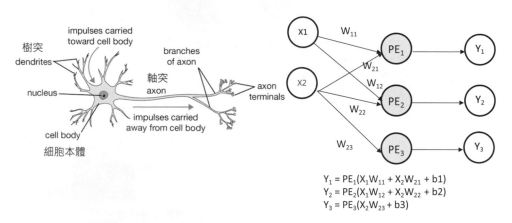

$$Y_1 = PE_1(X_1W_{11} + X_2W_{21} + b1)$$
$$Y_2 = PE_2(X_1W_{12} + X_2W_{22} + b2)$$
$$Y_3 = PE_3(X_2W_{23} + b3)$$

▶圖13-7　類神經網路概念

1980 年代，Hinton 等學者進一步提出倒傳遞誤差 (BP, back propagation) 演算法，進一步從輸出層回頭修正權重、減少誤差的方法，使得當時類神經網路受到矚目。然而，由於訓練困難、需要大量樣本資料、計算處理複雜及愈多網路層愈無法尋找到最小誤差等問題，使得 1990 年代沉寂，成為冷門人工智慧方法。2006 年，加拿大多倫多大學 Geoffrey Hinton 教授與其學生提出多層次類神經網路特徵學習

方法，並透過「逐層初始化」的方式有效克服多層類神經網路的訓練複雜度與誤差問題，而使得深度學習成爲新一代人工智慧的顯學。深度學習網路包含輸入層、輸出層以及多個處理單元的隱藏層 (hidden layer)，每個隱藏層結果可以是下一個隱藏層的輸入。透過隱藏層間層層轉換，將特徵逐步學習，並層次性概念化發展。如：前述 Google 學習人臉辨識的層次辨認階段。

🌑13-3-3　深度學習類型

　　深度學習的訓練方式，大體分爲：1. 由資料往上特徵生成、概念化發展的無監督學習模式；2. 由目標結果，往下微調函式、權重的監督式學習模式。研究者基於不同特徵自動化擷取／生成方式、深度學習網路結構（各層間如何連接？如何進行權重微調？），發展不同深度學習演算法，協助影像、語音、自然語言等應用領域，解決辨認與認知問題。

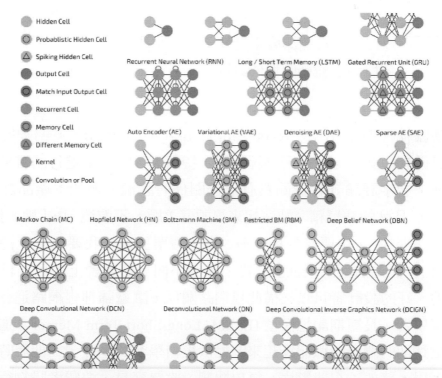

▶圖13-8　不同類型類神經網路 (資料來源: https://towardsdatascience.com/)

著名深度學習／類神經網路演算法包括：

1. **深度信念網路** (DBN, Deep Beliefs Networks)：2006 年 Hinton 教授與其學生提出的無監督、逐層訓練的特徵生成深度學習模型。運用 contrastive divergence 訓練方法，而非倒傳遞方法，以解決誤差隨多層而無法尋求全域最佳解問題。深度信念網路常用來搭配各種深度學習系統，進行預訓練 (pre-training) 建立初始特徵值，取代過去運用隨機方法選取特徵值的方法。

2. **卷積神經網路** (CNN, Convolutional Neural Networks)：卷積神經網路主要用來辨識圖片的深度學習網路，是目前最重要的深度學習網路之一。利用卷積網路在圖片辨識上已經可以比人類更精準。卷積神經網路主要利用卷積的數學模式方法來提取（過濾）圖形特徵、池化 (pooling) 方法來精簡圖片特徵數，卻又不喪失其關鍵處。卷積神經網路常用來搜尋相似圖片、辨識相似人臉、辨識人臉年紀等用途，如前述 Google 運用卷積神經網路進行貓臉、人臉辨識。2012 年，Hinton 教授帶領團隊參與 ImageNet 競賽領先群雄，即以此方法打開深度學習知名度。AlphaGo 人工智慧圍棋也運用 CNN 來訓練各種圍棋盤勢圖像的判斷、語音辨識也可以運用圖像化音頻來進行辨識訓練。

3. **遞歸神經網路** (RNN, Recurrent Neural Networks)：遞歸神經網路是一種具備有序式的深度學習神經網路，特別可以運用來進行語言翻譯、語音助理、文字評論等特徵間具有前後關係的狀況。例如：產品評論「我常用 ABC 品牌的洗髮精。她洗起來讓頭髮柔順、不乾澀。」，「她」指涉 ABC 品牌洗髮精。「我要訂飛抵上海 5 點的機票」或「我要訂從上海起飛 5 點機票」，因為前面「飛抵」、「從」等字不同，而影響上海代表目的地或出發地。好的設計者可以架構此種網路關係，讓遞歸神經網路進行訓練、記憶與學習。長短期記憶模型 (LSTM, Long-Short Term Memory) 進一步可以把更長期的關聯特徵記錄起來，提供後續學習的基礎。其他與時間序相關的應用，諸如：視訊影片、氣象觀測、股票交易、消費者購物行為，亦可以運用這種時序相關神經網路進行預測。

卷積神經網路(CNN)

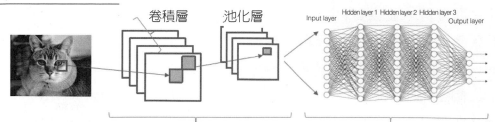

可重複數層卷積層與池化層提取特徵 再進行數層類神經網路進行分析

長短期記憶(LSTM)

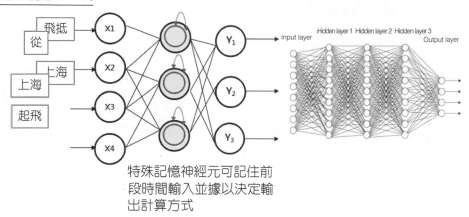

特殊記憶神經元可記住前段時間輸入並據以決定輸出計算方式

▶圖13-9　卷積神經網路與長短期記憶概念圖

　　事實上，各種類型類神經網路通常堆疊起來，以完成複雜的人類感知問題，這正好也是深度學習多層次網路的精神（如圖 13-9 所示）。其他深度學習網路還包括深度波茲曼機 (DBMS)、深度自動解碼器、深度記憶網路等，有興趣讀者請參考深度學習相關教材。

　　深度學習常常應用在：圖形辨識、語音辨識、自然語言處理、語音辨識與生物資訊學等領域，具備複雜特徵或人類不易定義的特徵處理上。然而，深度學習仍有其問題，包括需要大量機器進行運算、過度擬合（亦即產生的模型無法普遍型的推論）等。此外，深度學習僅是人工智慧重要突破，但仍不能完全模擬人腦，例如因果關係、邏輯推理、整合各種抽象概念、行為與結果的連結，乃至於創造力、情感等，仍有待與各個人工智慧方法進行整合。此外，深度學習等類神經網路計算結果複雜性，很難解釋給企業決策者或開發者理解。

最後，運用深度學習演算法需要具備大量資料進行訓練，企業必須運用方法去取得大量資料，並為資料設計標籤（亦即辨認輸出結果類型）。許多新興的演算法正在發展，以減輕大量資料訓練的困難。例如：「增強學習」(reinforcement learning) 運用獎勵／懲罰的方式取代資料類型標籤；「遷移學習」(transfer learning) 方法可以透過知識累積，不斷地累加知識。「生成對抗網路」(generative adversarial networks) 則自己創造資料、標籤，自我訓練，減少原始資料不足問題。

13-3-4 深度學習發展工具

在第十二章，我們介紹若要發展預測分析、機器學習，可運用 SAS Enterprise Miner、Microsoft Azure HDInsight 商業軟體／雲端服務或 R 語言、Python、KNIME 等開源碼工具發展。在深度學習的熱潮下，Python、R 亦具備 Theano、Keras 等函式庫，提供深度學習網路的發展。Google、微軟、Facebook 等網路服務商，亦公開其深度學習網路架構與服務，讓企業、使用者可以運用其工具與服務發展（又被稱為「Open AI」工具），以協助企業能進行人工智慧中的深度學習分析。以下簡述幾個著名大廠的人工智慧深度學習工具與架構。

一、Google-TensorFlow

TensorFlow 是 Google 於 2015 年從內部開放出來的深度學習人工智慧運算架構。TensorFlow 主要特色來自於利用彈性化的類神經網路計算圖設計，與執行分散式的深度學習運算。TensorBoard 工具更可以視覺化顯示分散式計算圖形、訓練過程及模型評估。

TensorFlow 可以分在不同的設備(甚至手機)、容器以及執行緒上執行程式碼。例如：將圖形處理部分交由具有高度圖形處理器單元 (GPU) 的電腦、數字處理部分則交由高度數字計算單元 (CPU) 的電腦上運行。不過，目前開源版本僅能支持單機處理。TensorFlow 目前支持深度信念網路、卷積神經網路、長短期記憶等多種處理圖像、語音、自然語言等深度學習演算法。TensorFlow 的核心是使用 C++ 編寫，有完整的 Python API（如：Python Keras 函式庫）和 C++ 介面，同時還有一個基於 C 的客戶端 API，TensorFlow 並具有豐富的使用者導引手冊。Google 已將 TensorFlow 用於 Gmail (SmartReply)、搜尋 (RankBrain)、圖片分類、文字識別、文字翻譯器等產品。

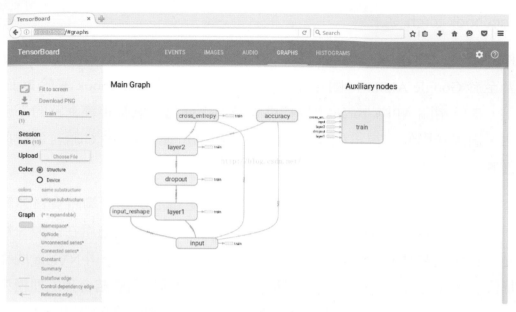

▶圖13-10　Google TensorFlow視覺化介面 (資料來源:Google)

二、Microsoft-CNTK

微軟於 2015 年發表 Computational Network (CN) 網路，可用於深度類神經網路、卷積神經網路、長短期記憶、邏輯迴歸等多種類神經網路運算。微軟 CN 同樣利用圖形表示方式，每個樹葉節點代表資料輸入或參數輸入、每個非樹葉節點則代表計算。同時，微軟也發表 Computational Network 工具 (CNTK)，可支援 GPU、CPU 的分散式運算。CNTK 特別提供語言辨識、語言理解的範例，讓開發者可以快速開發相關深度學習網路。CNTK 可以利用 Python 或 C++ 程式轉寫，或者使用其 BrainScript 描述性語言撰寫。CNTK 支援 64-bit Linux 或 Windows 作業系統。微軟也提供 DMTK (Distributed Machine Learning Toolkit) 工具，提供基礎的機器學習分散式運算。

三、Facebook-torch

Torch 是最早的深度學習框架之一，被 Facebook、Twitter、NVidia、AMD、Intel 乃至於 Google AlphaGo 團隊 (DeepMind) 公司使用。Facebook 並於 2015 年進行強化，提供相關 API。Torch 主要提供卷積神經網路、遞歸神經網路的深度學習演算法，適用在影像、視訊等分析。Torch 開發者可運用 Lua、C 語言進行撰寫，並具有最佳的 GPU 運算績效。

這些框架除了提供深度學習相關演算法外，更重要的是能夠將資料運算充分地利用圖形處理 GPU、數字處理 CPU。特別是許多深度學習應用在影像、視訊處理，更需要圖形處理、矩陣運算的 GPU 配合。無怪乎，晶片公司 NVidia 成為人工智慧時代最火紅的硬體晶片公司。此外，有一些學習框架則能結合預處理模型，提供企業在一部分訓練的模型基礎上進行進一步訓練。例如：柏克萊大學的 Caffe 框架提供 Model Zoo 圖像分類預處理模型，減少開發者蒐集圖像、預先訓練所需的軟硬體、人力成本。

● 13-4　人工智慧產品實務

● 13-4-1　Microsoft認知服務

微軟除了 IaaS、aPaaS 服務、巨量資料服務外，亦積極發展人工智慧雲端服務，稱為微軟 Azure 認知服務 (Cognitive Services)。微軟認知服務主要以雲端服務的方式提供企業，企業開發人員可以運用應用程式介面 (API) 使用該服務，服務費用以雲端服務依使用資源多寡、交易（呼叫）次數等計價。微軟認知服務主要分為幾大類型。

1. **辨識服務**：辨識服務包括電腦視覺辨認服務、人臉識別服務、內容仲裁服務、情緒辨識服務。例如：人臉識別服務提供驗證是否為同一人？偵測影像中人物的性別、年齡、微笑等，或者進行相似臉孔搜尋。

回傳偵測結果機率值(json格式)

▶圖13-11　微軟認知服務臉部偵測 (資料來源: 微軟)

2. **語音服務**：語音即時翻譯、辨識說話者、自訂語音模型等服務。

3. **語言服務**：理解使用者命令、拼字檢查、文字內容情感／關鍵字分析。

4. **知識服務**：QA 問題集建立服務、自訂決策服務。

5. **搜尋服務**：Bing 新聞搜尋、Web 搜尋、影像搜尋、影片搜尋等服務。

6. **AR/VR、雲宇宙**：微軟 Azure 提供混合現實服務，包含：Azure Digital Twins 可以用來建立裝置設備的數位模型，以進行監視與分析。Remote Rendering 可以做 3D 內容的渲染。Spatial Anchors 滿足建立多使用者、空間感的虛擬實境體驗服務等。

13-4-2　AWS機器學習服務

Amazon AWS除了早期的 IaaS 服務外，也提供機器學習、人工智慧、物聯網、AR/VR 等各項服務。以下列舉幾項 AWS 的機器學習／人工智慧服務。

1. **Amazon SageMaker**：提供數種機器學習演算法，讓使用者可以在其上建立模型，並支援數個深度學習框架，如 TensorFlow。

2. Amazon Lex：提供自動語音轉文字、自然語言理解，提供企業發展語音、文字等對話式介面與對話機器人。

3. Amazon Rekognition：提供影像、影片的物件辨認、人物辨認、動作辨認，以及不適當內容的辨認等。

4. Amazon Echo：結合語音輸入與喇叭硬體、Amazon Lex 以及其他機器學習服務和夥伴商家，提供消費者購買 Amazon Echo 進行各項商家服務語音訂購與交談。

5. Amazon DeepLens：結合影像攝影機、機器學習、深度學習服務，以及預訓練模型，讓企業能快速地應用影像辨識人工智慧服務，進行影像辨認、人臉辨識、活動辨識等。

6. **深度學習**：提供 AWS DeeplearningAMI 為深度學習運算資源服務、AWS PyTorch 或 TensorFlow on AWS 的開放原始碼深度學習框架。

7. AR/VR：提供 Amazon Sumerian 服務，讓使用者可以發展 3D 場景於 Web、結合 AR/VR 裝置以及整合 AWS 其他服務等。

　Amazon 人工智慧影像、語音服務，更重視連結消費者、商家、硬體設備夥伴的產品服務。

Amazon Echo

Amazon DeepLens

▶圖13-12　Amazon Echo、DeepLens裝置 (資料來源：Amazon)

13-4-3　SAP企業智慧引擎

SAP 是全球商業軟體大廠，近幾年擁抱巨量資料 In-Memory 分析 (SAP HANA)、ERP 雲端服務 (SaaS)，進一步提供機器學習、人工智慧商業服務。其中，SAP Leonrado（李奧納多）平台為企業數位整合平台，集巨量資料處理與分析、人工智慧、物聯網於一身，提供客戶企業轉型基礎。SAP 人工智慧產品服務有以下幾類。

1. **嵌入分析服務**：在 ERP 雲服務上，提供各項企業作業的基本分析服務。如：存貨周轉率分析、採購合約警示等。

2. **預測分析服務**：在 ERP 雲服務上，提供各項企業作業的預測分析服務。如：採購模組中具備合約到期日預測、製造模組中具備預測原料到貨或到貨延遲時間、預測維修服務等。

3. **智慧助理服務**：在行動設備上，連結 ERP 雲服務，提供基於業務情境的友善作業介面、語音／文字對話式介面、學習操作經驗，進而提示習慣操作動作等智慧助理服務——CoPilot。

4. 物聯網服務：結合 SAP Leonrado 平台以及物聯網上的軟體，提供物聯網雲端服務，包括：預測維修服務、車輛監控服務、聯網產品服務等。

5. **XR 雲**：整合 Unity3D 的 3D 設計工具，讓用戶可以發展 AR/VR 應用程式，並與相關 ERP 產品進行整合。

13-5　雲端運算數位轉型案例

13-5-1　案例：起亞汽車美國品質服務轉型

一、背景與挑戰

起亞汽車株式會社是韓國第二大汽車製造商現代汽車的子公司。起亞美國成立於 1992 年加州，協助起亞汽車在美國的銷售，每年可賣出 860 萬台汽車、並有 800 個以上經銷商。2009 年，起亞在美國喬治亞州西點地區生產汽車，該工廠具備沖壓、焊接、油漆和裝配等四個主要製程，還包括一個變速器、模組製程和測試軌

道，裝配區設有超過半英里的高度可調傳送帶和木地板等。儘管起亞汽車已經發展自動緊急致動和盲點監控等創新科技，使得車輛變得更加安全，起亞汽車仍然不斷尋找各種解決方案，來提高車輛安全與品質。

　　約翰‧桑頓是起亞法律部的經理，由於具有軍隊與資料科學經驗，他看到了藉由更好的資料分析以提高績效、品質的機會。其中一個例子是起亞技術熱線。每當起亞經銷商技術人員發現新問題或難以診斷的問題時，他們可以撥打內部技術支援熱線尋求諮詢。起亞發現，可以透過資訊收集與報告分析，利用視覺化介面分析團隊或個人技術支援人員的績效。過去進行技術熱線的作法，需要蒐集 CRM、電話紀錄、客戶滿意度的資料，耗費許多時間以彙整績效。

　　此外，另一個重點領域是品質，起亞汽車利用預測零件部分故障來提高品質和降低維修成本。但由於許多型號和模型年份的零件數量眾多，無法手動進行此類計算，需要資料分析來協助。此外，在汽車售後服務上，起亞汽車均會透過問卷調查方式來分析客戶滿意度，但對於許多客戶回饋的文字訊息，起亞汽車很難分析汽車品質問題，進一步進行改善。

二、如何運用雲端運算轉型

　　起亞汽車採用 SAS 視覺化工具以及 Weibull 分析、自然語言分析等，協助各項問題的解決。SAS 視覺化工具具備互動式儀表板、報表，以及自動繪製的智慧型視覺化分析功能、自助式資料準備，和能夠自動化的預測、目標搜尋、案例分析、決策樹制定等操作的功能。此外，還能從社群媒體和其他文字資料中獲得洞察，並瞭解情緒是正面還是負面，並可將傳統資料來源（交易、客戶、營運等）與位置資料結合在一起，以便在地理環境中進行分析。SAS 視覺化工具並能在私有或公共雲的基礎架構，或 Cloud Foundry 平臺即服務 (PaaS) 中的商業硬體上運行。

　　起亞汽車也在 SAS 平台上運用不同的模型來分析各種問題。其中，運用 Weibull 生存分析工具來分析汽車零件的品質，進行製造調整，以不斷提高產品品質。Weibull 分析是一種壽命分析，利用統計分佈與來自具有代表性的單位樣本的壽命數據相適配，用於估計產品的重要生命特徵，如特定時間的可靠性或故障概率、平均壽命和故障率等。壽命分析的資料蒐集包括以下步驟：

1. 爲產品收集壽命數據。

2. 選擇適合數據的終身分佈，並類比產品的壽命。

3. 估計適合數據分佈的參數。

4. 生成估計產品壽命特徵的圖和結果，例如可靠性或平均壽命。

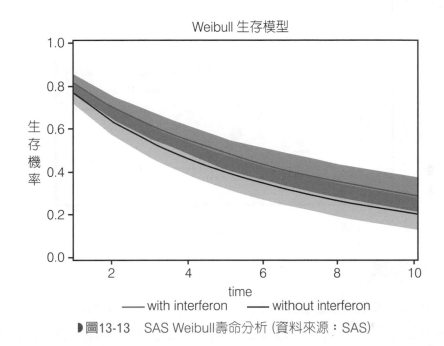

▶圖13-13　SAS Weibull壽命分析 (資料來源：SAS)

　　起亞汽車在售後服務上，利用 SAS 的自然語言分析模型，自動化分析顧客抱怨中的文字類別與關聯，以發現品質問題以及可能在汽車設計、製造過程中的問題，以改進現在與未來的車款，提高客戶滿意度與汽車品質。

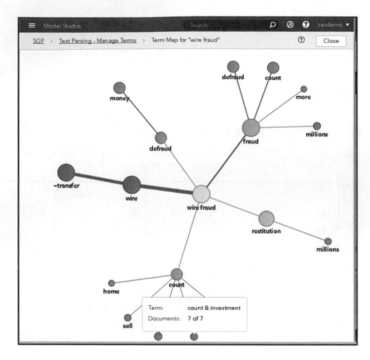

▶圖13-14　SAS自然語言分析 (資料來源：SAS)

三、成果與未來發展

　　起亞汽車利用 SAS 視覺化分析技術，可以將技術熱線的績效分析縮短至 30 分鐘，快速地視覺化績效分析，可以提供經銷商技術人員、顧客更好的經驗，也可以提供技術熱線主管快速改進服務經驗。此外，利用 Weibull 生存分析工具來分析汽車零件故障問題，進一步能夠預測每輛車的保修期內故障率和維護成本，並通過設計變更、成本較低的維修和新的服務流程，來最大限度地減少故障率和維護成本。此外，只需快速地點擊，就為所有零件創建彙總報告和 Weibull 分析。起亞利用按製造日期分析零件性能，進一步進行品質分析，例如：比較 8 月和 9 月製造的車輛的故障率，起亞可以進行生產上的調整，以不斷提高產品品質。SAS 分析平台可以提供不同模型與工具，以進行各種分析。

　　此外，在顧客使用意見回饋上，利用 SAS 自然語言分析，起亞汽車可以分析出各經銷上的維修問題，協助改進維修方式。同時，能夠回饋給製造廠上關於不同車型的品質問題，以協助改進更好的品質。以此，起亞汽車改進其服務效率，也同時提高顧客維修經驗滿意度。

　　▶ (參考資料：SAS個案集)

●13-5-2　案例：SKF旋轉即服務轉型

一、背景與挑戰

SKF(斯凱孚)是瑞典軸承、密封圈製造，機電一體化、維護和潤滑產品，服務和解決方案的知名廠商。SKF的使命是成為軸承領域中的領導者，提供圍繞轉軸的解決方案，包括軸承、密封件、潤滑、狀態監測和維護服務。SKF在全球超過130個國家經營業務，擁有大約17,000個經銷據點。

SKF的軸承被廣泛應用在世界各地的機械中。以此，SKF將「減少價值鏈中的浪費與資源的最大循環利用」視為重要責任。SKF認為，傳統的商業模式通常是建構在「資源取得→生產製造→產品使用→最終拋棄」的線性模型中，廠商的收益取決於產品銷售的總量。然而，客戶真正期望的，卻是更長的零組件壽命，更低的耗能與更好的性能。為了回應全球市場的趨勢，SKF的發展策略聚焦在「旋轉軸系統解決方案」。其中，SKF發展「旋轉即服務」商業模式，顧客僅須對所需要的支援與服務支付固定費用，甚至可將合約範疇連結到設備績效、產能或其他KPI為基礎的收費模式。

二、如何運用雲端運算轉型

SKF發展「旋轉即服務」商業模式，需要把各種運行在客戶工廠的軸承相關產品進行連網、資料蒐集、資料處理、資料分析與視覺化呈現等。SKF基於AWS平台服務、機器學習服務等，發展SKF智慧服務雲端平台，透過AWS服務的延伸性、可靠性、安全性以及成本效益比，協助服務廣大的軸承客戶。

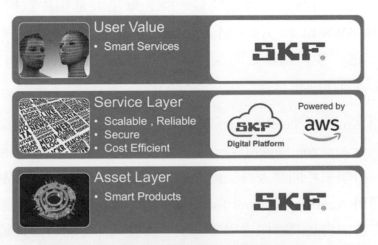

▶圖13-15　SKF智慧服務雲端平台 (資料來源：SKF)

　　SKF 基於 AWS 平台發展各種方案服務。例如：潤滑劑會影響軸承的壽命，但潤滑劑卻可能分布在 10 公里遠的各項設備機器上。SKF 想提供各種潤滑劑狀況的資訊、警訊，並提供工廠人員可以遠端校調、儀表板可以監控。SKF 採取 AWS IoT Core for LoRaWAN 的服務來連結潤滑油感測、更新物聯網閘道器的韌體、更新產品韌體、發展數據分析服務、可視化服務、將資料整合入資料湖等。如圖 13-16 為數據分析儀表板，讓客戶可以看到不同設備機台潤滑油耗用狀況。

▶圖13-16　SKF潤滑油耗用可視化服務 (資料來源：SKF)

　　此外，SKF 也蒐集影像數據，協助顧客工廠分析導電軌條是否有異常狀況，能即時處理。這些影像數據必須即時拍攝高解析相片，持續地監控，進一步透過深度學習模型進行分析異常的導電軌條。SKF 蒐集大量相片數據，儲存在 AWS 資料湖，並利用 AWS EC2、AWS Machine Learning 上進行資料模型訓練，數小時即建立完成。進一步將訓練好的模型放在邊緣端上進行即時辨識，利用 AWS Greengrass 邊緣端服務協助。

　　SKF 也利用 Amazon SageMaker 機器學習服務，協助客戶快速開發所需要的數據分析應用服務。Amazon SageMaker 透過整合專門為機器學習建置的一組廣泛的功能，協助資料科學家和開發人員快速準備、建置、培訓和部署高品質的機器學習模型。另外，利用 Amazon Lookout for Equipment 服務可分析來自設備上感測器的數據，根據設備數據自動訓練機器學習模型，無需機器學習專業知識。

三、成果與未來發展

　　SKF 利用 AWS 的雲端服務，使得在設備連網速度、數據處理與數據分析能夠達到可靠性、延伸性、安全性等效果，讓 SKF 團隊可以專心發展相關資料分析應用服務給予其工廠客戶。此外，SKF 透過 AWS 的雲端服務，SKF 團隊可善用其多樣的雲端服務，快速地開發客戶所需的應用服務解決方案，滿足工廠客戶的多樣需求。

▶ (參考資料：AWS個案集)

13-6　小結

　　本章的介紹可以了解人工智慧的概念、演進、應用與技術發展趨勢及機器學習、深度學習等重要技術概念。

　　近期人工智慧再度受到矚目，來自於巨量資料發展及深度學習技術的突破，提高視覺、語音、自然語言等人類認知問題上的正確率。相較於傳統巨量資料分析的機器學習，深度學習技術是以多層次類神經網路堆疊方式，進行特徵萃取、層次性概念化等，而能學習與理解複雜的人類認知問題。運用深度學習技術解決複雜認知問題，更需巨量資料技術、雲端運算平台的協助。隨著人工智慧晶片發展，將負擔部分人工智慧運算的計算資源設在物聯網端，以提升認知速度、反應能力。展望未來，人工智慧將滲入在個人、家庭、企業中，成為人類不可或缺的科技服務。

習 題

● 問答題

1. 請說明人工智慧的意義。
2. 請說明人工智慧的特性。
3. 請說明人工智慧科技的組成架構。
4. 請說明企業運用人工智慧的四種應用方式。
5. 請說明深度學習與傳統機器學習的差別。

● 討論題

1. 請上網搜尋 Amazon Echo 客戶案例，說明其應用情境與使用方式，並思考 Amazon 發展 Amazon Echo 商業模式。
2. 請上網搜尋 SAP Leonrado 客戶案例，說明其應用情境與使用方式，並思考 SAP 發展 Leonrado 平台商業模式。
3. 討論以下案例，說明可能使用傳統機器學習或深度學習的原因？
   A. 零售業利用人臉辨識顧客性別、年齡。
   B. 電子商務業運用顧客屬性、瀏覽行為、購買紀錄，推薦商品。
   C. 製造業運用機器設備參數、天氣狀況、物料狀況及生產品質，預測每一批產品的可能良率。
   D. 銀行業利用線上客服機器人進行顧客問答服務。
   E. 運輸業根據天氣狀況、顧客訂單與地址、倉庫地址與庫存，進行最佳貨車派送路徑分析。
   F. 汽車業運用自動駕駛晶片，進行自動駕駛服務。
   G. 航空引擎業分析飛機引擎使用年限、引擎轉速、引擎溫度，協助航空公司進行預測維修。
   H. 廣告行銷平台，根據業主產品在網路平台上的討論區、臉書、Google 搜索等文字記錄，分析業主產品的行銷方向。

14

智慧科技的應用與案例

本章介紹智慧科技的意義、特性、架構、發展趨勢及各領域應用案例。從本章的閱讀，讀者不但可以理解智慧科技的概念、組成與趨勢；並可從案例中，思考如何結合雲端運算、巨量資料、物聯網、行動運算等諸多科技以發展創新應用。

○ 14-1　智慧科技概念與發展

● 14-1-1　智慧科技概念

一、意義

自從 2007 年 iPhone「智慧手機」發展以來，智慧科技就不斷地在各種穿戴式設備、居家生活設備、工業生產設備之中被研發與創造。例如：智慧水壺可以偵測水量多少，發送加水訊息通知；智慧衣櫃根據衣服型態，辨別是父母或小孩的衣物，並將其摺好放在各自的櫃子中；智慧馬桶主動偵測主人糞便、尿液、體重狀況，給予生活習慣建議或發送警訊給醫生。

早期，人們將焦點放在智慧聯網設備或物件本身，但隨著應用範疇的擴展，更重視智慧聯網設備、雲端服務等軟硬體與服務整合體系。我們可以說智慧科技是第四章所稱的「第三代 IT 平台」創新應用系統的集合。

1. **物聯網**：透過感測器偵測各種環境資訊，如：溫度、溼度、地理位置，並能自動化處理或進行聯網訊息傳送。
2. **雲端運算**：利用共享資料、計算資源的平台，快速計算並分享訊息或下達命令。

3. **巨量資料**：接收大量訊息並進行分析、學習、推理及決策。

4. **行動運算**：透過人們攜帶在身邊的智慧手機，隨時感測環境資訊，利用雲端運算資源並下達指令、進行決策或接收執行方案。

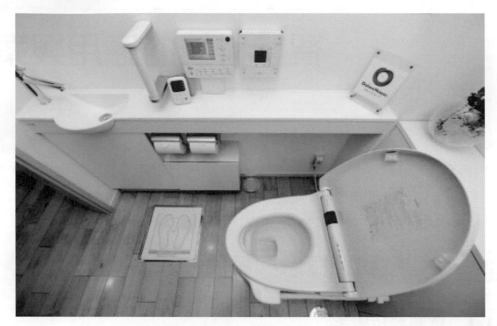

▶圖14-1　智慧馬桶 (資料來源：法新社)

智慧科技應用在不同的領域、場合，有各式的技術與服務實現方式。我們可以簡單地稱「智慧科技」為：「透過一套系統化的軟硬體與服務整合，協助人們感知、決策或行動，以滿足各種應用領域與情境的需求」。

二、特性

智慧科技的特性可以歸納為以下幾點：

1. **感知**：透過智慧設備上的感測器，可以感知外在的溫度、溼度、地理位置，甚至接受語音命令等。

2. **聯網**：透過各種聯網設備與協定（如：WiFi、RFID、Zigbee）等，以傳送訊息或接受命令。

3. **雲端服務**：利用雲端服務上的領域應用服務、資料分享或分析服務等，滿足各類決策或行動需求。

4. **決策**：利用智慧設備或雲端服務上的巨量資料引擎，協助進行資料過濾、分析，甚至進行預測。

5. **回饋**：利用智慧設備，進行訊息傳遞（如：螢幕顯示、Email）、感測行為（如：警訊燈顯示、震動）或致動行為（如：馬達轉動、機器手臂抓取），以完成某些回饋行動。例如：智慧機器手臂的抓取零件、智慧警示燈顯示等。

6. **互動**：智慧設備並不能完全取代人的決策與行動，先進的智慧設備進一步能與人緊密地互動以協作。例如：智慧設備能理解人們的語音命令、進行交談或與人員共同完成工作等。

7. **調適**：進階的智慧設備或科技系統，還會根據感知、決策、行動、互動的結果，進一步自我調適設定，以滿足最佳化的應用需求。例如：智慧工廠設備根據生產線上的零件狀況、庫存狀況、溫溼度狀況，調整最佳化的生產模式以提升生產效率。

三、架構

　　智慧科技隨應用領域的不同，例如智慧交通、智慧零售、智慧工廠、智慧車聯網等，會形成不同的技術應用架構。依據應用的複雜度，也會形成簡單至繁複的軟硬體與服務體系。透過下頁圖14-2的智慧科技架構，可以理解基本的要素與元件。

1. **智慧設備**：智慧設備包含智慧行動設備、穿戴式設備、各應用領域的設備系統（如交通號誌、生產設備、洗衣機等）。

2. **感測器與致動器**：許多應用領域設備系統本身並不具有感知環境的感測器或控制設備運轉的致動器，必須加裝或連結系統，以使得能感知環境與控制動作。例如：研華科技資料收集器，協助偵測傳統生產設備的馬達轉速、溫度，並傳回數值。

3. **閘道器**：（物聯網）閘道器協助連結不同的設備系統，以轉譯訊息、下達控制指令。例如：IBM SmartGate 閘道器橋接家庭設備溝通協定，Zigabee 網路與 WiFi 網路。

4. **雲端服務**：雲端服務提供各種領域應用、資源共享與資料分析等服務。基於安全與隱私考量，雲端服務系統可能設置在公私有雲環境中。

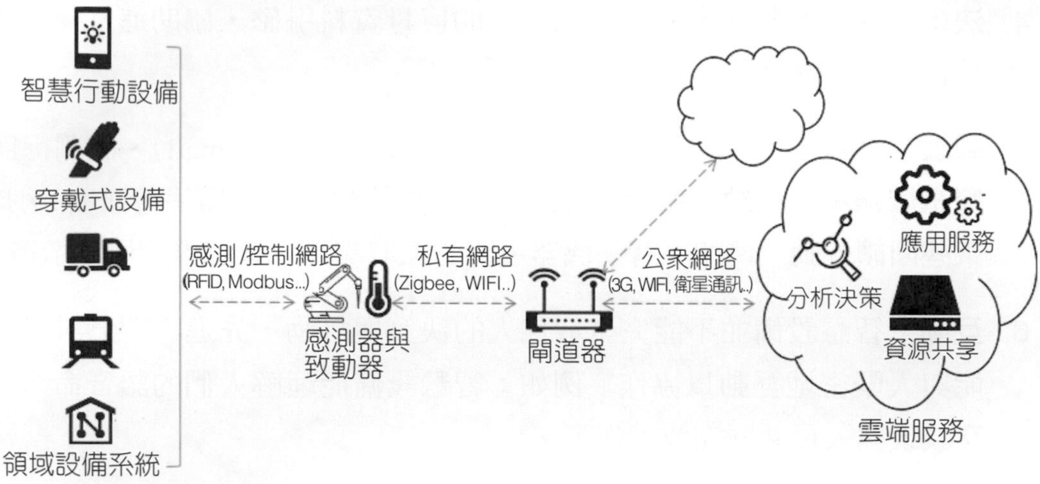

▶圖14-2 智慧科技架構

　　隨著智慧科技應用的複雜程度，可能會具有各種智慧設備、感測器與致動器、閘道器及雲端服務的組合，利用不同網路協定相互串聯、溝通與協作。

14-1-2　智慧科技應用發展

　　全球著名科技市場分析公司 Gartner 認為，現今已經進入了智慧機器（smart machines）時代，預估智慧科技產品市場將從 2015 年的 100 億美元成長至 2020 年的 300 億美元。智慧科技相關服務市場更會達到技術產品的 10 倍以上。智慧科技影響的不僅僅是科技產業，而是人類生活的各種應用領域，包括：智慧城市、智慧零售、智慧醫療、智慧工廠、智慧家庭、智慧車聯網等。從企業應用來看，會有不同層次的應用方式。

1. **提升營運效率**：利用智慧科技提升營運效率。如：工廠生產效率、物流運送效率。例如：Volvo 生產線利用超過 600 個 RFID Reader 讀取每一個製造中的車身、重要零件的製造過程，追蹤與確保汽車製造過程的品質及生產透明度。

2. **智慧產品創新**：發展智慧產品，提高產品銷售與收入。如：發展新智慧科技產品，吸引顧客採用。例如：智慧電視、智慧冰箱等。

3. **產品服務創新**：利用智慧產品以發展新服務與利潤。如：透過智慧設備發展，協助客戶進行設備預測維修服務。例如：Joy Mining 為挖掘設備廠商，

利用產品上的感測與聯網功能,協助客戶監視採礦設備狀況(如水深、壓力)、進行遠端參數設定(切割、轉向等參數)與效率校調等,並協助客戶進行預測維修,發展新服務及營收來源。

4. **生態體系創新**:利用智慧科技／產品,跳脫既有供應體系或生態系,發展新興商業模式。例如:John Deere 利用機具設備物聯網資料上傳至雲端服務,協助農耕設備進行預測維修、最佳機具操作分析,乃至於結合天氣系統、地主、農藥公司、其他設備公司、農作顧問等生態系,發展作物生產狀況監控、栽種天氣或蟲蛀損害預測、最適種植及地區分析等顧問服務。

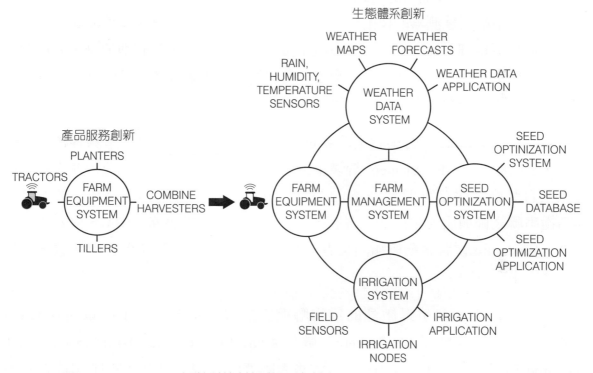

▶圖14-3 John Deere智慧科技創新應用 (資料來源:Porter and Heppelmann(2015))

●14-1-3　智慧科技技術發展

　　智慧科技商機如此龐大，並牽涉到雲端運算、物聯網、巨量資料、行動運算等軟硬體服務整合，因此吸引軟體業者、設備業者、系統整合業者、網路服務業者參與，以競逐下一世代新興科技的發展。

　　CISCO 是全球網路設備大廠，發展「從雲端運算到霧運算」願景，意指利用接近人們行動／企業營運的物聯網設備與服務（霧運算，Fog Computing），並串聯遠端的雲端服務，發展新興智慧應用。其中 Fog 霧運算相關設備即是前述的物聯網閘道器，用來串聯雲端服務與智慧載具，具備網路、資料處理與分析、設備管理等能力。在設備端，感測器的技術也不斷地進步，包括：1. 更靈敏：偵測與感應的範圍更廣。2. 更精細：運用演算法可以抗干擾、減低雜訊，更精確地偵測，如夜間影像偵測。3. 更智慧：結合規則、演算法，可以更容易辨識或依據規則進行報警等訊息傳遞。例如：智慧攝影機晶片、光學辨識晶片等。

　　Samsung、Apple 等行動設備業者也積極以智慧手機為基礎，串聯各種物聯網平台與雲端服務。GE、Siemens 等產業設備業者，將其設備物聯網化，並發展各垂直產業智慧應用服務與平台。Google、Amazon、AT&T 等網路服務或電信業者，亦積極串聯設備與服務生態系，發展各種智慧應用軟硬體服務。IBM、Microsoft、SAP、Accenture 軟體服務與顧問業者，亦積極發展物聯網服務平台與智慧應用整合服務與平台。

　　目前科技大廠競爭最激烈的為物聯網雲端服務平台，除第四章所述的 GE Predix 外，尚有西門子 Mindsphere、微軟 Azure IoT、Oracle、IBM Waston、SAP Leonardo IoT、PTC Thing Worx 等。這些大廠著眼於智慧科技、物聯網技術的發展，在平台上提供各種服務，並結合生態系夥伴，創造各種價值。一般來說，智慧科技或物聯網雲端服務平台具備以下能力：

1. **設備連結**：具備處理各種網路基礎建設、協定以及設備管理、事件串流處理等能力。

2. **資料儲存**：處理各種物聯網數據的儲存，以及允許私有雲、公有雲架構的轉換。

3. **資料分析**：提供各種資料探索、統計模型，乃至於預測分析等先進分析。

4. **商用服務**：提供各種視覺化展現、使用者介面服務，並提供 API 應用程式介面以及程式發展工具。此外，有些平台還提供特定產業分析模型、流程建立與應用服務等。

以此，可以看到智慧科技或物聯網雲端服務平台上承載了物聯網設備管理、巨量資料管理、巨量資料分析以及產業別應用服務等，成為各個科技大廠競爭的平台服務。

進一步，隨著邊緣伺服器、智慧手機、穿戴式設備、智慧視覺系統等運算能力愈來愈強大，產學界也希望能夠藉此契機，將實體設備、裝置與雲端服務形成虛實整合，乃至於融合的世界，亦即無縫地切換實體與雲端服務給予人們。

產學界也提出數位孿生或數位分身 (Digital Twin) 概念，指的是利用資通訊技術產生虛擬物件數據分析模型，協助企業進行實體物件、產品、設備的監控、分析、模擬或預測，甚至進行控制的技術或方法。數位孿生亦即產生虛擬物件與實體物件相互合作，而虛擬物件分析模型 (3D 模型、數據分析模型) 等，通常需要在高運算能力的雲端服務平台上運行。例如：汽車業在各個階段發展數位孿生。電動車特斯拉將每台車的運行狀況即時傳回雲端服務中心，進行監控與分析，隨時調整進行車效率，並能提供未來產品改進的依據。Mercedes-Benz 工廠生產線中，組裝員工可利用平板上的視覺化技術、虛擬實境技術等，進行查看與操控。並透過與供應商的協調，可以允許在世界各地的供應商與工廠，追蹤料件的物流狀況，甚至客戶端的需求，可以在最後組裝前一刻進行變更。以此，雲端服務已經融合到人們的隨身裝置、生活與商業活動中。

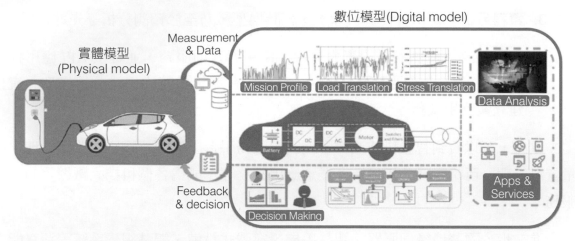

▶圖14-4　汽車業的數位孿生 (資料來源：Mierlo etc al.)

此外，區塊鏈 (blockchain) 技術的發展，也使得智慧科技系統或智慧設備間可以互相地認證、溝通、協作而不需人爲的介入。區塊鏈是一種分散式資料儲存與認證方法，將交易紀錄形成一連串交易區塊並加密。交易者能分享交易紀錄，而不需要通過「授權中間人」認證授信（如銀行、金資中心）即能進行交易。區塊鏈技術應用極廣，比特幣、乙太坊等虛擬貨幣即是其中的技術運用。

區塊鏈運用在智慧科技上，可以讓智慧設備透過區塊鏈彼此進行協同交易，而不需經過集中授權或人爲介入，可進行軟體更新、能源管理、設備追蹤乃至於進行商品交易。例如：Walmart 安全地追蹤肉類產品原料、生產、運送等過程；三星智慧洗衣機發現零件有損壞，可自動與選定零售商進行交易，最後完成零件購買交易等。

最後，人工智慧亦是智慧科技從聰明 (smart)，進一步地具有人類般的智慧 (intelligent) 轉變的技術。科技界亦喊出「機器智慧」(machine intelligent) 的發展願景，融合感測器、物聯網設備、巨量資料技術、雲端服務以及人工智慧技術，實現更智慧、更自動化的智慧科技。

14-2 元宇宙成虛實融合科技

　　自臉書 (facebook) 宣布將公司名稱改為「Meta」，宣布大力投資元宇宙 (metaverse) 科技後，元宇宙變成了繼雲端運算、人工智慧後，最為熱門的科技名詞。臉書創辦人佐伯格認為，元宇宙是「一個實體化的網際網路，在其中，您不僅可以查看內容，還可以參與其中。」這意味著，人們參與互動，是元宇宙的重點。

　　網際網路剛發展時，人們坐在桌上型電腦前與其他人互動。雲端服務發展時，人們利用手機乃至於物聯網感測器，將設備資訊一起提供。元宇宙更貪心地要把人們化為「虛擬分身」，在網際網路上進行互動。例如：奢侈品牌 Gucci 與 Roblox 線上社群遊戲平台合作，舉辦 Gucci Garden 花園尋寶體驗活動。玩家可以進入「Roblox Gucci Garden」展覽空間體驗，玩家的 Roblox 虛擬角色會變成一個空白人體模型。隨著玩家參觀更多展覽空間，人體模型會吸取各個展覽裡的元素，依照不同順序參訪和吸取不同的元素，產生獨一無二的虛擬角色花紋身體的創作，訪客在體驗裡也可直接購買和穿戴獨家的 Gucci 虛擬道具。

▶圖14-5　Gucci與Roblox的虛擬花園合作 (資料來源：Roblox)

在智慧科技將物聯網技術加入雲端服務的時候，發展了數位孿生或數位分身的概念。數位孿生意味著將物聯網蒐集的智慧設備資料進行模擬、分析，像是設備、裝置或實體資產在網路或雲端服務上的孿生系統。這時，人們還是在網路外，透過手機或平板進行操作。元宇宙則是要把人們的虛擬分身一齊放到網路或雲端服務上進行互動。這就像是電影「一級玩家」一樣，透過 AR/VR 技術，可以讓虛擬分身進入網路中搶奪寶物，進一步改變實體世界。以此，人、事、物與環境都進行了虛實融合。

元宇宙科技仍然在持續發展，產學界也持續定義新的元宇宙科技與應用。至少我們現在可以觀察到，元宇宙科技基於前述智慧科技的「感知」、「聯網」、「雲端服務」、「決策」、「回饋」、「互動」、「調適」外，還具有：

1. **分身**：使用者的虛擬分身可以自我創造、具備虛擬形象。

2. **社交**：使用者不僅可以互動，還可以在元宇宙中與其他人進行溝通、一起競賽，乃至於交朋友、交易。

3. **沉浸**：使用者透過 VR、AR 以及其他模擬真實技術，使得虛擬的雲端世界更加栩栩如真，也讓使用者更沉浸其中。

4. **經濟**：使用者可以利用區塊鏈的虛擬貨幣或非同質化貨幣 (NFT, Non-Fungible Token) 進行交易，也可能發展與實體不同的經濟體系。例如：在 Roblox 線上遊戲上，利用 Roblox 幣購買虛擬角色配件。或者數位創作家 Beeple 創作的「每一天：前五千天」NFT 圖片，由拍賣商佳士得以約新台幣 19.5 億元高價售出。NBA 的 LeBron James 24 秒灌籃影片的數位球員卡，成交價錢超過了 50 萬美金以上。

元宇宙科技持續在發展，不僅僅在線上遊戲、線上會議系統等，也會逐步影響零售業、製造業的實體活動與實體經濟體系。到時候，雲端服務不再是遠在天邊的服務，而是實際地與你我的生活場景、社交以及實體活動虛實融合的服務。

▶圖14-6　Beeple由佳士得拍賣的數位創作圖 (資料來源：佳士得)

14-3　智慧城市應用案例

　　智慧城市主要來自於居民往都市集中的趨勢，造成居民面臨居住、交通、能源、環境汙染、安全、醫療等各式各樣的問題。各國中央或城市政府欲利用行動運算、物聯網、雲端運算、巨量資料等智慧科技協助城市智慧化，以協助居民解決各種問題，如：智慧交通、智慧醫療、智慧能源，乃至於城市旅遊等。以下介紹幾個著名的智慧城市應用案例。

14-3-1　新加坡智慧交通系統

　　新加坡是世界重要的金融中心、商港，亦是全球人口密度最高的國家之一，面臨了交通壅塞的嚴重問題。2006 年，新加坡交通管理局與 IBM 合作，發展交通流量預測計畫，讓駕駛與交通控制中心可以收到 10、15、30、45、60 分鐘後的交通流量預測，協助最佳化路徑行駛或交通控制規劃。這項交通流量預測系統主要的功能有：

1. 提供駕駛人利用行動手機，可以看到交通即時流量資訊以及道路流量預測資訊。

2. 根據目前交通擁擠狀況，計算車輛進入費率，管制過多車輛進入擁擠地區。

3. 利用即時資訊，建議與導引駕駛至最快速或便宜的交通路徑。

4. 利用各道路交通擁擠狀況進行即時分析與預測，讓交通管理人員快速進行管制與規劃。

5. 提供交通管理人員利用各種交通流量資料，並能視覺化分析各種交通狀況，提供長期模式追蹤與政策訂定。

為了提供更好的規劃與分析，新加坡亦發展「虛擬新加坡」(Virtual Singapore) 數位孿生城市，利用 3D 模型，結合地形、建築物、交通、天氣、空氣指數等不同數據，可以即時監控城市狀況，並可以透過模擬技術進行相關模擬，協助基礎建設、資源管理、城市規劃等。例如：在某個區域建一座陸橋，對於交通的衝擊為何？或者可以模擬公共區域疏散人潮規劃？或者這一個區域要設置多少 LED 路燈？廢棄物回收如何規劃？或者藉由其他區域的設置狀況，來分析此區域的需求規劃。

14-3-2 日本智慧農業雲端平台

日本面臨大量流失的農業就業人口、高齡化社會，以及低迷的國內糧食自給率，日本內閣將農業列為國家重要發展項目，因此針對農業進行了相關改革。日本政府委託東京慶應義塾大學，協助建立 WAGRI 智慧農業平台，期望整合政府、私部門提供之農業開放資料，以強化農民利用數據驅動決策，讓農作物生產更具智慧化，並同時提升品質。

WAGRI 雲端服務平台整合公、私部門的氣象、土壤、地理 / 地圖、農田、水利、土地、空拍圖等資料，以及農產品之商業情報，如：作物資訊、市場行情等。農民可透過手機／平板電腦，進行 WAGRI 資料庫之查詢、運算等功能。農民並可透過客觀之數據進行分析，如：透過數據研究低產量／品質之發生原因，並進行調整肥料用量、耕種方法，進而提升作物品質。此外，農民也可自由運用私部門所開發之應用 API，如生長預測、地圖等，進而提升生產管理效率。

WAGRI 平台並進一步發展食品供應鏈資訊共享及食安強化等，期望串連食品加工、物流、零售通路等資訊，橫跨最初生產至最終之零售消費等各供應鏈資訊。

●14-3-3　美國大都會博物館線上虛擬體驗

大都會藝術博物館 (Metropolitan Museum of Art) 位於美國紐約市曼哈頓，是世界上最大、參觀人數最多的藝術博物館之一。主建築物面積約有 8 公頃，展出面積有 20 多公頃。館藏超過 200 萬件藝術品，整個博物館被劃分為 17 個館。在 COVID-19 疫情造成各國封鎖之後，紐約大都會藝術博物館不得不關門，超過 200 萬件藝術作品無法向公眾開放。大都會藝術博物館透過與 Verizon 電信的 5G 網路合作，推出「The Met Unframed」線上展覽。

使用者可以透過手機瀏覽各種畫廊，並可在每面牆上看到藝術作品的 3D 效果圖。進一步，使用者可以使用擴增實境 (AR) 技術，結合手機的相機鏡頭觀看時，藝術品就像是掛在家裡的牆上一樣。同時也可透過 AR 技術，讓靜態作品動了起來，例如：原本靜態的划船變成動態的划船動作。

在五週的線上體驗中，該活動獲得了超過 10 億次瀏覽，平均每天來自 153 個國家／地區的訪問量超過 2 萬次，遠超過大都會博物館在疫情流行前的瀏覽量。

◯ 14-4　智慧企業應用案例

全球競爭、電子商務發展、供應鏈重整、極端氣候、永續綠色保護，乃至於疫情影響等，均改變產業結構、企業競爭力。隨著工業 4.0 概念提出後，零售 4.0、農業 4.0 等各種產業數位轉型願景不斷地被提出，許多國際大企業亦逐步地實現各項智慧科技應用，以協助企業各項挑戰，並朝向數位轉型。以下介紹幾個領域著名的智慧科技應用案例。

●14-4-1　DHL智慧物流

DHL 是全球最大的貨物運送物流公司之一，總部設於德國，全球員工數超過 27 萬人。DHL 積極投資智慧物流應用。

1. **進貨作業**：進貨感測閘道器透過攝影機掃描貨品是否損害、棧板並能即時計算與傳送貨品數量或資訊給予倉儲系統。

2. **入庫作業**：智慧棧板會傳送入庫數量與倉儲位置。利用自動化無人搬運車，協助搬貨。有些貨品需要人員駕駛，搬運車也可自動偵測環境問題，以減少駕駛受傷或器具損壞。搬運車並能規劃與分析最佳運送路徑，提高搬運作業效率。自動倉庫具有溫溼度環境監控，定期給予倉管人員相關異常資訊。

3. **出貨作業**：出貨閘道器會掃描棧板以偵測出貨數量，並通知庫存系統。監視器並能監視及分析貨品在輸送帶上或靜放時的狀況，以最佳化貨品流動動線。

4. **運送作業**：透過貨車與貨物偵測，可了解貨物位置以及破損狀況。管理中心亦可監視貨車司機狀況，若有危險或違規，立即警示提醒。DHL 並針對貨車進行維修預測，以避免貨車不預期損壞。此外，根據天氣、道路狀況，可進行全球運送風險分析與最佳化路徑規劃。

　　DHL 利用 RFID、攝影機感測、溫溼度感測、紅外線偵測、進出貨物聯網閘道器、運送路徑最佳化分析、維修預測分析、全球風險管理雲端系統等智慧科技，協助完成智慧物流各項應用。

●14-4-2　西門子智慧工廠

　　西門子 (Siemens) 是全球大型自動化工業設備廠商，生產發電機、工廠自動化系統、大眾交通工具、醫療電子儀器等設備，年營收超過 700 億歐元。西門子在德國安貝格工廠示範如何利用智慧科技與自動化設備，協助智慧工廠運行。

1. 利用數以萬計的感測器安裝在生產設備、產品上，以蒐集即時資訊。

2. 自動監視與檢測產品組裝的問題，以降低不良率。

3. 自動化蒐集產品不良資訊以分析設備、原料或製程設計問題。

4. 自動化設備均具有數值控制器，可進行遠端控制與管理。

5. 利用人機整合觸控介面，讓現場人員可以看到組裝線、零件組裝效率並能發現問題，進一步利用分析工具分析問題發生原因。

6. 機器手臂可以循序相互溝通，要求下一作業站即時準備，以提高整體生產效率。

基於智慧工廠的實現，西門子安貝格工廠不良率低於 0.0011%，成為世界最智慧的工廠之一。

14-4-3　Woman's College智慧行動醫療

加拿大 Women's College 醫院主要業務在於非住院病人的門診醫療，但平均病人留院時間卻高達 23 小時。醫院當局思考是否可以利用科技來減少術後病人時常到醫院檢查，以有效率利用醫療資源。Women's College 醫院與 Samsung、Rogers 電信公司、Tenzig 代管服務業者合作，讓病人利用智慧手機與 APP，進行術後檢查與照護。

1. **病人自我檢查**：病人按照指示自我照護，並每天利用手機上傳傷口狀況問題、血壓、生理資訊及傷口照片。

2. **智慧手機 APP 分析**：APP 自動分析及安排病人是否需要現場門診的需求。

3. **手術醫師查看**：手術醫師可以遠端了解病人生理資訊，並查看病人傷口復原狀況。

據醫院分析顯示，實行計畫後，病人到院檢查成本減少 30% 以上。此外，醫院並可獲得數萬筆照護相關的數位資料，以提供照護服務的資料分析。

14-4-4　John Deere智慧農業

John Deere 是財經五百大的機具設備公司，主要生產農業、建築、森林和柴油引擎等設備，營收超過 300 億美元。John Deere 積極發展智慧農業設備與服務。

1. **智慧農機**：John Deere 提供具有感測器與聯網能力的智慧耕耘機，可讓農夫在耕耘過程中了解，是否每一範疇均有耕種、種子或壓力是否適當等，讓農夫可以精細地利用農機設備進行各項作業。

2. **耕作績效分析**：John Deere 藉由農機感測器中的資料，可以協助農夫／地主利用手機即時了解農機操作是否正確及有效率地耕種；亦可透過耕作績效

分析工具，從歷史紀錄或標竿對象進行分析，了解不同地區耕種績效或標竿評比等。

3. **預測維修**：John Deere 農機設備可透過零件狀況的連線與分析，了解或預測是否需要更換零件或進行設備維修。

4. **耕作顧問服務**：John Deere 結合天氣預測、地主、農藥公司、其他設備公司、農作顧問等生態系，發展作物生產狀況監控、栽種天氣或蟲蛀損害預測、最適種植及地區分析等顧問服務，協助農夫／地主最佳化農作規劃與收成預估。

John Deere 成功地從農業機械設備廠商，進一步發展維修服務、顧問服務，並建立農夫、地主、農作顧問、農藥公司等生態系統。

●14-4-5　Sephora智慧零售體驗

Sephora（絲夫蘭）是一個善用人工智慧、虛擬實境等科技的美妝品牌及零售通路商。Sephora 運用虛擬彩妝 APP，讓顧客打開 APP 時，可以運用虛擬口紅結合顧客臉部進行虛擬彩妝。當顧客選定時，APP 會顯示產品名字、品牌、價格等，也可以進行直接購買。顧客亦可以將喜好的產品儲存，作為後續購買參考之用。

Sephora 虛擬彩妝 APP 不僅可讓顧客在行動手機上試裝，也將技術導入在實體門市中。顧客可以藉由較大的虛擬互動畫面進行試妝。Sephora 與新創廠商 Modiface 合作，利用 3D 臉部細微顆粒掃描嘴唇、眼睛、臉輪廓、頭部姿勢及皮膚特徵等，能夠精細偵測臉部特徵與狀況，給予最個性化彩妝建議。

Sephora 虛擬彩妝 APP 已經超過 850 萬人試用、2,000 萬虛擬彩妝次數。Sephora APP 讓店裡的顧客可以掃描商品，以查看網路上其他顧客的使用評價與經驗討論。此外，Sephora APP 也可以讓顧客連結到彩妝、產品教育訓練網站，協助顧客觀看如何運用該產品進行彩妝的教學步驟。Sephora 也運用 beacons 智慧手機連網技術，讓顧客在實體店時可以接受現場教學活動、會員折扣訊息等，提升顧客忠誠度。

●14-4-6　BMW數位孿生工廠

BMW 成立於 1916 年，是一家全球知名的豪華汽車品牌廠。BMW 每年生產 250 萬輛汽車，其中 99% 是客製化訂購的。因應客製化需求，BMW 每條生產線都可以快速配置生產十種不同汽車中的任何一種，而每種汽車都有多達 100 項或更多的選項，以及 40 多個 BMW 車型，為客戶提供多達 2,100 種配置 BMW 汽車的方式。這使得生產線配置的彈性、效率與品質，成了生產關鍵。

BMW 使用晶片商 NVIDA 開發的 Omniverse 雲平台來重建雷根斯堡工廠生產線。透過該平台，可以進行虛實整合的產線模擬。該平台可以根據不同材料的特性，配置最好的生產線佈置方式，並能分析零件更改如何對另一個零件產生連鎖反應，或者可以模擬人類工人抓取零件狀況等，以找到最佳生產程序，並最大程度減少人體工程學問題。此外，利用虛擬實境的方式，可以利用動作捕捉套件來模擬不同操作人員共同合作的方式，以便實際生產時，操作人員間以及機器人共同協作完成最有效率的生產與安全的操作方式。BMW 的虛擬產品與工廠的數位孿生不僅結合 IoT 物聯網與 AR/VR，甚至將人員真實互動的過程、物料生產過程一齊模擬，以求精確結果。此外，透過該平台反映了每個客戶需求，並與每個生產團隊即時共享數據與模擬結果。

在生產同時，BMW 員工在工廠可以監控操作機器人，並將任務分配給不同的機器人，透過 Omniverse 平台結合感測器與物聯網，即時查看機器人執行任務的進展。當機器人無法處理時，操作人員可以透過遠端操作機器人，利用 5G 與攝影機鏡頭，協助機器人完成操作。

○ 14-5　智慧家庭應用案例

智慧家庭是利用各種智慧化設備、家電、軟體與服務，以協助個人在住家的娛樂、節能、安全、照護、健康、家務等不同目的之應用。事實上，許多家庭電器設備已經逐漸智慧化，如：自動檢測與分析糞便、尿液的智慧馬桶，能夠偵測食物存量、食譜搭配建議、自動購買的智慧冰箱等。以下介紹幾個有趣的智慧家庭應用案例。

14-5-1　Amazon智慧家庭商務

Amazon 智慧家庭佈局是以電子商務零售為發展，逐步擴展到智慧家庭娛樂。Amazon 除了在智慧倉儲自動化、智慧物流送貨外，面對會員則提供家中快速訂購服務。2014 年，Amazon 推出硬體設備 Dash，會員能夠掃描商品條碼或利用語音輸入，透過 WiFi 將商品資訊傳送至 Amazon Fresh 帳戶進行結帳。2015 年，Amazon 推出不同商品的 Dash Button 硬體按鍵，消費者利用 Amazon APP 進行貨品的按鍵設定，當要補貨時，只需進行按鍵即可訂貨，並傳送訂貨通知至手機。例如：洗衣精補貨、咖啡粉補貨。2016 年，Amazon 推出 amazon echo 智慧盒，消費者可以利用語音命令，要求播放音樂、詢問各種問題、聲控開關電燈、進行購物等。

Amazon echo 背後的技術是 Amazon Alexa 語音助理服務，積極地與各個零售品牌、家電等業者合作，讓語音助理服務可以提供 Starbucks 咖啡訂購、家中電器控制等。例如：Amazon Alexa 服務整合至 BMW 智慧面板，可以提供駕駛人利用語音進行商品服務訂購或者打開車庫車門、庭園電燈等。Amazon Alexa 也深入與旅館合作，滿足旅館業者提供客戶方便的語音客房服務。

14-5-2　Connected Living智慧社區服務

Connected Living 是一家線上溝通平台公司。公司成立目的，在於改善社區老年居民的社區參與度，讓老年人可透過科技與數英里外的家人和朋友聯繫，也可讓老年人和整個社區能在線上相互聯繫、學習，以提高老年人的貢獻能力，並建立良好健康的互動關係。

Connected Living 透過內容管理系統平台將各項服務串聯，提供一站式服務，以提高社區入住率、減少支出、延長居民留存率，並提高居民生活質量。Connected Living 提供的服務包含：

1. **Connected Living Community 應用程式**：提供社區重要訊息與社區互動、治療性音樂及影片娛樂、使用生活故事應用程式、電子郵件或線上相片庫、線上課程服務等，並能透過及時回復訊息、移動軌跡追蹤，簡化活動管理流程，也能保存家人、社區成員間的重要時刻與故事。

2. **Temi 機器人**：透過溫度量測、視訊溝通、遠端監測等機器人服務，串聯周邊的診所醫院，達到遠距醫療目的。

3. **室內互動服務**：與 Apple 合作，讓居民可在家中透過手機自由瀏覽社區活動、公告及照片等訊息，參與並開發 Apple TV 上專門提供給長者使用的應用程式，包含可隨時觀看 YouTube 直播及查看錄製的內容、查看社區日曆並回覆活動、提交服務請求、點餐、查看共享的照片和影片等。

4. **智能家居與語音技術**：與 Amazon Alexa 語音助理合作，開發設計一連串的社區或建築智能家居服務，包含照明 (e.g. 聲控浴室照明設備)、恆溫器、警報、智能鎖、智能音箱等。智能語音服務最重要的是能協助行動不便長者或視障者社區參與，也能達到陪伴的作用。

14-5-3　MIRROR智慧鏡健身服務

　　加拿大運動服飾品牌 Lululemon 以 5 億美元價格收購於 2018 年推出數位健身鏡產品的紐約新創公司 MIRROR，藉此強化本身健身品牌發展能力，並能推出相關健身服務。MIRROR 健身鏡特色是藉由穿衣鏡大小的數位鏡，顯示各類健身運動指示，讓使用者能透過鏡子觀看自己的動作，並且配合指示完成正確運動動作，同時可對應重訓、拳擊、瑜伽、伸展等運動項目。

　　MIRROR 內建 3D 即時動態補捉鏡頭與 500 萬輔助攝影鏡頭，可以即時比對使用者動作及分析運動軌跡，並於鏡面顯示引導文字與數據，協助使用者維持動作準確度。使用者可以運用健身鏡 APP，分析健身鏡記錄的運動數據。此外，使用者亦可購買藍牙連接的運動心率配件，記錄自己的運動狀態及成長幅度，亦能查詢好友間排行榜名次，以提高運動的動力。

　　MIRROR 並透過每月訂閱服務提供直播課程，或讓使用者選擇合適的課程進行運動。MIRROR 智慧健身鏡課程從肌力訓練到有氧課程，甚至到皮拉提斯、瑜伽都有。此外，健身鏡還有喇叭功能，只要連接手機藍牙，使用者就可以播放自己喜歡的音樂開始運動，讓家裡成為喜愛的運動場所。

　　Lululemon 收購 MIRROR，意味 Lululemon 未來將不僅以銷售運動服飾為主，更可能進一步藉由結合線上課程銷售產品，同時模仿 Nike 打造數位健身產品，或是與 Apple Watch 合作，藉此拓展更多居家運動市場。

14-6 雲端運算數位轉型案例

14-6-1 案例：Zimplistic新創智慧廚具服務轉型

一、背景與挑戰

　　總部位於新加坡的 Zimplistic 新創公司開發 Rotimatic 智慧薄餅製造裝置，可以在一分鐘內完成印度薄餅的烘焙。Rotimatic 是一個物聯網設備，能夠透過 WiFi 聯網，自己排除設備故障，並自動與客服聯繫。用戶並能利用智慧型手機遠端控制 Rotimatic。Zimplistic 團隊每三個月進行一次 Rotimatic 的軟體更新，除了印度薄餅外，用戶還利用 Rotimatic 製作各種各樣不同的麵包，包括玉米餅、無麩質麵包、比薩餅等。Zimplistic 公司募得 500 萬美元後，在隔年的新創募資中再獲得超過 1,150 萬美元，團隊已擴編至 120 名員工的新創公司。

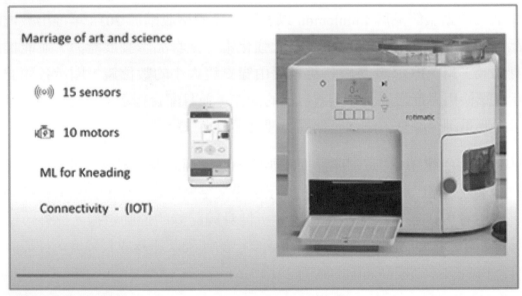

▶圖14-7　Zimplistic智慧廚具 (資料來源：Zimplistic)

　　由於 Rotimatic 是台連線裝置，永遠連在網路上，能給廚具使用者許多好處。Zimplistic 能夠監控機器效能，並在錯誤發生時對軟體進行修正。更重要的是，Zimplistic 能夠蒐集客戶的使用資料，做為設計更新的參考。Rotimatic 連線能力也讓 Zimplistic 能夠快速輕鬆地同時對所有客戶的機器軟體更新。以此，Zimplistic 需要一種 IT 基礎設施，能夠持續處理 Rotimatic 裝置進出的資料。如同其他新創立

的公司，Zimplistic 公司沒有足夠資源建立與部署這樣的 IT 架構來管理、處理和儲存從各地客戶的 Rotimatic 機傳來的大量資料。Zimplistic 需要利用雲端運算基礎設施，可以滿足公司從小規模開始逐漸地成長。

二、如何運用雲端運算轉型

在 Rotimatic 產品發佈之前，Zimplistic 已經建立 AWS 基礎設施。其中，AWS IoT Core 是支援 Rotimatic 關鍵 AWS 服務，讓資料能夠安全可靠地從 Zimplistic 雲端應用程式傳送至 Rotimatic 裝置，或從裝置傳送至雲端應用程式。Zimplistic 雲端應用程式在 Amazon Elastic Compute Cloud (Amazon EC2) 執行個體上執行。另外，公司利用 AWS Lambda 無伺服器運算服務，可以快速執行程式碼來回應各個機台的事件發生與裝置資料處理。資料最初先保存在 NoSQL 資料庫 Amazon DynamoDB 服務，然後進一步移至 Amazon Simple Storage Service (Amazon S3) 服務進行大量資料處理，以便分析 Rotimatic 的使用模式。Zimplistic 並使用 Amazon CloudWatch 監控基礎設施中的所有 AWS 服務。

AWS 針對智慧家庭自動化，發展幾項特色的技術：

1. 可以讓運用極少記憶體的微電腦控制設備進行連結。

2. 具備端點對端點的加密、授權以及加密鑰匙管理介面。

3. 能即時回應智慧家庭設備的本地端事件，並將數據儲存於雲端。

4. 支援智慧家庭設備持續地營運而不需要聯網，並在一旦聯網時快速地同步數據。

5. 支援遠端安全軟體套件、軟體錯誤、韌體等更新。

6. 支援多種通訊協定，並讓設備可以持續地聆聽連結需求。

7. 低延遲回應。

8. 能持續監控，即時管理各種設備。

9. 支援設備錯誤碼、錯誤解決、預測維修、顧客回饋等分析。

10.能快速地建置並減少智慧家庭內的基礎建設投資。

三、成果與未來發展

Zimplistic 在 12 個月內，全球銷售即達 20,000 台，總計銷售超過 70,000 台。用戶能夠享受智慧裝置帶來的便利，像是錯誤發生時會自行修復，而且會持續改進效能。Zimplistic 的銷售收入已超過 2,000 萬美元，並協助客戶做出超過 1 億 1 千個薄餅，這代表客戶平均一週使用 Rotimatic 四到五次。

Rotimatic 的成功來自於 AWS 雲端服務的 IoT 物聯網功能，能夠回應每一個裝置發出效能警告，並從遠端就能進行疑難排解。Zimplistic 公司能夠蒐集使用模式的資料，並評估回饋意見及滿意度，也能發掘 Rotimatic 服務上最受歡迎的食譜。有了這些資訊，Zimplistic 公司能利用系統更新來改善產品，甚至傳送新的食譜到各個裝置上，為客戶帶來更多價值。

目前 AWS 基礎設施每天處理超過 8,400 萬個來自全球 Rotimatic 的資料封包。Zimplistic 公司不需要自己建立昂貴的 IT 管理團隊，來管理這樣複雜的基礎設施。且 Zimplistic 公司可以在需要時增加 AWS 資源，也能夠讓公司專注開發更棒的軟體。

14-6-2　案例：Electronic Caregiver虛擬照護服務轉型

一、背景與挑戰

Electronic Caregiver 公司是一個醫療與安全設備監控製造公司。公司的使命是發展一個協助老人生活更安全的互動語音虛擬照護平台。Electronic Caregiver 構想是通過安裝在家中的連接設備，可以指導使用者進行持續健康監測和治療支援。為了使該產品盡可能平易近人和容易使用，Electronic Caregiver 想創造一個虛擬電子護理人員，使用者可以透過語音進行交談，虛擬電子護理人員也可以進行指導、提示。

原本 Electronic Caregiver 聘請了頂級的遊戲開發人員和藝術家，花了 3 年從頭開始建構虛擬實境 (AR) 的人物。後來，Electronic Caregiver 運用 Amazon Sumerian 的 AR 建構服務雲端，讓開發人員無需專門程式設計或 3D 圖形專業知識，就能夠快速輕鬆地創建虛擬實境 (VR)、擴增實境 (AR) 和 3D 應用程式，並能在各種設備上運行。

▶圖14-8　Electronic Caregiver艾迪生虛擬護理系統 (資料來源：Electronic Caregiver)

二、如何運用雲端運算轉型

該公司僅花費 3 個月，即完成了一個名為艾迪森的 AR 角色—艾迪生虛擬護理的核心。使用者可以透過家中的平板電腦、電腦視覺感測器及藍牙生物識別穿戴設備、緊急監控設備，以語音方式與艾迪生護理進行互動。艾迪生護理會透過不斷的觀察瞭解患者，並能檢測步行狀態和其他身體異常，並依據糖尿病、心臟病、慢性阻塞性肺病和其他廣泛健康情況等專門模組類型，提供用戶治療和藥物提醒。

這是因為 Amazon Sumerian AR 建構服務可以在數分鐘內建立 3D 場景，並將其內嵌至現有網頁中。Sumerian 編輯器提供現成的場景範本和直覺式拖放工具，方便內容創作者、設計師和開發人員建立互動式場景。

開發人員可以運用預先放置平行光源的照明範本、啟用紋理和飾面自訂的產品組態器範本，或利用 Amazon Sumerian 導覽員 (整合語音功能) 的虛擬櫃台服務人員範本，包含精選的景觀、家具、物料、導覽員等等匯入資產。Sumerian 具備現有 HTML、CSS 和 JavaScript 開發環境，專業知識的開發人員也可以編寫自訂指令碼，以支援更複雜的互動。

艾迪生虛擬護理亦使用 Amazon Lex 服務作為語言理解、Amazon Polly 進行語音到文字的轉換。此外，利用 AWS Lambda 無狀態服務執行預處理以及業務邏輯流程，並利用 Amazon DynamoDB 雲端資料庫儲存用戶的健康標記。此外，利用

運行在平板電腦上的 AWS 物聯網 Greengrass 邊緣服務來進行臉部識別。Amazon Sumerian AR 建構服務可以容易地與上述 AWS 服務整合，如：利用 Amazon Lex 語音助理服務，輕鬆將交談介面內嵌至場景，並將場景內嵌至 Web 應用程式。在 Sumerian 中直接使用適用於 JavaScript 的 AWS 開發套件與 AWS 服務資源互動，例如：在 Amazon DynamoDB 中存放資料，或利用 AWS Lambda 服務執行商業邏輯流程。

三、成果與未來發展

對於 Electronic Caregiver 虛擬護理的發展人員來說，Amazon Sumerian 的好處是可以讓小團隊更容易做出有價值的改進。Amazon Sumerian 讓 Electronic Caregiver 公司從 10 到 12 名開發人員組成的團隊，轉變為兩人團隊協作，可以快速地協作發展。此外，Amazon Sumerian 可以讓團隊輕鬆地與其他 AWS 服務整合，使得每個開發人員每天可以利用大約 70 次反覆運算的 AWS 服務，並能快速地擴展前端功能。

使用 Amazon Sumerian 亦不需要專業知識或訓練，Electronic Caregiver 開發團隊能夠更容易地與跨學科團隊合作，包含：藝術家直接在 Amazon Sumerian 服務上進行設計、工作程式師撰寫程式、生物醫學研究人員放入數據等。此外，Amazon Sumerian 可以輕鬆地與其他 AWS 服務整合的能力，讓開發人員快速地將原型發送到世界各地，並讓某人在他們的瀏覽器中進行測試，而無需考慮設備的不同。綜合來說，Amazon Sumerian 協助 Electronic Caregiver 達到以下成效：

1. 建立更小、更快速的開發團隊。

2. 讓每個開發人員每天啓動 70 個運算服務互動。

3. 讓前端功能更快速。

4. 提高跨領域的合作能力。

5. 減少測試時對於設備的依賴以及設定程序。

▶ (參考資料：AWS個案集)

14-7 小結

　　本章的介紹可以了解智慧科技的概念、組成架構、發展趨勢以及應用案例。智慧科技是整合雲端運算、物聯網、巨量資料、行動運算的軟硬體服務系統，可說是「第三代 IT 平台」創新應用系統的集合。智慧科技基本的元素包括：智慧設備、感測器與致動器、閘道器、雲端服務，但隨著應用領域不同及複雜度，設備、軟體、服務、商業模式及生態系組成均有不同。智慧科技影響的不僅是科技產業，而是人類生活的各種應用領域，包括：智慧城市、智慧零售、智慧醫療、智慧工廠、智慧家庭、智慧車聯網等。智慧科技未來發展將深入人們各種生活領域，並具有更為智慧化的感知、決策、發現與互動參與能力。人類正在邁向智慧新時代！

習 題

● 問答題

1. 請說明智慧科技的意義。
2. 請說明智慧科技的特性。
3. 請說明智慧科技的組成架構。
4. 請說明企業運用智慧科技的四種應用方式。
5. 請舉例說明智慧科技如何協助零售業、製造業、醫療業、農業的發展。

● 討論題

1. 請分析 Walmart、DHL、西門子、John Deere 智慧科技應用案例，分別符合企業提升營運效率、智慧產品創新、產品服務創新、生態體系創新的應用方式為何？
2. 參考智慧城市應用案例，討論哪些智慧科技創新方案可實施在我們的城市中？是否有不同的作法？
3. 請上網尋找有趣的智慧家庭設備與服務，並討論是否會吸引您採用？
4. 請上網尋找元宇宙相關應用案例，並討論是否會採用。

雲端運算的資安管理與實務

本章介紹雲端運算潛在的資安威脅、管理架構與管理面向,以及雲端運算的資安管理產品、資安即服務的趨勢與實務。從本章的閱讀,讀者不但可以了解雲端運算資安管理的基本概念與原則;更可以進一步的了解不同的雲端運算資安威脅,思索可能處理方法與產品實務。

15-1 雲端運算的資安管理概念與發展

15-1-1 雲端運算的資安管理概念

一、意義

雲端運算的資訊安全是企業對於採用雲端服務的主要疑慮之一。雲端運算的特性,諸如:廣泛網路存取、資源集中,以及多種雲端服務的鏈結與堆疊,使得企業對於雲端服務的資訊安全更加憂慮。如圖 15-1 所示,雲端運算的架構牽涉到多終端設備、遠端網路連線、多租戶分享軟硬體、複雜的雲端服務鏈關係等,使得管理雲端運算的資訊安全困難度更高。傳統的網路服務資訊安全以重視外部攻擊為主,雲端服務更進一步的需要考量到雲端服務內共享資源的惡意租戶攻擊,以及不確定的複雜雲端服務生態鏈。因此,對於雲端服務業者而言,如何確保雲端服務的資訊安全將是一大挑戰。對於使用雲端服務的企業而言,如何評估使用雲端服務的風險並進行防護,更是一項艱鉅的任務。

隨著愈來愈多的企業使用雲端服務,各項標準與協定亦紛紛發展,以協助企業評估雲端運算服務資訊安全,協助雲端服務業者的資安管理建置,例如:雲端

運算聯盟 (CSA, Cloud Security Alliance) 的 "CSA Guidance 3.0" 與 ISO/IEC 27017/ 27018 的雲端安全準則等。各個資訊安全廠商亦發展各項雲端資訊安全產品，以因應雲端運算的新威脅。企業與雲端服務業者在使用與建置雲端服務時，應仔細評估各項雲端運算的資安威脅與因應的資安管理方法。

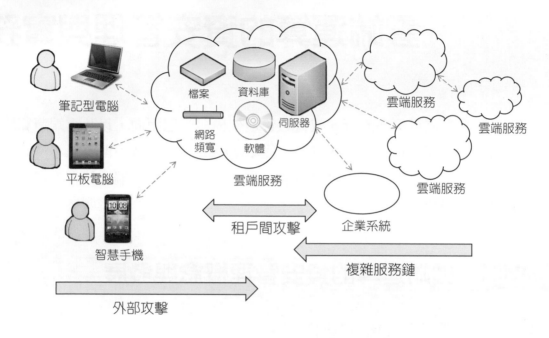

▶圖15-1 雲端運算資安威脅架構

二、資安威脅

雲端運算資安聯盟 (CSA, Cloud Security Alliance) 列出雲端運算的七大威脅，可作爲了解雲端運算資安管理的開始。如下簡短介紹各項威脅與防治方法。

1. **濫用或惡意使用雲端運算的行爲**：雲端服務業者爲了吸引顧客使用服務，常利用免費或低廉的價格吸引使用者使用。雲端服務業者也可能降低嚴格的身分審查程序。有心人士常利用這樣的便利途徑，侵入雲端服務系統，放入殭屍網路、木馬下載程式等。透過雲端服務系統的廣泛連結與分享的特性，進而散布到更多的電腦。雲端服務業者必須嚴格進行使用資料審查，以及監視網路的流量狀況。

2. **不安全的軟體介面與 API**：不論是 SaaS、PaaS、IaaS 服務，均會提供軟體介面或應用程式介面 (API, Application Programming Interface) 來提供相互存

取的服務。雲端服務業者必須注意允許連接的介面或 API 是否有資安上的漏洞，並透過身分認證與授權、傳輸資料加密，以避免惡意程式的破壞。此外，也應清楚服務連接鏈關係，以追蹤與監督可能連接到危險的雲端服務。

3. **惡意內部人員**：雲端服務業者營運或資料中心必須對於人員聘用與管理機制進行嚴格控管，以避免惡意內部人員探查或毀壞顧客留存於雲端服務系統的資料或應用程式。

4. **共享技術環境問題**：雲端服務的特性之一，即是提供共享軟硬體的技術環境，可讓不同的使用者降低軟硬體成本。但這也造成有心人士利用共享的環境，侵入其他使用者的資料、應用程序以竊取機密。雲端服務業者要小心的設定虛擬機，並監督不被授權的行為等。

5. **資料遺失或外洩**：雲端服務可能因為集中使用者的資料儲存與處理，而發生有心人士洩漏，或是因操作不當而造成遺失。雲端服務業者必須注意管理資料的建立、儲存、使用、分享、保存、清除等生命週期。同時，必須在瀏覽器、APP、應用程式、資料庫等各種元件的資料傳輸過程中進行資料加密，並妥善管理加密金鑰。雲端服務業者也要注意資料的備份與保存的安全性。

6. **帳號或服務被竊取**：帳號或服務被竊取不是新鮮事。攻擊的手法包括：釣魚、錯誤、利用軟體弱點或猜測密碼。雲端服務則增加新的威脅：一旦雲端服務被攻擊，有心人士可以竄改資料、交易紀錄，或者將使用者導引到錯誤的網站。雲端服務業者要利用更多的身分認證屬性 (attributes) 來辨認使用者與授權，如：帳號、終端設備編號、IP 位址等。同時，也要隨時監督與記錄各種不被授權的行為。

7. **未知的風險**：雲端服務的特性之一，在於共享各種軟硬體，並以服務的方式提供給使用者。然而，這樣造成服務使用者無法了解其內部的程式碼、軟體版本、弱點、資訊安全架構等。服務使用者缺乏這些資訊將無法評估服務的資安弱點與威脅，也無從防護。一個值得信賴的雲端服務業者應透明地提供各種資安架構設計、稽核紀錄，以及持續地監督可能的威脅，以確保整個雲端服務鏈的安全。

三、管理架構

雲端資安聯盟認為，雲端運算的資安必須從雲端運算營運面 (operation) 與治理面 (governess) 來管理。CSA 列出 13 個領域 (domain)，可以作為雲端運算資安管理的架構。如圖 15-2 所示，可分為 8 個營運面與 5 個治理面議題探討，以下簡要分述其意義。

1. **傳統資安、營運持續管理、災難復原**：企業或雲端服務業者仍要注意傳統的資訊安全議題，以及營運持續管理與災難復原的處理。

2. **資料中心操作**：必須要評估資料中心的架構與營運模式，以確保其穩定性與安全性。

3. **事件回應**：評估雲端服務系統是否具備事件回應機制及其相關的處理程序。

4. **應用程式安全**：評估雲端服務系統內的應用程式設計與執行的安全。

5. **加密與金鑰管理**：評估雲端服務系統是否使用適當的加密方法與金鑰管理方式。

6. **身分認證與存取管理**：評估雲端服務系統是否使用有效的身分認證方式與存取管理原則。

7. **虛擬化**：評估雲端服務系統是否使用有效的方法以避免虛擬機的資安威脅。

8. **資安即服務 (Security as a Service)**：評估是否採用第三方的資安即服務來協助雲端服務系統的資安防護。

9. **治理與企業風險管理**：企業或雲端服務業者要具有資訊安全治理的方法以及各種風險評估以進行管理。

10. **法律與跡證追蹤**：企業或雲端服務業者要注意相關的法律議題，如：電腦資訊保護、隱私權保護等議題。資料中心所在國家法律規則亦不相同。此外，必須妥善留存各項系統紀錄 (log) 作為後續法律跡證的證據。

11. **標準遵循與稽核**：企業或雲端服務業者要注意是否遵循相關的資安標準，以確保與其他服務業者的相容性與可稽核性。

12.**資訊管理與資料安全**：企業或雲端服務業者要注意資料的辨認、控制與保護。

13.**可移植性與相容性**：企業或雲端服務業者要注意資料與服務移轉的可移植性。

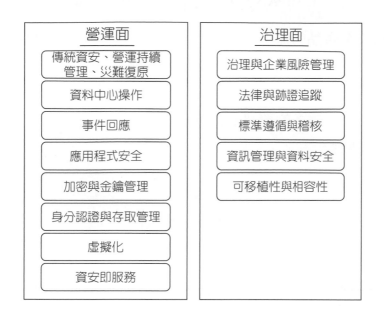

▶圖15-2　雲端運算資安管理架構 (參考資料：雲端運算資安聯盟)

　　本章參考 CSA 管理架構，在後續章節分為：雲端運算營運面資安管理、治理面資安管理與資安即服務進行探討。最後，並舉出相關雲端運算的資安管理產品與實務。

◕15-1-2　雲端運算資安管理發展

一、應用現況

　　據市場調查機構 IDC 對私有雲與公眾雲的資訊安全產品營收調查顯示，全球產品營收約 27 億。其中，私有雲資安產品營收約 6 成、公眾雲僅 4 成。然而，公眾雲資安產品的成長率持續加快，顯示雲端服務業者對於雲端資訊安全管理的重視。

　　雲端服務業者利用資訊安全產品以強化雲端服務系統的資訊安全，並說服企業客戶採用其雲端服務。企業則持續採用資訊安全產品以保護企業內的資訊資產，並強化雲端運算虛擬機系統資安防護。更進一步的採用符合各產業資安遵循標準的資訊安全產品，如：醫療業 HIPAA 標準、金融業 FFIEC 標準。

　　就各種資訊安全產品的採用狀況分析，公眾雲服務業者以採用身分識別與存取管理、網路安全防護、內容訊息安全防護較多。企業則採用身分識別與存取管理、資訊安全與威脅管理、端點安全與網站安全管理較多。隨著公眾雲服務業者更重視資訊安全防護，將採用更多的資訊安全與威脅管理、內容訊息安全管理產品，以因應各種類型的資安威脅。

二、發展趨勢

　　雲端運算資安管理技術與產品的發展趨勢有以下幾點：

1. **公眾雲服務採用**：公眾雲服務業者將加速資安管理技術與產品的採用。這些雲端服務很多來自於非傳統領域，如：社群網站、線上音樂、線上遊戲等，因應使用人數急速增加而採用資安管理技術與產品進行防護。

2. **資安即服務的採用**：當愈來愈多的企業採用雲端服務時，更加仰賴專業第三方進行資訊安全的防護與稽核。資安即服務業者對於資訊安全管理技術與產品，將會採用更為高端的技術與產品。

3. **行動設備資安管理**：當企業引進愈多的行動化設備與行動化軟體後，將會衍生行動資安管理的議題。愈來愈多雲端運算資安管理的產品將支援多樣化行動設備與軟體的資安防護。

4. **社群媒體與非結構化資料的保護**：社群媒體造成多樣非結構化資料的產生，將有愈來愈多資安管理產品支援非結構化資料的資安防護、保存等。

5. **資料的資安保護**：隨著雲端服務採用的增加，將會有愈來愈多的資料留存在雲端服務中。如何將這些資料妥善且安全的保護、利用、整合以及備份，將是雲端服務業者的課題。因此，雲端運算資安產品的廠商將持續發展各種資料的資安管理產品。

6. **身分認證與資料加密**：不論是私有雲或公眾雲，啓動雲端服務後，首先要面對的即是身分認證授權以及資料加密的問題。這類型的技術與產品將持續發展，且仍爲雲端服務資安管理的主流產品。

7. **政府與中小企業採用**：各政府機構持續發展雲端服務以及開放資料給予民眾，將意識到資訊安全管理重要性。各政府機構將持續採用雲端運算資安管理產品。中小企業在採用雲端服務後也逐漸重視資訊安全管理。但中小企業資訊預算較少，可能仰賴受信賴的雲端服務的保障，或者租用各種資安即服務來管理資安問題。

8. **雲端標準與法規遵從**：雲端服務資安管理勢必重視整個服務鏈的防護，並透過一致的標準進行驗證與互連操作。產業界將持續發展各項雲端標準與法規，提供雲端服務業者採行與遵從。

● 15-2　雲端運算的營運面資安管理

在雲端營運面的資安管理上，牽涉到雲端運算軟體與服務架構的設計以及管理。本段落依照圖 15-1 的雲端運算架構，分述在終端、存取、應用程式、資料與虛擬機器等方面的資安議題與管理方法。

● 15-2-1　終端資安管理

使用者可能利用多種終端與行動裝置存取使用服務。雲端運算的資安架構必須考慮終端的資訊安全管理。例如：行動裝置是否可能因爲遺失而讓其他人登入雲端服務，導致洩漏企業資料？行動裝置是否可能被安裝惡意軟體而竊取資料？行動裝置是否儲存機密資料或使用者帳號、密碼，而讓有心人士能夠存取雲端服務？終端資安管理保護方法敘述如下：

1. **行動端應用程式隔離**：利用行動端應用程式的「容器」，可以與其他行動端應用程式隔離，而避免被探知資料或密碼。

2. **資料在行動裝置上的保護**：重要機密資料不可留存在行動裝置中，其他行動裝置上的資料也要做加密處理。行動裝置與雲端服務間需要透過加密來傳輸資料。當行動裝置遺失，可用遠端存取方式將行動裝置上的資料刪除。

3. **行動裝置的授權**：可利用生物辨識資訊 (如：指紋辨識) 來開啓行動裝置上存在雲端服務的 APP。雲端服務也可辨識行動裝置的編號，綜合使用者權限，給予不同的使用權。也可根據行動裝置的連網類型，給予不同雲端服務的存取權限。行動裝置遺失後，雲端服務可以辨認並拒絕該行動裝置的存取服務。企業也可限制員工的行動裝置只能存取某些受信賴的雲端服務或應用軟體商店。

4. **應用程式與資料的清除**：雲端服務廠商應提供簡單的清除程式與資料的方法，讓行動裝置可以還原到未安裝該應用程式 APP 的狀態。

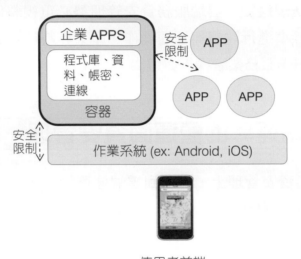

▶圖15-3　行動終端應用程式容器架構

●15-2-2　存取資安管理

存取資安管理包括：使用者身分的辨認 (identity)、驗證 (authentication) 以及授權 (authorization) 等。雲端運算的環境遠比傳統企業系統或網路服務來得複雜，例如：必須驗證多種身分識別 (如：使用者帳號、智慧手機號碼、企業組織身分等)、跨雲端服務的資源存取 (如：利用 Salesforce.com SaaS 服務，連結存取到 Facebook 的資訊) 等。這使得雲端服務供應商或企業存取雲端服務時，都必須注意存取資安管理的保護。以下幾個關鍵因素是雲端服務存取時必須考慮的要項：

1. **多身分屬性的辨別**：必須綜合考慮使用者的組織身分、使用帳號、存取地點(如：IP位置、實體地點位址)、連網類型、設備號碼等屬性(attributes)。

2. **跨雲端服務的存取**：使用者可能藉由某雲端服務，連結與存取到另一方的雲端服務。連結雲端服務的雙方必須具有可信任的連結關係，且資料傳輸過程必須加密。跨雲端服務的連結應給予較低的權限，以避免往來雲端服務的資安漏洞造成對本身的影響。授權的身分資料，如：帳號、密碼、身分證字號也應避免在往來過程中傳遞。可利用授權標準的格式，如：SAML、OAuth進行資料傳遞。

3. **授權政策的存放**：授權政策的存放位置可以是單獨的一個政策伺服器，內嵌在應用服務或程式邏輯中，透過信任的身分辨認即服務 (Identity as a Service) 雲端服務來處理。

4. **授權架構**：身分辨認與授權的方式可以有兩種架構：集中式 (Hub and Spoke) 與分散式 (Free Form)；如圖 15-4 所示，集中式將授權政策與身分認證資料儲存在組織內部或集中的認證服務，當使用者登入雲端服務時會先到該集中認證服務取得權限，然後再存取雲端服務。分散式則由不同的雲端服務或雲端應用程式保留各種身分的認證與授權規則。

   集中式當然可以省去維護分散各地身分認證與授權資訊的問題，也可減少資訊洩密的風險。但如何找到一個能夠信任，以及可以與各種雲端應用服務交換資料的集中認證中心，是一項相當大的難題。因此，目前在雲端服務身分認證的作法多半是採用分散式，由雲端服務來維護其服務的授權規則。少數重要的服務則由企業本身或認證機構 (如：信用卡認證) 來維護，呈現混合式的認證架構。

5. **存取管理**：一旦通過身分認證與授權規則後，使用者即可以存取雲端服務的資源。雲端服務必須具備管理使用者可以存取哪些資源的存取管理，一般來說可以分為：

   (1) 資料層：可依權限來限制使用者對資料的查看與修改範圍。
   (2) 流程層：依權限來限制使用者使用應用程式的流程或功能。
   (3) 應用層：可依權限來限制使用者對應用程式的模組選擇、選單選擇。

(4) 系統層：可限制使用者對系統層的資源取用，例如：可否使用遠端桌面存取，或僅能透過瀏覽器服務。

(5) 網路層：可限制使用者對網路層的資源存取，例如：一般使用者應不能了解雲端服務所在的 IP 路由資訊等。

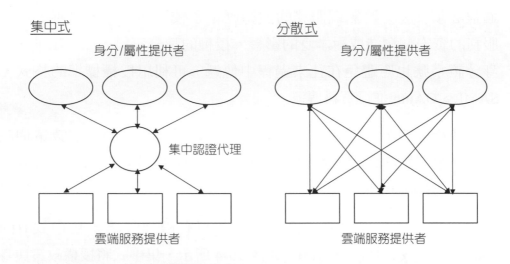

集中式

身分/屬性提供者

集中認證代理

雲端服務提供者

分散式

身分/屬性提供者

雲端服務提供者

▶圖15-4　身分認證授權架構 (參考來源：Cloud Security Alliance)

●15-2-3　應用程式的資安管理

雲端服務可能提供應用程式與服務的共享；亦可能提供開發環境讓使用者自行開發雲端應用程式 (如： PaaS 雲端服務)。雲端運算的應用程式資安管理必須考慮應用程式的生命週期，包括：程式的設計、發展、測試、佈署、使用等階段，分述如下：

1. **應用程式的設計**：應用程式必須遵循一些設計的原則，以確保程式的安全。例如：減低使用者的權限、在某種情境下才給予權限、設計應用程式每一層的安全性 (如：展現層、商業邏輯層、作業系統層)、允許夥伴間可以檢查程式安全性、減少程式間溝通的管道、辨認最弱的安全環節等。

2. **應用程式的發展**：在應用程式發展階段可以允許程式碼檢查、程式間溝通管道測試、品質檢查等，以發現應用程式中的資安弱點，包括：不安全的物件參考、限制網址存取失效、未驗證的重新導向與轉發等應用程式與網頁程式撰寫上的問題。這些檢查可以用許多的工具，檢查範圍包括：設定

管理測試、弱點掃描、商業邏輯測試、授權管理測試、資料驗證測試、阻斷服務工具測試等。

3. **應用程式的佈署**：當應用程式佈署在雲端服務平台上時，要確認應用程式發展夥伴的身分，應用程式可分為不同安全區 (zone)，允許不同使用者存取。

4. **應用程式的使用**：當應用程式在使用與運行時，可以監視應用程式使用狀況，如：CPU、記憶體資源的使用、租戶應用程式間溝通、資料的存取狀況等。多租戶的應用伺服器 (CEAP, Cloud Enabled Application Platform) 也提供「容器」(container)，來隔離不同租戶應用程式的資源使用，也提供資訊安全的防護以避免惡意的租戶侵入其他租戶的應用程式。此外，也可使用入侵偵測、服務需求節流等措施，以避免惡意阻斷服務 (DoS, Denial-of-Service) 攻擊。最後，監視應用程式的運作與服務的活動，並作為資安跡證的追蹤。應用程式的監視包括：應用程式 log 產出的監視、應用程式資源使用監視、應用程式行為監視 (如：使用者登入次數過多、常與其他應用程式傳遞訊息等)、應用程式政策的違反 (如：使用者登入密碼錯誤次數過多) 等。

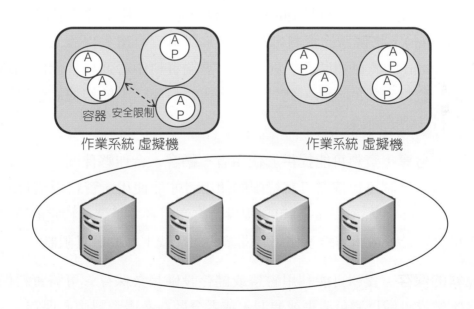

▶圖15-5 應用程式容器架構

15-2-4 資料資安管理

雲端服務將個人資料或企業資料集中放在共享的資料中心與儲存設備中,將會有資料安全的疑慮。例如:資料是否會被共享服務的其他企業竊取?資料中心的營運管理者是否洩漏資訊?是否會不當的備份而遺失資料?管理雲端運算的資料可以從資料的生命週期(如圖 15-6)來思考各種階段的資料防護方式:

1. **資料的建立**:設定可以建置、修改、更新資料的權限。

2. **資料的儲存**:限制資料儲存在受信賴的資料中心、國家或地區。資料在儲存時可以加密處理,讓資料擁有者各自選擇加密鑰匙自行加密,以避免雲端服務業者洩漏資料隱私。也可以將資料分成數個段落,儲存在不同的資料中心與儲存設備,即使沒有加密儲存,也難以知道資料內容。

3. **資料的使用**:資料的使用可利用授權,驗證使用者使用每個資料的權限。在共享應用程式、多租戶的雲端環境中,可以利用資訊流控制 (IFC, Information Flow Control) 的機制來確保租戶間資料不會相互混淆。在瀏覽器、應用程式、資料庫間,資料的傳遞可以利用加密代理程式 (proxy encryption),將傳遞的資料進行加密。利用資料遺失保護 (DLP, Data Loss Prevention) 的軟硬體裝置,則可放在雲端資料中心連接外部的網路位置,偵測、監督資料的流動。此外,檔案或資料庫活動監視機制也可監督與留下資料移轉的跡證。

4. **資料的分享**:資料可能提供於使用者、顧客、合作夥伴間分享。授權與資料加密的機制可以確保具有權限的使用者才能使用。資料授權管理 (DRM, Digital Rights Management) 可以提供特定使用者才能讀取特定的資料片段,也可設定資料或內容給予使用者閱讀的次數或下載的載具限制。

5. **資料的保存**:資料可能利用磁帶或儲存設備長久保存。可將資料保存在特定磁帶或設備以避免遺失或洩漏,或者分散在多處資料中心保存。

6. **資料的清除**:企業可能需要將其留存的資料永久清除 (如:移轉到別的雲端服務上使用服務),雲端服務供應商必須提供永久清除的機制,將放置在不同應用程式、資料儲存設備、資料暫存區、不同資料中心的資料一併清除。

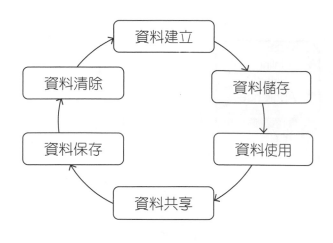

▶圖15-6　資料生命週期

●15-2-5　虛擬機器資安管理

　　虛擬機監督器 (VMM 或 Hypervisor) 建立虛擬機器，讓應用程式得以分享作業系統、伺服器、儲存設備等軟硬體資源，但也造成安全上的疑慮。例如：病毒應用程式跨虛擬機攻擊其他的應用程式、侵入虛擬映像檔放入後門程式以蒐集應用程式資料、在虛擬機中不斷地消耗 CPU 與記憶體資源而影響雲端服務的績效等。這需要虛擬監督器軟體廠商在軟體架構上的保護，或者可藉由虛擬機器防毒軟體的協助管理。虛擬監督器的資安管理防護要注意以下幾點：

1. **防止外界侵入虛擬機器**：透過防火牆、網路應用程式保護、log 稽核機制等防止外界侵入虛擬機器。

2. **虛擬監督器的保護**：使用信賴的虛擬監督器軟體，並正確地設定與使用虛擬監督器。

3. **跨虛擬機的攻擊**：病毒可能在虛擬機中，透過虛擬監督器攻擊其他虛擬機中的應用程式，這種行為並不會透過網路傳輸，無法被傳統網路監督基礎的防毒軟體偵測。可以利用在伺服器中執行虛擬防毒應用伺服器 (in-line virtual appliances)，隨時監督各個虛擬機與虛擬監督器間，或是其他虛擬器間資料的傳輸狀況。如圖 15-7 所示。

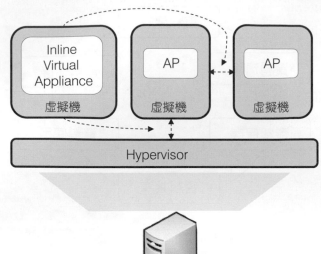

▶圖15-7　虛擬機保護概念

4. **績效監督**：監督虛擬機的資源消耗狀況是否有超過政策規定，或是有違反常理行爲。

5. **虛擬機器的擴增**：監督並確保虛擬機器擴增的政策，以避免病毒不斷擴增虛擬機器，造成伺服器執行績效受影響。

6. **虛擬機器停止或開始**：透過網路流量的監督，以發現若是有不當行爲傳送，虛擬機器即下停止的命令。

7. **虛擬機映像檔加密**：可將虛擬機的映像檔進行加密，但必須考量加密後可能會影響整體的效能。可配合資料遺失保護軟體，監督複製虛擬機映像檔的動作，以避免虛擬機映像檔遭到非法的複製。

8. **虛擬機資料的洩漏**：搭配虛擬私有網路、防火牆、入侵偵測，以避免虛擬機中儲存的相關資料被洩漏。

9. **虛擬機資料的清除**：當虛擬機移至其他的實體機上時，必須注意虛擬機的資料是否仍留存在實體硬碟上。

10. **虛擬映像檔的篡改**：留意虛擬映像檔修改的權限，以及正確的設定虛擬映像檔；尤其是使用已設定好的虛擬映像檔模板 (template) 時，應注意是否被修改過。

11. **虛擬機線上遷移**：虛擬機可能在線上被遷移到其他實體伺服器的虛擬機上，必須留下跡證紀錄，以及確保目標實體機的防毒作業。

15-3　雲端運算的治理面資安管理

15-3-1　標準遵循

　　雲端運算的特色在於與雲端服務的鏈結，並提供給廣泛的使用者存取服務。因此，遵循國際的標準不但可以使服務間的串聯更為順暢以及安全外，更可以使服務使用者更為安心。如表 15-1 所示，本文將雲端運算資安管理相關標準分為三大類型：

1. **指引**：提供整體雲端運算資訊安全管理的指引、管理架構等。例如： CSA Guidance 3.0、ISO/IEC 27018 等。

2. **領域應用標準**：針對產業別與應用領域提出資訊安全管理以及資料隱私保護等規範。例如： HIPAA 針對醫療業、PCI 針對信用卡或支付卡應用等。

3. **技術標準**：針對資訊安全營運管理面，提出各種資訊交換通訊協定與軟體運作架構等。例如： KMIP 針對金鑰管理、SAML 針對身分認證等。

　　本書不再針對每個標準進行介紹，有興趣的讀者可以查詢相關標準網頁或書籍。

表15-1　雲端運算資安管理相關指引與標準

類型	名稱	說明
資安指引	CSA Guidance 3.0	• 雲端運算安全聯盟 (CSA, Cloud Security Alliance) 發表雲端運算安全指引
	NIST 800-144	• 美國國家科技標準機構 (NIST) 發表公眾雲資安與隱私指引
	ISO/IEC 27000	• 國際標準組織 (ISO) 發表27017, 27018雲端運算資料隱私保護標準
	BS 10012: 2009 PIMS	• 英國標準協會 (BSI) 發表個人資料保護 (PIMS, Personal Information Management System) 機制
	ISO 22301 BCMS	• 國際標準組織(ISO)發表企業持續營運管理需求 (BCMS, Business Continuity Management Systems)
領域應用標準	Health Care (HIPAA)	• 針對醫療場所以及下包商訂定資料隱私規範
	Finance (FFIEC)	• 針對金融機構訂定資料安全檢查規範
	Card Process/Payment (PCI)	• 針對信用卡、支付卡資料訂定資訊隱私規範
	Power Generation (NERC CIP)	• 針對組織重要基礎建設，訂定實體安全規範 (如：圍牆、保全、門禁、監視器等)
	SAS 70	• SAS 70 (The Statement on Auditing Standards No. 70) 針對金融機構與提供資訊服務的機構的風險控制稽核
技術標準	金鑰與憑證管理：KMIP、PKCS	• KMIP (Key Management Interoperability Protocol)：金鑰管理互通協定 • PKCS (Public Key Cryptography Standards)：公開金鑰密碼編譯標準
	資料儲存安全：IEEE P1619	• IEEE「儲存安全工作組」發展資料儲存加密方法與金鑰管理架構
	身分認證：SAML、X.509憑證	• SAML (Security Assertion Markup Language)：交換身分授權資訊的協定 • X.509憑證：ITUT公開金鑰管理與基礎架構
	安全政策：XACML	• XACML (eXtensible Access Control Markup Language)：OASI存取管理協定
	服務自動化：SPML、SAS 70	• SPML (Service Provisioning Markup Language)：OASI服務啟動、資源等資訊交換協定

15-3-2　法律規範

雲端運算服務的提供是無遠弗屆的，資料中心亦可能跨國營運，這將牽涉到不同國家的法律。例如：各國家均有制定個人資料保護法，雲端服務業者必須清楚了解資料中心營運的所在地，與服務使用者的國籍等法律上的問題。特別對於個人資料的控制以及處理的權利義務各不相同，雲端服務者更要注意其中的差異。此外，有些國家對於個人資料移出境外，具有特別法律上的規範或禁止條例，雲端服務業者也須留意此部分的法規。企業應了解員工的資料是否可以放置在非其國家的雲端運算資料中心上。

即使雲端服務業者在資料處理與資安管理上不違反法律，也要與服務使用者訂定明確的契約規範 (如：服務使用者中止服務，將清除服務使用者留存在資料中心上所有資料)，防止資安問題發生後，造成雙方爭議。

15-3-3　風險管理

不論是企業或者是雲端服務業者，雲端運算的資安管理不僅是技術與產品的採用，更需要在政策、組織、人員控管上，做好雲端運算的風險管理。企業或雲端服務業者必須仔細的分析雲端服務的供應關係，並確認各方的權利、義務與法律規範；也要在組織上設定風險管理小組，以隨時監督與立即處理資安風險的發生。企業更可以定期蒐集雲端服務業者提供的資安稽核報告，進一步的分析可能的威脅或資安的漏洞。雲端服務業者在發現可疑的行為或威脅時，也應該主動發布，或與企業相關人員一同發掘潛在的資安問題。

15-4　資安即服務

資安即服務 (SecaaS, Security as a Service) 提供企業或雲端服務業者以較低成本的服務費用，取得專業的資安管理雲端服務。資安即服務的興起來自於雲端服務的「依使用量付費」的服務措施，讓中小企業或是大型企業不需購買昂貴的資安管理軟硬體產品。此外，雲端運算服務的複雜性以及多樣的遵循標準、法規問題，也使得企業或雲端服務業者可以仰賴專業的資安即服務廠商。企業或雲端服務業者所要進行資安管理的雲端服務運行在網路上，透過資安即服務的管理較安裝資安管理軟

硬體在企業內部更為方便。Gartner 即預測，資安即服務的市場營收將以指數型的成長曲線成長。

資安即服務可以提供企業與雲端服務業者幾項資安管理服務：

1. **身分認證與存取管理服務**：提供服務使用者連接雲端服務的身分認證與存取管理授權。身分認證與存取管理服務可以跨越企業內部系統、雲端服務、終端設備，以取得身分的屬性，並進行授權政策管理。進一步的提供各種認證和存取失敗的稽核紀錄供服務使用者參考。

2. **資料洩漏保護服務**：監視與保護企業內、雲端服務中、終端設備上的資料使用狀況與資料流，避免未經授權的使用或遺失。

3. **網站安全服務**：在企業網站前多一層網站安全保護，避免企業網站受到病毒攻擊而造成網站當機、執行效率問題，或侵入企業內部網路。

4. **電子郵件安全服務**：提供企業電子郵件進出的保護，包括：釣魚網站的過濾、不安全的附檔、公司資安政策的強化，或重要郵件的加密處理等。

5. **安全評估服務**：協助企業或雲端服務業者評估其內部系統或雲端服務是否有遵循產業標準，或有安全上的漏洞。

6. **入侵偵測服務**：協助企業或雲端服務業者偵測網路上資料的異常行為，以發現可能的入侵行為。

7. **資訊安全與事件管理服務**：蒐集實體或虛擬的網路、應用程式、系統等紀錄與事件，以即時分析、警示，並提供報告。

8. **加密服務**：利用加密演算法提供資料的加密與金鑰的管理。

9. **持續營運管理與災害復原服務**：提供服務中斷時，能協助接手持續服務以及資料復原的服務。

10. **網路安全服務**：監視、管理企業內的系統或雲端服務中的網路流量狀況，以警示可能的資安威脅。

隨著企業愈來愈廣泛地運用雲端服務上的應用，資安即服務已成為整體雲端資安管理的一環。例如：全球資安管理大廠趨勢科技 (Trend Micro) 即採用混合雲防

護功能來保護企業虛擬、實體、雲端以及容器的混合環境。如圖 15-8 所示,可以監控資料中心內的實體設備、AWS、Azure 等雲端服務上的資訊安全等。趨勢科技提供的資安即服務除了可以依每月訂閱費用外,也可以按小時進行計費。

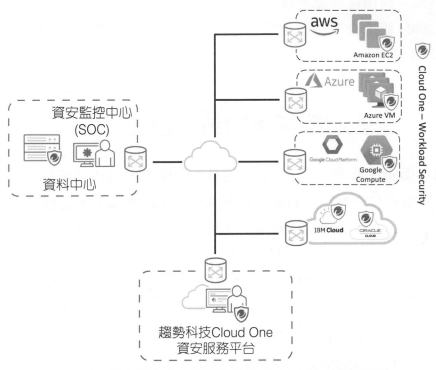

▶圖15-8　混合雲的資安即服務保護 (資料來源:趨勢科技)

此外,也有許多新創服務廠商發展資安即服務,以下列出幾個案例:

1. Lookout：Lookout 提供邊緣端安全存取保護的服務,包括雲端存取安全代理中介,了解與分析企業員工存取雲端服務應用行為與數據安全。零信任網路存取,利用數據加密通道的方式,確保應用程式存取企業數據的安全。移動端點存取安全,確保各類型的智慧手機等端點上資訊安全保護。

2. Fidelis：Fidelis 提供 Fidelis Endpoint 以及 CloudPassage Halo 雲端服務兩種資安保護。Fidelis Endpoint 可以透過分析網路設備的連接埠、協定等行為,快速偵測與回應資安威脅,還可深入檢測文件內容,以判定是否具有資料外洩的隱憂。CloudPassage Halo 則為 IaaS、虛擬機、伺服器提供自動化配置安全管理、漏洞管理、基於日誌的入侵檢測、入侵檢測、雲網路和身分安全等工作負載的資安保護。

3. Veracode：Veracode 提供應用程式資訊安全弱點掃描測試的雲端服務，可進行靜態掃描 (白箱測試)，掃描已編譯好的位元碼，發現程式的潛在弱點。也可進行動態掃描 (黑箱測試)，模擬攻擊執行中的程式，以發現潛在的弱點。藉由在軟體開發生命週期 (SDLC) 的每個階段提供正確解決方案，Veracode 協助企業確保建構、購買的軟體應用程式或使用的第三方組件的安全性。

15-5　智慧科技物聯網資安管理

當應用不僅僅在天邊的雲端，也在隨身的手機、穿戴式設備乃至於汽車裝置、工廠設備的智慧科技應用時，新興的資安威脅也隨之增加。智慧科技牽涉到物聯網設備、通訊、應用系統、雲端服務等各種異質系統連接，使得更多接觸點暴露，風險更高。此外，物聯網深入到重要的應用中，例如：交通號誌、工業控制設備、汽車元件、金融設備等，一旦發生資安攻擊，所衍生的人身安全影響程度也隨之提高。例如：芬蘭 Valtia 公司管理的集合公寓的電熱系統，受到名為 Mirai Botnet 的殭屍病毒進行分散阻斷式隔絕攻擊而無法啟動。Valtia 公司緊急啟動手動控制，仍然無法成功，花費一星期才讓系統恢復正常。台灣第一銀行 ATM 提款系統，因為倫敦的電話錄音主機被侵入，而被歹徒在各 ATM 共提取 8,000 多萬新台幣。奧地利知名 4 星飯店 Romantik Seehotel Jägerwirt，被駭客侵入電子鑰匙系統，造成旅客無法進出房門，飯店也無法產生新的數位鑰匙，飯店付出 1,500 歐元贖金以化解這場危機。

智慧科技物聯網牽涉到多種異質系統的整合，使得資安防護更為複雜。資訊安全的防護範疇可從設備、通訊、雲端等三個體系來看：

1. **設備安全**：物聯網設備包括感測器、致動器、微處理器、微控制器、通訊元件等硬體及作業系統、應用程式、儲存資料等。由於物聯網資安的重要性，許多軟硬體廠商協助在設備上增加其安全，如晶片認證與安全防護、設備授權與認證等。這也使得物聯網資安加入了晶片廠商、設備廠商等產業的參與。然而，許多老舊設備無法植入新安全功能，成了物聯網資安的一項隱憂。

2. **網路安全**：物聯網通訊組成包含通訊網路、異質網路連結閘道器、通訊協定、網路設備等。物聯網的通訊可能包含有線、無線或者開放、封閉以及不同協定的網路，使得通訊資安保護更顯得複雜。不安全的網路通訊會讓攻擊者從中擷取，進而進行竊聽或造假。物聯網通訊網路的防護包括存取控制、防火牆／入侵偵測等資安設備、通訊加密等。

3. **雲端安全**：物聯網應用會連結雲端服務上的應用軟體或服務進行，物聯網應用必須確保雲端服務應用安全、雲端服務上資料的安全等。

因此，對於企業來說，啟動物聯網的智慧科技安全不僅僅是設備上安全，還包含網路、雲端等端點到端點的整體安全。

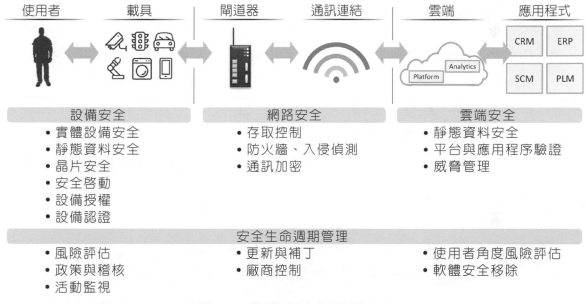

▶圖15-9　智慧科技物聯網資安保護

智慧科技物聯網的資安管理，也帶來與傳統雲端資安管理不同的特色，包含：設備本體的資安、異質網路資安以及領域別專業資安等。以下介紹幾個有趣的資安廠商防護解決方案。

1. **Karamba 智慧汽車資安**：Karamba Security 專攻汽車物聯網安全的資安保護。該公司主要有兩個產品線－ Carwall 及 SafeScan。Carwall 主要防止不明來源的對象，對汽車電子發動器中要求進行任何行為。Karamba Security 與汽車品牌、零組件廠商合作，將安全控管政策植入韌體中，避免非授權

的網路存取。SafeScan 則進行車內電子發動器間溝通加密,避免訊息被截取、非授權下命令、網路流量超載攻擊等。

2. **ASIMILY 智慧醫療資安**:ASIMILY 著重在醫療領域的設備資訊安全防護,特別重視不同醫療品牌設備的參數,如品牌、設備型態、軟體版本及與其他設備、IT 設備間的網路連結關係,分析是否有異常聯網狀態,而後進行預測、提出警訊及資安處理等動作。

3. **ZingBox 設備行為資安偵測**:ZingBox 強調在物聯網領域、植入任何代理程式皆可能影響物聯網設備本身的運作,故而採取無代理人監控方式。ZingBox 運用網路數據、無監督式的深度學習演算法分析設備的連線行為,以自動感測、辨認、分類不同設備,並進一步分析與偵測設備異常行為,提出警告讓資安人員注意與處理。

4. **CrowdStrike 群眾智慧學習資安**:CrowdStrike 提供輕量級端點防護代理程式 (agent),安裝在各種設備載具中,且不須病毒碼更新到設備載具端,減輕載具負荷,讓智慧手機、物聯網載具也可以輕易地安裝。CrowdStrike 核心平台運行在雲端服務上,透過蒐集各個企業的資安威脅事件,進行機器學習,並提供企業整體資安威脅事件的透明化檢視、威脅智慧分析與建議等。

15-6　小結

　　本章的介紹可以了解雲端運算的資安管理概念、架構、發展趨勢,以及營運面與治理面的資安管理。營運面的資安管理包括:終端資安管理、存取資安管理、應用程式資安管理、資料資安管理,與虛擬機器資安管理;治理面資安管理則包括:資安標準遵循、注意相關法律規範,以及進行風險管理。這些資安管理原則將可提供雲端服務業者與企業進行雲端運算資訊安全保護時的參考。

　　雲端服務業者將愈來愈重視資訊安全管理,以保護企業客戶的資產,並藉以吸引企業客戶的採用。此外,資安即服務的雲端服務也日漸興起,可提供雲端服務業者或企業資安管理服務,以降低購買資安軟硬體的成本。

習 題

● 問答題

1. 請說明雲端運算的資安威脅。
2. 請說明雲端運算的資安管理架構。
3. 請說明五種雲端運算營運面的資安管理。
4. 請繪圖說明應用程式容器架構。
5. 請繪圖說明虛擬防毒應用伺服器如何保護虛擬機。
6. 請說明五項虛擬機器資安管理要點。

● 討論題

1. A 公司日益仰賴雲端服務作為企業的軟體服務。資訊長意識到資安管理的重要，提出以下保護項目。請參考本章雲端運算資安管理要點及資安管理產品與實務，提出可能保護的方法 (軟體或雲端服務皆可)：

   A. 雲端服務中的資料保護。
   B. 存取雲端服務的安全。
   C. 智慧終端的安全。
   D. 雲端服務軟體程式上的弱點。
   E. 虛擬機的保護。

16

雲端運算資料中心的趨勢與實務

本章介紹雲端運算資料中心的概念、架構、發展方向與趨勢。從本章的閱讀，讀者不但可以了解雲端運算資料中心的基本概念與組成元件，更可以清楚雲端運算資料中心的管理重點與發展趨勢，進而思索資料中心的軟硬體產品與解決方案發展機會。

16-1 資料中心的概念與發展

16-1-1 資料中心的概念

一、意義

資料中心 (data center) 提供雲端運算的運算伺服器、儲存設備、網路設備、雲端運算軟體等運行的環境，為啟動雲端運算服務的核心。早期大型主機時代，資料中心即提供主機的運行環境：高電量且穩定的電力供給大型主機使用；巨大的散熱設備以避免主機運行過熱而當機，以及嚴格的安全控管，避免惡意或無意間造成主機或資料的毀壞甚至是洩密。1990 年代，個人電腦、主從式架構的興起，使得資料中心開始承載大量的中小型伺服器。此時，更需要設計伺服器的擺放、複雜網路線的布局、電力設備的設計、散布各地伺服器的熱源散熱等，以維持各個伺服器的穩定運行。

新興網路服務或雲端運算服務的興起，使得資料中心的設計更形重要。這是由於愈來愈多的企業或消費者委由網路服務或雲端運算服務業者集中的提供服務，使得服務業者必須建置承載大量伺服器、網路設備、儲存設備的資料中心。資料

中心的建築、環境控制系統、伺服器、儲存設備是一項龐大的投資；電腦設備運行所耗費的電力、冷卻水、設備折舊費亦是龐大營運成本，雲端服務業者或委外業者必須利用各種軟硬體的設計方法來降低這些成本。例如：Google 在全球建立十餘個資料中心，以服務全球使用 Google 服務的使用者。Google 工程師自己設計資料中心軟硬體架構，並利用客製化的主機板、CPU、記憶體，自行設計符合其網路服務需求的伺服器，以滿足全球大量運算的需求。雲端運算的虛擬化技術亦導入資料中心，以協助減少伺服器及儲存設備的數量，並提高設備利用率，以節省資料中心的成本。因此，雲端運算服務或技術深遠地影響資料中心的設計與技術發展。

▶圖16-1　Google資料中心 (資料來源：Google)

二、組成架構

　　資料中心的組成架構如圖 16-2 所示，包括：資料中心建築物、機房、機櫃列、機櫃及設備。以下分別簡述其意義與設計重點。

1. **資料中心建築物**：企業資料中心可能設置在公司的大樓中，共用大樓的電力、建築體等。專業的雲端服務資料中心則可能設置在單獨的建築物中，具有防震、電力備援、防電磁干擾、防水患等設施。資料中心的地點是相當重要的，除了要有穩定的電力、高頻寬網路外，也要靠近水源地，以利用水冷設備來排放伺服器的熱能。此外，資料中心對環境溫度也有一定的要求，可以減少為了降低機房溫度而消耗的能源。

2. **資料中心機房**：資料中心機房則實際存放各種設備、電力系統、不斷電系統、網路配線、空調系統 (CRAC, Computer Room Air Conditioner)、水冷系統等。

3. **機櫃列**：機櫃列指的是機櫃的擺放方式；機櫃的擺放方式將影響到空間配置與散熱設計。

4. **機櫃**：機櫃將伺服器、儲存設備、監控系統、網路配線、電力分配器 (PDU, Power Distribution Unit)、不斷電系統 (UPS, Uninterruptible Power Supply) 等整合在一個機架，以方便機房管理。機櫃容量以容納多少個設備為單位，例如：容納 42 個單位 (units) 設備的機櫃稱為容量 42U。機櫃上具有網路配線裝置、電力配線單元，以統一管理機櫃上容納的伺服器、設備的電力與網路線。

5. **設備**：機櫃上的設備包括：伺服器、硬碟陣列、磁帶機、光碟機、網路集線器等。為節省空間，以能插入機櫃的機架中，機櫃上的伺服器或其他設備通常以薄型方式 (如：刀鋒伺服器，blade server) 設計。

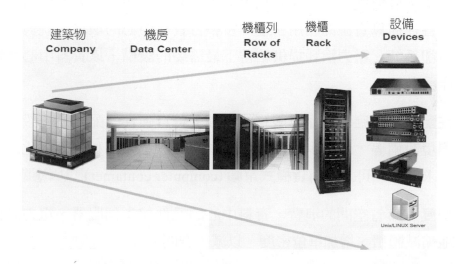

▶圖16-2　資料中心的組成架構 (資料來源：Emerson)

16-1-2　資料中心的發展方向

在近期，不論市場研究機構或負責解決資料中心方案的廠商，均談論資料中心的轉型趨勢。市場研究機構 Gartner 認為，資料中心將從過去承載許多獨立的設備、各自最佳化效能、過度供應運算能力、能源的狀況，轉變為以服務為導向、共享、自動化與整體資料中心效能最佳化的轉型。虛擬化、軟硬體與服務融合以及雲端化，將是促成轉型的關鍵。資料中心儲存設備廠商 Hitachi Data Systems 則認為資料中心的轉型將有：(1) 虛擬化、(2) 自動化、(3) 雲端化、(4) 永續化等四個階段。綜合各個市場機構與廠商看法，整理資料中心發展趨勢如下：

1. **整合化**：整合各種設備，以減少多餘的能源消耗、使用率過低或成本浪費。虛擬化即是整合化的第一步，將多餘的伺服器、儲存設備、網路設備整合，以最佳化的方式利用運算資源。機櫃設置的目的也在於整合各個設備使用的電力配電系統、冷卻系統、網路配線等，未來還可能整合各伺服器的處理器、記憶體等。

2. **自動化**：自動化的目的在於利用軟體能夠平衡各個設備的使用量，可以最佳化各種運算資源的利用。進一步整合資料中心的環境系統與運算設備，讓冷卻系統、電力消耗提供給當下最需要的設備，以資料中心整體的最佳化作為考量。

3. **彈性配置**：因應雲端運算服務的特性，可以彈性的配置運算設備、資料中心環境設備等，以減少不必要的成本浪費。例如：利用模組化設計，當運算需求增加，可以租用貨櫃式電腦 (computer container) 以因應臨時需求。

4. **高密度**：節省空間的浪費，資料中心的元件如：伺服器、電力設備等能盡量地縮減體積、增加單位密度，以減少空間。

5. **永續性**：除了減少電力、水利能源的消耗外，資料中心也要能夠符合其他永續性的要求，如：設備有毒物質檢測、控制設備製造過程的碳排放量、回收冷卻水或熱氣等。

6. **標準、法規遵從**：雲端資料中心要滿足各種能源效率、綠色、資訊安全的標準或規範，讓客戶更能安心的使用。這包含：能源利用率 (PUE) 小於 1.5、滿足 LEED 綠色建築金 / 白金等級、通過資訊安全 ISO 27001 稽核、滿足 ANSI/TIA942 資料中心電信基礎設施國際標準規範等。

16-2 雲端運算資料中心趨勢

基於上述的資料中心轉型趨勢，接下來我們將介紹幾項新的資料中心技術與發展趨勢。

16-2-1 自動化管理

資料中心利用伺服器虛擬化、儲存虛擬化、網路虛擬化等技術來調節設備的工作負荷 (workload)；自動化地分配工作到各個設備上，以充分利用各個設備資源，並達到顧客所需要的服務等級需求。資料中心的自動化管理可以分為以下幾個成熟階段：

1. **自動批次處理**：最基本的自動化方式，管理者可以循序漸進地安排工作以利執行。

2. **事件導向的工作負荷自動化**：可以根據某種特殊的事件來訂定工作的執行。

3. **智慧導向的工作負荷自動化**：可根據政策的訂定，調整設備的工作負荷。

4. **整合服務自動化**：根據與用戶簽訂的服務等級，調整伺服器、網路、應用系統的工作負荷分配，以滿足不同用戶的服務等級。

5. **資料中心自動化**：結合資料中心的環境系統，在設備工作負荷的調配下，亦能自動地判定可能的熱點、電力需求，而給予環境上的支持，以最佳化整個資料中心的運作效率。

6. **雲端服務自動化**：可結合外部的各項雲端服務支援，以滿足不同用戶的服務等級。

資料中心自動化將可協助資料中心達到：

(1) 自動化人工作業、減少成本。

(2) 增加資料中心的一致性、可靠性、可用性。

(3) 降低運算資源或能源的不足、避免浪費過多成本與風險。

(4) 增加運算資源啟動的速度與應變力。

(5) 提高運算資源容量使用的最佳化與滿足顧客服務等級。

　　許多傳統的電腦系統管理與監控軟體廠商（如：HP、CA、IBM、Microsoft）以及虛擬化軟體廠商（如：VMWare 等），均基於以往的經驗而發展資料中心自動化產品，以搶佔商機。廠商的主要功能包括：

1. **虛擬資源工作管理**：能整合虛擬資源的工作，要求進行資源的啟動、變更以及執行績效的監督。績效的監督可透過設定各種資源的使用臨界點值，超過臨界點值立即發生警訊，通知管理人員處理。

2. **資源管理資料庫 (CMDB)**：建立與記錄虛擬資源間的關係、狀態、政策限制等，以方便進行啟動、設定、變更與錯誤處理等管理，以及監督績效。

3. **流程管理與整合**：根據工作的流程與任務，利用圖形介面完成複雜的虛擬資源自動化流程，並整合各項虛擬資源以達到自動化處理。

4. **服務管理**：根據顧客簽訂的服務等級，以整體服務的角度，調配各項虛擬資源的工作負荷，以滿足顧客需求。

5. **商業智慧分析**：分析各項紀錄，以了解資源利用率、服務等級達成率等，並預測未來的運算容量規劃。

6. **資訊安全與保護**：使用者授權、驗證、病毒保護、入侵偵測等資訊安全保護，以確保資料中心系統安全。

16-2-2　電力效能管理

　　資料中心承載大量的伺服器、儲存設備與網路設備，最大的能量消耗問題在於設備的電力供應，以及散熱的能源消耗。

　　傳統資料中心將空調系統裝設於高架地板下，以冷氣出風口冷卻伺服器，伺服器的熱能則由天花板抽風機散熱出去，以避免冷熱空氣混合而影響散熱效率。熱風還可經由水冷系統將熱能降低，以排放到外界環境。如圖 16-3 所示，機櫃伺服器正面對正面、背面對背面的擺放以分離熱通道與冷通道，方便散熱。

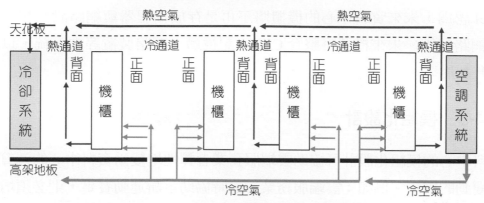

▶圖16-3　資料中心高架地板散熱原理

　　新一代的散熱方式更利用智慧機櫃，針對當下運行較高的伺服器「熱點」設備，直接啟動強化散熱機制（如：散熱電扇），而提升散熱效率。此外，機櫃設計也要符合散熱的機制，如：利用散熱孔、機架散熱電扇、偵測熱點散熱、冷空氣封閉空間、水冷式背板等，以協助設備有效率地散熱。安裝在機櫃間的水平式空調系統 (InRow) 則從機櫃上方進入天花板，將熱氣連結到冰水主機，使得熱氣冷卻後排放。

　　這些作法雖可以散熱，但也消耗不少電力，導致資料中心的電能消耗與營運成本居高不下。現代資料中心設計各種機制來減低電能消耗並達到散熱效果。例如：Google 資料中心設置水冷卻高塔，讓伺服器排放的熱風，轉換成熱水後，沿著高塔往下流，一部分水會蒸發掉，當剩下的水抵達底部時，就幾乎等於或低於室溫。而 Google 比利時的機房，冷卻時用的是回收的工業廢水；在芬蘭用的則是海水冷卻。此外，資料中心若位在天氣較寒冷的地方，則可以利用新鮮空氣 (fresh-air) 的循環以降溫，減少使用空調系統的電能。

　　當然，改進供應電力的電源分配器 (PDU, Power Distribution Unit)，有效率地供給電源、避免無端的消耗，更是直接節能的方式。新一代的電源分配器能監控消耗電量較多的機櫃、伺服器或設備，給予警示或提醒。進一步的與能源管理軟體結

合，判別伺服器的用電量與目前的熱能產生量，而調整空調系統或散熱裝置的使用程度。Google 資料中心更降低不斷電系統使用，利用電池取代，以減少不斷電系統的電力消耗。新一代的智慧不斷電系統亦發展成互相備援的機制；當電充滿時，可以利用電池維持電力，而其他不斷電系統則可互相備援。

　　Intel 認為，未來資料中心的機櫃將不再是存放伺服器與網路設備和共享的電源以及網路配線。未來機櫃將整合 CPU、記憶體、網路裝置等次系統，以減少耗能並提升利用率。

●16-2-3　模組化設計

　　資料中心的模組化設計可協助雲端服務業者彈性地變動資料中心的運算容量，以因應變動的需求。例如：雲端服務業者臨時協助承辦運動賽事，則必須增加運算容量。目前資料中心的模組化設計可分為三種：

1. **貨櫃式資料中心 (container)**：利用 20-40 英尺長的貨櫃，可裝設 20 個左右的機櫃，機櫃中則放置標準的伺服器與設備。貨櫃式電腦可提供雲端服務業者快速地補充原本資料中心的運算容量，以因應臨時需求。IBM、HP、Dell、廣達、英業達等伺服器廠商均發展這樣的解決方案，以協助雲端服務業者快速地採用。

2. **預先配置的資料中心模組**：這種資料中心模組是先將工廠建造好，並快速地與大型資料中心整合。資料中心模組可容納約 100 個機櫃，並具有自己的冷卻系統、電力配置系統等。

3. **模組化，至資料中心現場組合**：這種資料中心的目的在於利用標準化的模組方式，快速地在資料中心建造與組合，這可縮短資料中心的建置時間。有些模組化組合還可支援高架地板 / 非高架地板、水冷式或新鮮空氣冷卻等環境系統，而快速地建造各種需求的資料中心。

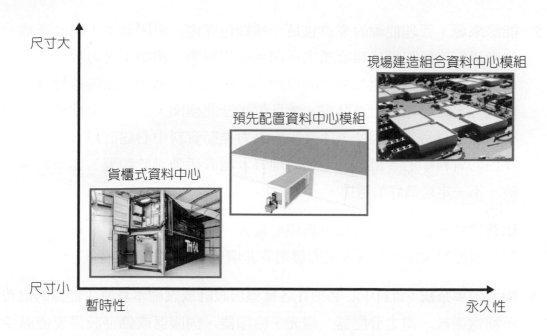

▶圖16-4 三種形式的資料中心模組化 (參考資料：OVUM)

16-2-4 永續管理

永續或綠色是未來資料中心設計與建造的長遠目標，綠色資料中心可以包含幾個項目：

1. **綠色建築**：資料中心的建設地點不僅考慮網路頻寬、人力資源，也要考慮環境因素，諸如：環境溫度有助於降低熱能、多種電力能源的供應、建築物廢水以及廢棄的排放不影響周遭環境等。美國綠建築協會 (USGBC, U.S. Green Building Council) 推動建築物的綠色分級－ LEED (Leadership in Energy and Environment Design) 來推動建築物能永續設計與建造。對於新建案，評分項目包括永續、不污染環境的位置 (Sustainable Site)、水效率 (Water Efficiency)、能源和大氣 (Energy and Atmosphere)、材料和資源 (Materials and Resources)、室內空氣品質、革新和設計過程 (Innovation and Design Process) 等。儘管沒有針對資料中心建立特殊評分系統，一般認為資料中心也要符合 LEED 的標準。

2. **能源來源**：管理能源的來源也是一種綠色管理。原因是：不同的能源，其生產過程可能對地球環境產生不同程度的影響，例如：火力發電會產生廢氣。最乾淨的綠色能源來自於可回收的產出物，例如：太陽能發電、風力發電、水力發電或地熱發電。冰島位居於北極圈，其環境溫度較低，但具有地熱可以發電，因此，冰島政府大力推動資料中心建置以符合低耗能、綠色的資料中心。但具有地熱的地方，地底活動過於頻繁，亦有地震的風險，不一定是最好的選擇。

儘管這些來源還不能成為資料中心龐大、穩定電力供應，資料中心應能搭配多種能源來源，以減少火力發電等非環境友善的能源供應。

3. **能源效率系統**：資料中心必須在各種機房設計或設備本身減少能源的浪費。不斷電系統、電力分配器、燈光、冷卻器、伺服器或儲存設備要能減少能源的消耗與無效率。此外，散熱設計機制更是增加能源效率的機制。

4. **資料中心資產購買**：資料中心在購買設備時要注意其購買的設備是否具有能源效率，如：能源之星標誌的伺服器。此外，更進一步的確保這些設備的元件是否廢棄後容易產生有毒物質且不易分解。設備在製造過程產生多少碳足跡 (carbon footprint) 的環境汙染 (多少能源燃燒，換算成二氧化碳排放量對於環境的汙染)、設備製造工廠是否具有 ISO 14000 環境管理認證。設備在運送到資料中心時，是否減少運送過程碳足跡環境汙染及具有可分解的包裝。

5. **能源效率營運**：資料中心是否利用軟體或工具監視能源消耗狀況，以隨時調整資料中心設備與設計，降低能源的損耗。例如：即時分析各設備、伺服器能源消耗狀況，以提出降低能源使用的作法。將不重要的應用程式執行放在能源使用成本較低的時候執行。

6. **廢棄物與回收管理**：資料中心的設備、包裝是否妥善處理，並在採購時能夠採用對環境影響較少設備。資料中心產生的廢水、廢氣或熱能，是否能回收利用？是否能減少對環境的污染？

　　目前來說，很少資料中心能面面俱到地考慮到上述各項的綠色管理項目。但長期來看，隨著資料中心不斷地發展，將會有愈來愈多的環保團體、政府機構、社區民眾要求資料中心能做好綠色管理機制並訂定規範標準。

●16-2-5　整合基礎設施管理

前述的各種自動化或能源管理機制的發展趨勢，將整合在資料中心基礎設施管理平台 (DCIM, Data Center Infrastructure Management)。DCIM 作爲資料中心管理的核心，整合空調系統、電力控制系統、伺服器、網路設備、儲存設備等。DCIM 以能源管理爲核心，並搭配工作負荷管理系統 (如：虛擬化管理)，以滿足綠色資料中心的高效能源管理，並達成客戶的服務水準等級。

DCIM 蒐集各 IT 設備的工作負荷、能源使用狀況，以及基礎設施 (如：空調系統、電力分配系統) 能源使用與運作狀況，並滿足商業管理系統 (BMS, Business Management System) 記載客戶服務等級、財務成本計算或綠色法規的支持。傳統上，這些設備或管理系統是由不同設備或基礎設施廠商提供，標準也未統一，DCIM 必須能夠監控、整合與控制。經整合過的 DCIM 將可帶來以下好處：

1. **增進財務控制**：將可協助資料中心管理者控制電力、水等能源營運成本，將能源有效率地運用。此外，也可節省 IT 設備與基礎設施設備的購買，甚至能將多餘能源販售到其他有需要的資料中心或電力公司。

2. **改進營運效率**：資料中心管理者可以知道 IT 設備或基礎設施的使用狀況，增進其效率。例如：辨別機架伺服器是否過少而浪費配電系統、散熱系統的能源。此外，可平衡工作負荷與能源的使用。例如：晚上氣溫下降，將可安排更多工作負荷給伺服器運行。一個伺服器每小時耗費 500 瓦電力，適合運行多少應用程式？

持續監控這些紀錄，將可作爲不斷改進能源利用率 (PUE, Power Usage Efficiency) 的依據。

PUE 指的是資料中心總能源消耗除以總 IT 設備能源的比例。例如：某資料中心總能源消耗爲每小時 100,000 千瓦、IT 設備消耗爲每小時 60,000 千瓦。PUE 等於 100,000/60,000 = 1.7。PUE 愈小，表示能源利用效率愈高，目前公認最佳實務 PUE 是 1.5；Google 號稱可達到 1.2，而傳統資料中心則通常高於 2.0。

3. **容量管理與規劃**：透過整合的 DCIM 管理工具與資料，管理人員可容易地規劃未來的容量擴增。例如：未來要擴增容量需要採購多少伺服器、儲存設備、網路設備？需要多少冷卻設備與電力？需要多少樓板面積以裝設這些設備與基礎設施？管理人員更可根據 DCIM 累積的資料，預測何時要擴增多少容量？

4. **法規遵循**：透過整合的 DCIM 管理工具與資料，並搭配法規資料庫或文件，可更容易依據綠色法規或當地政府的要求，來改進資料中心的能源消耗、綠色營運、設備總碳排量等綠色指標。

16-3　雲端運算資料中心實務

16-3-1　Google 資料中心

Google 全球約有數十個資料中心，滿足全球各地使用者的運算需求。Google 根據各個資料中心所在的環境資源，進行資料中心建造與節能的機制設計，而能達到 1.2 PUE 值的高能源使用效率。以下介紹 Google 的一些作法。

Google 將熱能從伺服器後方的密封空間「熱通道」排出，經裝水線圈吸熱後，打出建築物外頭冷卻，再循環回到室內。此外，在資料中心設置高塔，讓熱水沿著它往下流，一部分的水會蒸發掉，剩下的水抵達底部時，就幾乎等於或低於室溫。在比利時，機房冷卻用的是回收的工業廢水；在芬蘭用的則是海水；在美國喬治亞州則利用河川降溫。美國喬治亞州的 Douglas 郡資料中心，負責營運的服務包括搜尋、Gmail、Picasa、地圖、Youtube、日曆等。它位於 Chattahoochee 河附近，引用免費河水先讓伺服器冷卻，變成水蒸氣後通過冷卻塔，協助降低空氣溫度。

Google 在台灣彰濱地區的資料中心則利用夜間溫度較低且電力較充裕的時候為資料庫降溫，並利用隔離的大型容器儲存，以維持低溫。在日間溫度升高和發電成本較高時，資料中心會循環使用事前儲存的冷卻用水。這種台灣特有的設計讓 Google 在台資料中心比一般的資料中心節省 50% 的電力，不但可循環使用而節省冷卻用水，也不需排放廢水；Google 資料中心所排出的水蒸氣裡也不含化學物質。

　　Google 分析電流時發現另一個浪費的源頭。為了防止伺服器電力中斷而設置的不斷電系統，不但有漏電的問題，還得加裝特有的冷卻系統。Google 設計出擺放設備的機架後，在每台伺服器旁騰出空間放備用電池，捨棄不斷電系統，如此節省了約 15% 的電力損耗。

　　Google 也是綠色企業的優良楷模，除了回收水、避免資源浪費外，還做到碳中和。所謂碳中和的意義是必須設法抵消企業活動中產生的碳排放量，這包括冷卻系統與柴油發電機的使用在內。通常作法是進行種樹以彌補碳的排放。

　　Google 的突破不只在節能而已。事實上，它已經成長為全球最大硬體製造商之一。有許多設備都由自己自行建造。這些年來，Google 也建立各種軟體系統，把數量龐大的伺服器當成一個巨大的實體來管理。例如：2002 年，Google 科學家們開發出 Google 檔案系統，可以流暢地把檔案分散至多台機器，還用於撰寫雲端應用程式的系統「MapReduce」，其開放原始碼版本「Hadoop」已成為業界標準。

　　Google 認為：「運算平台不再長得像披薩盒或冰箱了，而是一整個倉庫的電腦。我們必須把資料中心看成是一台像倉庫那麼大的巨型電腦。」

●16-3-2　Capgemini資料中心

　　Capgemini 是全球著名的委外服務業者，提供資料中心代管、企業流程委外、雲端服務等業務。Capgemini 選擇在距離倫敦僅有 110 公里的 Swindon 建造新一代模組化的資料中心──Merlin，地點的選擇取決於便捷的道路、穩定網路，以及合適的溫度。

　　Merlin 資料中心利用舊有的物流倉庫建造，占地約 32,000 平方英尺，屬於中型的資料中心。Merlin 資料中心的特色在於利用模組化的組合方式建造，在製造工廠建造後即可利用貨車運到當地組合。每一個模組大約 250 平方公尺大，而且具有電力系統、冷卻系統，可自成一個小型資料中心。客戶如果結束與 Capgemini 委外關係，可以將其模組買下，帶回自己的資料中心維運。這些模組的材料也有 95% 可回收，符合綠色規範。

　　由於 Merlin 資料中心提供企業客戶電腦與流程的委外作業，客戶將可能參觀該資料中心；因此，建造的目標即以永續性與綠色作為指標。這些綠色指標包括：減少水的使用與汙染、減少建造資料中心過程的碳排放。Merlin 資料中心利用三個階段進行散熱作業：(1) 環境溫度低於攝氏 24 度，即利用環境新鮮空氣循環散熱。(2) 環境溫度在攝氏 24-34 度之間時，則利用濕空氣冷卻法降溫，並不汙染水源。(3) 特殊狀況時才用冷卻方式降溫，例如：溫度超過攝氏 34 度、外界空氣汙染時。Capgemin 預估，這樣作法將比傳統的資料中心減少 30% 的用水量以降低溫度。

●16-3-3　Microsoft資料中心

　　Microsoft 是大型的軟體廠商，為轉型提供雲端服務，陸續建造不少的資料中心。位於芝加哥的資料中心是微軟與 Sun Microsystems(已被 Oracle 併購) 合作，第一個以貨櫃式電腦設計為核心的資料中心。

　　Microsoft 花費約五億台幣，在芝加哥 NorthLake 建造 70 萬平方英尺的資料中心。透過 40 英尺大、可移動式的貨櫃式電腦組合而成。每個貨櫃上安裝伺服器、電力分配器，並可接上資料中心主建築物的電力系統、冷卻水、網路連結等。貨櫃還可兩兩堆疊，以節省空間。每一個貨櫃中則可緊密地放置 2,000 台伺服器，並可提供空氣流動與冷卻的空間。芝加哥資料中心 70 萬平方英尺的面積，大約可存放 30 萬台伺服器、11 個可產生 280 萬瓦電力的電力供應站，以及 12 個 1,260 噸的水冷卻設備。選擇芝加哥市地點的原因包括：供電的穩定與成本、芝加哥天氣較冷，以及湖水的冷空氣調節。微軟透過資料中心自動化軟體與機制，芝加哥資料中心僅需 30 個員工即可管理數量龐大的伺服器與設備。

● 16-4　小結

　　從本章的介紹可以了解雲端運算資料中心的概念、組成架構與發展趨勢。資料中心因受到雲端運算的影響，企業或雲端服務業者均朝下一代資料中心發展。下一代資料中心的趨勢包括：

1. 自動化管理以節省人力與設備成本，並增加管理效率。

2. 電力效能管理以減低電能消耗與營運的成本。

3. 模組化設計以彈性因應運算資源的容量需求變化。

4. 永續管理以符合綠色法規與政府、地方居民、環保團體的期待。

5. 基礎設施管理以整合運算設備與基礎設施，達到整體資料中心能源運用的效率。

習 題

● 問答題

1. 請說明資料中心的概念與組成的架構。
2. 請說明資料中心的轉型方向。
3. 請說明資料中心自動化管理的內涵與軟體架構。
4. 請說明資料中心電力效能管理的內涵。
5. 請說明資料中心永續管理的內涵。
6. 請說明資料中心整合基礎設施管理的內涵以及軟體架構。

國家圖書館出版品預行編目資料

雲端運算應用與實務/黃正傑編著. -- 四版.
-- 新北市 ： 全華圖書股份有限公司,
2022.11
　　面；　公分
ISBN 978-626-328-352-7(平裝)

1.CST: 雲端運算
　312.136　　　　　　　　　111017422

雲端運算應用與實務

(第四版)

作者 / 黃正傑

發行人 / 陳本源

執行編輯 / 李慧茹

封面設計 / 戴巧耘

出版者 / 全華圖書股份有限公司

郵政帳號 / 0100836-1 號

印刷者 / 宏懋打字印刷股份有限公司

圖書編號 / 0623303

四版一刷 / 2022 年 12 月

定價 / 新台幣 490 元

ISBN /978-626-328-352-7 (平裝)

ISBN /978-626-328-388-6 (PDF)

全華圖書 / www.chwa.com.tw

全華網路書店 Open Tech / www.opentech.com.tw

若您對本書有任何問題，歡迎來信指導 book@chwa.com.tw

臺北總公司(北區營業處)
地址：23671 新北市土城區忠義路 21 號
電話：(02) 2262-5666
傳真：(02) 6637-3695、6637-3696

南區營業處
地址：80769 高雄市三民區應安街 12 號
電話：(07) 381-1377
傳真：(07) 862-5562

中區營業處
地址：40256 臺中市南區樹義一巷 26 號
電話：(04) 2261-8485
傳真：(04) 3600-9806(高中職)
　　　(04) 3601-8600(大專)

歡迎加入 全華會員

● **會員獨享**

會員享購書折扣、紅利積點、生日禮金、不定期優惠活動……等。

● **如何加入會員**

掃 QRcode 或填妥讀者回函卡直接傳真 (02) 2262-0900 或寄回，將由專人協助登入會員資料，待收到 E-MAIL 通知後即可成為會員。

如何購買 全華書籍

1. **網路購書**

全華網路書店「http://www.opentech.com.tw」，加入會員購書更便利，並享有紅利積點回饋等各式優惠。

2. **實體門市**

歡迎至全華門市（新北市土城區忠義路21號）或各大書局選購。

3. **來電訂購**

(1) 訂購專線：(02) 2262-5666 轉 321-324
(2) 傳真專線：(02) 6637-3696
(3) 郵局劃撥（帳號：0100836-1　戶名：全華圖書股份有限公司）

※ 購書未滿 990 元者，酌收運費 80 元。

OpenTech 全華網路書店
.com.tw

全華網路書店 www.opentech.com.tw
E-mail: service@chwa.com.tw

※ 本會員制如有變更則以最新修訂制度為準，造成不便請見諒。